装配式建筑概论

主　编　刘美霞　陈　伟　沈士德
副主编　戚　豹　邵　笛　苏　磊

北京理工大学出版社
BEIJING INSTITUTE OF TECHNOLOGY PRESS

内 容 提 要

本书根据高等院校教育人才培养要求，满足装配式建筑行业发展需求，系统地介绍装配式建筑的概念和发展意义、国外装配式建筑发展简要情况、标准化设计、工厂化生产、装配化施工、一体化装修、信息化管理和智能化应用、装配式建筑案例参考等内容。

本书可作为高等院校建筑工程技术、工程造价等相关专业的教材，也可作为装配式建筑生产、施工及管理人员的培训与参考用书。

图书在版编目（CIP）数据

装配式建筑概论 / 刘美霞，陈伟，沈士德主编. -- 北京：北京理工大学出版社，2021.10

ISBN 978-7-5763-0537-1

Ⅰ. ①装… Ⅱ. ①刘… ②陈… ③沈… Ⅲ. ①装配式构件－概论 Ⅳ. ①TU3

中国版本图书馆CIP数据核字（2021）第213165号

出版发行 / 北京理工大学出版社有限责任公司
社　　址 / 北京市海淀区中关村南大街5号
邮　　编 / 100081
电　　话 / （010）68914775（总编室）
（010）82562903（教材售后服务热线）
（010）68944723（其他图书服务热线）
网　　址 / http://www.bitpress.com.cn
经　　销 / 全国各地新华书店
印　　刷 / 河北鑫彩博图印刷有限公司
开　　本 / 787毫米×1092毫米 1/16
印　　张 / 12
字　　数 / 290千字
版　　次 / 2021年10月第1版 2021年10月第1次印刷
定　　价 / 68.00元

责任编辑 / 钟 博
文案编辑 / 钟 博
责任校对 / 周瑞红
责任印制 / 边心超

《装配式建筑概论》
编写单位

主 编 单 位： 住房和城乡建设部科技与产业化发展中心

副主编单位： 三一筑工有限公司
中领互联（北京）教育科技有限公司

参 编 单 位：

中建科技集团有限公司
南京工业大学
东南大学
北京交通大学
北京理工大学
北京和能人居科技有限公司
北京和创云筑科技有限公司
中国建筑标准设计研究院
中国建筑设计研究院有限公司
北京市住宅产业化集团股份有限公司
北京住总第三开发建设有限公司
湖南建工集团有限公司
大连三川建设集团股份有限公司
天津住宅建设发展集团有限公司
江苏建筑职业技术学院
重庆中建海龙两江建筑科技有限公司
山东百库教育科技有限公司
贺州学院
四川建筑职业技术学院
重庆建筑工程职业学院
上海城建职业学院
扬州工业职业技术学院
湖北工业职业技术学院
武汉船舶职业技术学院
湖北交通职业技术学院
陕西机电职业技术学院铁道工程学院
长治职业技术学院
菏泽职业学院
河南建筑职业技术学院
漯河职业技术学院
秦皇岛职业技术学院
许昌职业技术学院
绍兴职业技术学院
中科建建设发展有限公司
东营职业学院
浙江工业职业技术学院

《装配式建筑概论》

编委会成员

主　编　刘美霞　陈　伟　沈士德

副主编　戚　豹　邵　笛　苏　磊

参　编　杨思忠　徐德良　李　鹏　赵　钿　张　宏
潘金龙　袁　泉　张海波　刘云龙　王广明
刘洪娥　王洁凝　宋　健　张　晨　宁　尚
刘若南　张素敏　符惠萍　曾福英　张银会
郭忠义　赵晨晨　韩　笑　刘小锋　徐　滨
刘亚龙　李　松　刘惠林　张　军　彭慧军
任永祥　赵冬梅　延廷新　袁建新　姚大伟
单豪良　王　超

FOREWORD 前 言

《中华人民共和国国民经济和社会发展第十四个五年规划和二〇三五年远景目标纲要》《中共中央 国务院关于进一步加强城市规划建设管理工作的若干意见》《国务院办公厅关于大力发展装配式建筑的指导意见》对装配式建筑发展做出了明确的部署要求。住房和城乡建设部等部委《关于推动智能建造与建筑工业化协同发展的指导意见》《关于加快新型建筑工业化发展的若干意见》《关于推进建筑信息模型应用的指导意见》对装配式建筑发展进行了一系列的推进安排。为促进智能建造与新型建筑工业化协同发展，以绿色建造助力"碳达峰 碳中和"目标的实现，住房和城乡建设部科技与产业化促进中心牵头编写了本书。

装配式建筑正迎来全新的发展机遇期，智能建造与新型建筑工业化协同发展，是产业转型升级、新型城镇化建设的迫切需要，也是建筑业落实供给侧结构性改革的重要举措，更是实现建筑工业化和绿色低碳建筑的重要路径。大力发展装配式建筑，人才是行业发展的基础，急需懂技术且操作能力强的高素质产业工人。我国装配式建筑教育刚刚起步，装配式建筑系列化教材缺乏，教学内容与实际工作环境对接不足。高等教育旨在培育生产、建设、管理、服务第一线的高素质技术技能人才，在建设人力资源强国和高等教育强国的进程中发挥着不可替代的作用。要加快高等教育改革和发展步伐，全面提高装配式建筑及其智能建造人才培养质量，就必须对课程体系建设进行深入探索，努力编制高质量教材。教材对高等教育起着至关重要的基础性作用，高质量、先进理念的教材是提高我国装配式建筑人才队伍建设水平的重要保证。

在本书编写过程中，高等院校和装配式建筑全产业链产业资源高质量交流互动、紧密对接，梳理国外装配式建筑发展历程，打开全球视野，系统总结目前我国装配式建筑的生产实践。本书内容力求逻辑清晰、结构合理、表述生动、交互性强、数字化色彩浓、特色显著，力求进行以真实工作任务为载体的项目化教学，突出以学生自主学习为中心、以问题为导向的理念，考核评价注重过程性考核，体现现代高等教育特色。伴随本书的编写，建成了涵盖课程标准、教学课件、图片资源、视频资源、动画资源、试题库、实训任务书等在内的丰富完备的数字化教学资源，并全部可以扫码学习，将教材与多媒体资源有机整合，形成教师好用、学生爱学的数字化教材。本书可作为高等院校建筑

FOREWORD

工程技术、工程造价等相关专业的教材，也可作为装配式建筑生产、施工及管理人员的培训与参考用书。希望能够为解决装配式建筑产业发展的人才瓶颈问题做出贡献，期望本书为相关专业人才培养提供支持，为装配式建筑的实践提供一定的参考。

本书编写过程中参阅了相关论著与资料，在此谨向相关作者表示由衷的感谢。由于编写时间仓促，编者的实践经验有限，书中存在的不足之处，敬请广大读者批评指正。

编　者

CONTENTS 目录

CONTENTS

CONTENTS

CONTENTS

第1章　装配式建筑的概念和发展意义

1.1　装配式建筑的内涵和外延

1.1.1　装配式建筑的内涵

《国务院办公厅关于大力发展装配式建筑的指导意见》高度概括地指出，装配式建筑是指用预制部品部件在工地装配而成的建筑。针对业内一些人过于强调主体结构装配的倾向，《装配式混凝土建筑技术标准》(GB/T 51231—2016)进一步强调，装配式建筑是指“结构系统、外围护系统、设备与管线系统、内装系统的主要部分采用预制部品部件集成的建筑”，明晰了装配式建筑是全过程、全专业形成完整的装配体系，纠正部分人只注重结构构件装配的倾向。装配式建筑承载着建筑产业集聚和科技集成创新。

1.1.2　装配式建筑的外延

装配式建筑通常按建筑的主体结构体系及其构件的材料来分类。按照建造过程，所需建筑构件先由工厂生产，再进行组装完成整个建筑。根据建筑的使用功能、建筑高度、造价及施工等的不同，组成装配式建筑结构构件的梁、柱、墙等可以选择不同的建筑材料及不同材料的组合。所以，装配式建筑通常按建筑的结构体系及其构件的材料来分类，主要包括装配式混凝土结构建筑、钢结构建筑、木结构建筑、铝合金结构建筑及混合结构建筑等；也有按采用装配式建造方式、建筑功能等维度进行分类，如拆装式建筑、集装箱式建筑、模块化建筑、装配式农房等。

1.2　装配式建筑相关概念的辨析

与装配式建筑相关的概念有建筑工业化、住宅产业现代化(住宅产业化)、建筑产业现代化等。本书简要对这些概念进行辨析。

1.2.1　建筑工业化

建筑工业化是将大工业生产方式融合到建筑业和工程建设的全过程，以工业化整合建设工程全产业链、价值链和创新链，使建筑业逐步从手工业生产方式转向社会化大生产方式的过程，以实现工程建设高效益、高质量、低消耗、低排放。

装配式建筑是建筑工业化的典型代表，现浇建筑也处于不断地趋向建筑工业化的过程，但装配式建筑更能实现建筑工业化所要求的标准化、模数化、规模化、数字化、集成化等大工业生产方式。

1.2.2 住宅产业现代化(住宅产业化)

住宅产业化是住宅产业现代化的简称，以建设全生命期绿色低碳高品质住宅为目标，通过科技引领、资源优化、效率效益提升，持续促进住宅产业与时俱进转型升级的发展过程。

在各类建筑形式中，住宅建筑结构相对简单，功能聚焦于居住，内部分隔有规律，易于形成标准化设计、批量化构件生产和机械化施工，住宅量大面广且便于实现标准化、工业化，住宅产业成为率先进行建筑产业现代化的领域。装配式住宅建筑是实现住宅产业现代化的主要载体。联合国提出“住宅产业化”的六条标准：一是生产的连续性：住宅用预制构件生产具有连续性；二是生产物的标准化：住宅部品部件具有高度的标准化；三是生产过程的集成化：住宅建筑及其部品部件比现浇建筑更强调高度的集成化；四是工程建设管理的规范化：装配式建筑的工程建设管理更强调工程总承包以实现规范化和减少沟通协调成本；五是生产的机械化：住宅用预制构件必须进行吊装等，机械化程度高；六是技术生产科研的一体化：装配式建筑把住宅领域里的一些最新的科学成果更好地集成到住宅建设中，转化为生产力，并建设绿色低碳高品质住宅，更好地满足人民对美好生活的需求。

1.2.3 建筑产业现代化

建筑产业现代化是对住宅产业现代化在外延上的扩展，以建设全生命期绿色低碳高品质建筑为目标，通过不断优化资源配置、提高效益，持续促进建筑产业与时俱进转型升级的发展过程。其具有多方联动性、形态多样性、阶段变化性、开放互动性、灵活高效性等特征，内涵、外延内容最丰富。

随着住宅产业现代化的发展，数字建造、柔性制造等能力的提升，“少规格、多组合”及其标准化基础上的多样化等得到长足的发展，住宅产业现代化在外延上逐步扩展到整个建筑业，在设计、生产、施工、开发、维修管理、更新改造、拆除重建等全过程，实现建筑的工业化、信息化、社会化，并带动建筑产业的转型升级和经济发展。

装配式建筑发展是建筑产业现代化的路径和切入点。建筑产业现代化是针对整个建筑产业链的产业化，解决建筑业全产业链、全生命周期的发展问题，使资源配置和质量效益更加优化。

1.2.4 智能建造

智能建造是指将信息技术与工业化建造技术深度融合，在建造的设计与仿真、生产加工、施工装配、测控验收、人机料法环中采用BIM、IoT、AI等信息化技术，实现工程建设高效益、高质量、低消耗、低排放的数字驱动智能化管理和建造方式。智能建造具有准确性、高效性、稳健性等特征。其包括数字设计、智能生产、智能施工和智慧运维等关键环节。

1.3 装配式建筑的特征

装配式建筑是国家倡导发展的新兴产业，是工业化新型建筑模式，具有“六化”的特点，即标准化设计、工厂化生产、装配化施工、一体化装修、信息化管理和智能化应用。其结构形式主要包括装配式混凝土建筑、钢结构建筑和现代木结构建筑。

1.3.1 标准化设计

标准化设计是指对于通用装配式构件，根据构件共性条件，制定统一的标准和模数，开展适用性范围比较广泛的设计。在装配式建筑设计中，采用标准化设计理念，各构件具有互换性和通用性，满足少规格、多组合的原则，且更加经济实用、科学高效。当装配式建筑的设计标准、手册、图集完备之后，就像机械设计一样选择标准件满足功能要求。同时，在标准化设计中融入个性化的需求，可以进行多样化组合。

1.3.2 工厂化生产

工厂化生产是指利用工业化生产方式，实现大量施工现场作业向工厂生产作业转化的过程。装配式建筑的部分或全部部品部件在工厂生产，具有工业化生产的优势，工厂化预制采用了先进的生产工艺、科学的生产管理系统、较高的工厂信息化水平，使得部品部件的质量更加可控。

1.3.3 装配化施工

装配化施工是指利用现代机械化设备和先进的施工手段，实现将传统现浇施工或手工湿作业向部品部件的装配安装与可靠连接转化的过程。预制构件在工厂制作时，在准确的位置设置预留孔洞及预埋件，运至施工现场后，利用构件连接技术，将其与已有建筑构件进行完好连接。装配化施工方便快捷、机械化水平高、劳动强度低、施工效率高、质量易于有效控制。

待构件运至现场后，按预先设定的施工顺序完成一层结构构件吊装之后，在不停止后续楼层结构构件吊装施工的同时，可以同时进行下一层的水电装修施工，逐层递进，各工序交叉作业方便有序，加快施工进度。

1.3.4 一体化装修

一体化装修是指装修工程是与主体结构一体化设计、部品部件的技术集成化生产、装修与主体同步协调的。基于装修与主体结构一体化设计，预制构件在生产时，采用技术集成化的部品部件，且在装修面层预埋固定部件，实现安装过程中避免在装修施工阶段对已有建筑构件进行打凿和穿孔。

建筑装修一体化协同设计是装配式装修的基本条件，以建筑系统为基础，与结构系统、机电系统和装修系统进行一体化协同设计。在项目建设初期，通过前期策划将建筑、结构、内装、机电等各专业的要求与模数在设计阶段提前植入，进行整体的统筹安排，以避免后期施工中出现碰撞，浪费人力与物料。这种整体统筹安排有利于建筑与装修的模数协调。在设计过程中，通过内装设计前置，协调建筑与装修之间的模数关系。基于 SI 理论的装配化装修实现了内装、管线与建筑结构三分离，为实现建筑百年寿命提供了切实可行的解决方案，也成为建筑内装修的信息化和工业化发展的突破口。

1.3.5 信息化管理

装配式建筑将建筑生产的工业化进程与信息化紧密结合，是信息化与建筑工业化的深度融合发展的结果。

一方面是装配式建筑行业管理的信息化，包括统计信息系统、产业链追溯系统、动态监测系统、质量检测监督系统、培训考测系统、人力资源共享系统等。

另一方面是装配式建筑产业链企业基于 BIM 推进项目全过程的信息化，主要包括装配式建筑设计协同系统、混凝土构件生产管理系统、钢结构构件生产管理系统、木结构构件生产管理系统、项目管理系统、装配化装修系统、一户一码住区服务系统等。装配式建筑在设计阶段采用 BIM(Building Information Modeling)技术，进行立体化设计和模拟，避免设计错误和遗漏；生产中预埋信息芯片，“虚拟构件”有了对应的 ID，实现了建筑项目全过程的质量追溯；利用 BIM 录入项目技术信息，模拟施工过程，确定场地平面布置、制订施工方案、确定吊装顺序，进而决定预制构件的生产顺序、运输顺序、构件堆放场地等，实现施工周期的可视化模拟和可视化管理。同时，BIM 又贯穿规划、设计、施工和运营的建筑全生命周期，使建筑数据流在建筑模型中传输，流通到全生命周期的所有参与单位，使之实现协同工作，达到“一模到底”。

1.3.6 智能化应用

结合现代智能化信息技术，将各种智能化设备在装配式建筑中加以集成，使装配式住宅建筑、公共建筑等实现通信自动化、办公自动化、设备设施自动化，进而形成高效、舒适的建筑环境。要实现建筑的智能化运维与应用，需要根据建筑的用途、规模、客观环境和用户的性质、用户的个性化需求等，具体地进行智能化方案设计。

1.4 发展装配式建筑的意义

装配式建筑是建造方式的重大变革。发展装配式建筑是对“创新、协调、绿色、开放、共享”理念的贯彻落实，是按照适用、经济、安全、绿色、美观要求推动建造方式创新的重要体现，是稳增长、促改革、调结构的重要手段。

1.4.1 发展装配式建筑有助于建设领域节能减排降耗

我国的工程建设方式正在从粗放走向集约，就建筑业而言，现场浇(砌)筑方式的资源能源利用效率低，建筑垃圾排放量大，扬尘和噪声环境污染严重；就建材而言，建筑业用量最大的钢材、水泥都是高耗能产品，建材循环使用比例较低。如果建筑业不进行转型发展，传统建造方式造成的资源能源过度消耗和浪费仍将持续，经济增长与资源能源的矛盾会更加突出，极大地制约了可持续发展。

发展装配式建筑有助于城市环境改善和综合承载力的提升。根据住房和城乡建设部科技与产业化发展中心对 13 个装配式混凝土建筑项目的跟踪调研和统计分析，装配式建筑相比传统现浇建筑具有五大优势：一是建造阶段可以大幅减少木材、保温材料、水泥砂浆、施工用水、施工用电的用量。二是在工厂里可以大量采用高强度、高性能的混凝土制作预制构件，从而减少建材用量。三是施工现场减少大约70%的建筑垃圾排放，从根本上改变施工现场"脏乱差"。四是减少扬尘和噪声等环境污染。装配式建筑方式不但在新建建筑中大量减少扬尘和噪声，而且可用于城市更新，如加装电梯可采用装配式钢结构或铝合金结构框架，在工厂里生产并集成好各种管线，现场快速安装，减少扰民。五是振兴和发展木结构建筑，可有效提高建筑建造和使用过程中的资源能源利用效率，大幅度减少碳排放。推进生态文明建设，必须加快装配式建筑的发展。

1.4.2 发展装配式建筑有助于提升建筑制造能力、促进装配式建筑产业链的形成

我国经济增长将从高速转向中高速，经济下行压力加大，亟待建筑业提供更加强劲的发展动力。发展装配式建筑，第一可催生众多新型产业。装配式建筑包括混凝土结构建筑、钢结构建筑、木结构建筑、铝合金结构建筑等，量大面广，产业链条长，产业分支众多。第二能够催生装配式建筑部品部件企业。如预制构件生产企业、专用设备生产企业、装配化装修部品部件等众多新型产业，促进产业再造和增加就业，拉长产业链条，带动企业专业化、精细化发展，带动大量社会投资涌入。第三提升消费需求。如集成厨房和集成卫生间，太阳能建筑一体化等部品和集成技术的应用有助于拉动居民消费。第四带动地方经济发展。从国家装配式建筑示范城市发展经验看，凭着"一批项目"，建设"一片区域"，引入"一批企业"，形成"一系列增长点"，发展装配式建筑有效促进了区域经济快速增长。

1.4.3 发展装配式建筑有助于带动技术进步、提高生产效率

建筑业发展的"硬约束"加剧，一方面，劳动力价格不断提高；另一方面，建造方式传统粗放，工业化水平不高，技术工人少，劳动效率低下。装配式建筑要求标准化设计、部品部件生产、现场装配、工程施工、质量监管等，构成要素包括技术体系、设计方法、施工组织、产品运输、施工管理、人员培训等。装配式建筑的建造方式，会"倒逼"诸环节、诸要素摆脱低效率、高消耗的粗放建造模式，走依靠科技进步、提高劳动者素质、创新管理模式内涵式、集约式发展道路。

工厂的生产效率远高于手工作业。工厂生产不受恶劣天气等自然环境的影响，工期更为可控；施工装配机械化程度高，大大减少了传统现浇施工现场大量和泥、抹灰、砌墙等湿作业；交叉作业方便有序，提高了劳动生产效率，可以缩短1/4左右的施工时间。钢结构的建筑施工速度可快于钢筋混凝土施工速度的30%～50%，施工周期短，资金利用率高。另外，装配式建造方式还可以减少约30%的现场用工数量。通过生产方式转型升级，减轻劳动强度，提升生产效率，摊薄建造成本，重点突破建筑业发展瓶颈，全面提升建筑工业化发展水平。

1.4.4 发展装配式建筑有助于降低建筑工人劳动强度、改善劳动环境

随着我国人口红利的远去，愿意从事又脏又重工作的劳动力不断减少。装配式建筑在工厂里预制生产大量部品部件，生产线和机器取代了重体力劳动。构件及其部品部件运输到施工现场吊装、再组合、连接、安装，施工人员劳动强度大大降低，省去现浇作业等施工工序，减少用工25%～60%，实现由劳动密集向技术密集转变。发展装配式建筑有助于降低建筑工人劳动强度、改善劳动环境。相应地，装配式建筑需要掌握技术、善于协作的

高素质建筑工人。

1.4.5 发展装配式建筑有助于建设好看、好用、好更新、好维修的高品质住房

新型城镇化是以人为核心的城镇化，住房是人民群众最大的民生问题。当前，住宅施工质量通病一直饱受诟病，如屋顶渗漏、门窗密封效果差、保温墙体开裂等。传统现浇的生产方式导致工程质量无法得到有效保证。

发展装配式建筑，工业化生产的部品部件质量稳定，工厂化生产标准一致、尺寸统一、质量可控，精度误差由"1～2 cm"缩减为"2～5 mm"，一是可大幅度减少现场施工不可控因素造成的质量缺陷；二是可有效解决墙体开裂、渗水、空鼓、蜂窝麻面等质量通病；三是连接点通过消除应力使建筑抗震性能更好，钢结构和木结构的抗震性能更为优越；四是以装配化作业取代手工砌筑作业，能大幅减少施工失误和人为错误；五是减少建筑后期维修维护费用，延长建筑使用寿命。尤其钢结构建筑在火灾和易腐蚀地区耐久性好，易于拆卸、更换或加固，特别是采用高强度螺栓连接的结构，可有效抵御风雪和地震等自然灾害。装配式建筑能够全面提升住房品质和性能，使人民群众共享改革发展成果。

1.4.6 发展装配式建筑有助于提升建筑业国际竞争力

我国建筑业要在国内市场发展的同时，主动"走出去"参与全球分工，在更大范围、更多领域、更高层次上参与国际竞争，利用全球建筑市场资源服务自身发展。而"走出去"的前提是提升核心竞争力。

装配式建筑能够彻底转变以往建造技术水平不高、科技含量较低、单纯拼劳动力成本的竞争模式，将工业化生产和建造过程与信息化紧密结合，应用大量新技术、新材料、新设备，强调科技进步和管理模式创新，注重提升劳动者素质，注重塑造企业品牌和形象，以此形成企业的核心竞争力。同时，装配式建筑原则上采用国际上通行的工程总承包模式，采用工程咨询先期介入、大资金全过程运作，而这些正是国内企业在国际市场竞争中的"短板"。发展装配式建筑有助于促进建筑企业苦练内功，携资金、技术和管理优势在国际建筑市场上不断发展，依靠工程总承包业务带动国产设备、材料的出口，在参与经济全球化竞争过程中取得更大成效。

1.4.7 拆装式建筑有助于提高防疫等应急抢险能力

拆装式建筑是指由工厂预制的部品部件或模块化功能单元在现场组装而成，具有反复多次拆卸、运输、安装等特性的装配式建筑。拆装式建筑的部品部件在工厂标准化加工生产、施工现场模块化装配和穿插施工，大幅提高了我国的防疫等应急抢险能力。一是可多次拆卸、运输、安装，用于展览、军警、抗震救灾、野外宿营等，避免了"走一路建一路"的浪费，也避免了对生态环境的破坏。二是可大幅缩短施工现场工程周期15%～67%，如武汉火神山医院总建筑面积为3.4万m^2，10天建成。疫情期间，许多城市采用拆装式建筑建立了大量的防疫医院。三是能够集中行业资源办大事，可以跨区域进行供应链资源整合和快速供应，是应对紧急任务的有力抓手。四是可应用于城市狭小场地的更新改造。五是打破了严寒地区无法利用冬期施工的限制。

第 2 章 国外装配式建筑发展简要情况

了解主要发达国家装配式建筑发展的简要情况，借鉴其在装配式建筑发展过程中积累的经验与教训，对我国装配式建筑的可持续发展具有重要的参考意义。

2.1 美国装配式建筑的发展

美国经济和科技发达，建筑业工业化程度很高，装配式建筑的发展以其机器发达的工业化水平为背景，装配式建筑技术已达到较高水平。

2.1.1 以模块化房屋为代表的工业化住宅

美国以模块化房屋为代表的工业化住宅起源于 20 世纪 30 年代，最早是作为汽车房屋的一个分支业务，为选择迁移移动生活方式的人们提供住所。总体来说，美国工业化住宅对应我国市场上通常所说的模块化房屋，模块化房屋包含集装箱房屋等箱式模块化房屋，也包括板式模块化房屋等。与欧洲各国和日本的情况不同，美国的房屋建设几乎没有受到第二次世界大战的影响，因此，美国二十世纪六七十年代并没有采用欧洲的装配式混凝土建造技术进行大规模建造房屋，其装配式建筑的发展更多地呈现出标准化和模数化基础上的个性化与多样化。大多数美国的地方政府对这种由车房发展而来的工业化住宅的分布有多种限制，工业化住宅在选取土地时就很难进入“主流社会”的地域内，工业化住宅也在努力求变，尤其 20 世纪 70 年代出现能源危机，使美国开始实施机械化生产和装配化施工，适合美国国情的装配式住房开始在美国盛行。

2.1.2 装配式混凝土建筑及其构件

装配式混凝土构件及其技术在美国 20 世纪 70 年代就开始得到普遍应用，1971 年，美国的预制与预应力混凝土协会 PCI 编制出版了第一版《PCI 设计手册》，该手册至今已修订到第七版，PCI 还编制了一系列的技术文件，包括设计方法、施工技术和施工质量控制等方面。该手册不仅为美国装配式混凝土构件产业的发展提供了有效的技术保障，在国际上也具有非常广泛的影响力。在 1991 年的预制混凝土年会上，预制混凝土结构的发展被视为美国乃至全球建筑业发展的新契机。1997 年，美国统一建筑规范，允许在高烈度地震区域使用预制混凝土结构，其前提是通过试验和分析证明，该结构在强度、刚度方面具有甚至超过相对应的现浇混凝土结构。该措施推动了美国装配式混凝土构件产业及其建筑的发展。

美国装配式混凝土构件也大量运用于市政工程等。

2.1.3 钢结构建筑及其钢构件简要情况

美国钢结构建筑经过漫长时间的积累，也逐渐成熟。其钢结构建筑的建造技术由传统的木结构建筑衍变而来。20 世纪 60 年代，美国开始发展轻钢龙骨结构建筑，该体系以 2 英寸[①]乘以 4 英寸为基本模数，适合低层集合住宅和联排住宅的建造。1976 年，美国国会通过了《国家工业化住宅建造及安全法案》(National Manufactured Housing Construction and Safety Act)，并制定了一系列严格的行业国家标准规范，对房屋设计、施工和建造的诸多指标进行了规范，并要求所有标准化工业化住宅必须遵守，一直沿用至今。1980 年，美国国家标准学会、美国材料与试验协会、美国钢铁学会等合力改进了《冷轧钢材规范》，美国在其住宅建筑产业、结构部品技术趋向成熟之后，研发出新一代 SI 型冷轧钢结构住宅体系，即冷弯薄壁型钢结构住宅，同时兼备低能耗、高品质、长寿命、适应使用者生活变化的特质，体现出资源循环型绿色建筑理念，受到各国关注。1997 年，美国又发布《住宅冷成型钢骨架设计指导性方法》，全方面地指导轻钢龙骨体系住宅的设计、施工。1965 年轻钢结构在美国仅占建筑市场的 15%，1990 年上升到 53%，2000 年达到 75%，目前，美国的钢框架小型住宅已经达 20 万幢，别墅和多层住宅也常采用轻钢结构。

2.1.4 木结构建筑及其木构件发展

装配式木结构在美国应用也非常广泛。从原木、锯材到工程木构件的生产、设计、建造等各阶段工艺和管理模式已成熟。目前正在向工业化、标准化方向快速发展，并正在向多高层木结构领域进行进一步研究。

综合来说，从 20 世纪 80 年代至今，美国逐渐实现了主体构件通用化和住宅部品化，构配件达到模数化、标准化和系列化，生产效率显著提高，住宅达到节能环保要求。据美国工业化住宅协会统计，在美国大城市住宅的结构类型以混凝土装配式和钢结构装配式住宅为主，在小城镇多以轻钢结构、木结构住宅体系为主。美国装配式建筑的发展特点：一是住宅构件和部品标准化、系列化、专业化、商品化、社会化程度很高，接近 100%。在美国，除工厂生产的活动房屋和成套供应的木框架结构的预制构配件外，其他混凝土构件和制品、轻质板材、室内外装修及设备等产品也十分丰富，品种达几万种，用户可以通过产品目录，从市场上自由买到所需的产品。二是模块化技术，实现标准化与多样化的有机结合、多品种小批量与高效率有机统一。三是在满足运能和吊能的前提下，尽量减少预制构件的个数，降低综合造价。四是预制构件之间的干式连接，可减少现场湿作业和现场用工量，综合经济效益较好。图 2-1 所示为位于美国加利福尼亚州的 Hope on Alvarado 项目，该项目的 2～5 层由模块化建筑组成，符合加利福尼亚州建筑标准，可以满足地震带抗震 E 级(相当于国内 8～9 级)地震。项目从签署到工厂签收交付共计 8 个月，共 168 个模块，建筑面积共 3 000 m^2。

---

① 1 英寸≈2.54 cm。

图 2-1　Hope on Alvarado 项目

2.2　日本装配式建筑的发展

日本是世界上率先在工厂生产住宅的国家之一，一直以来，日本坚持多途径、多方式推进建筑产业现代化，发展装配式建筑。根据日本 2017 年的统计数据，从建筑面积看，木结构建筑和钢结构建筑各占 40%，而钢筋混凝土建筑只占不到 20%。

2.2.1　住宅产业化及工业化住宅

日本开始探索装配式生产方式源于第二次世界大战后，同样是为了给流离失所的人们提供住所，日本开始试图用低成本、高效率的生产方式制造房屋。日本最早的装配式建筑公司——日本大和房屋工业株式会社，于 1955 年率先研发出钢管房屋，该房屋采用钢管和网架组合而成，外墙和屋顶分别使用波形钢板和波形彩钢板组合，主要用途为仓库，也可加设门窗当作临时住宅和校舍。这是日本装配式建筑的原型，看似简易的架构，却已经颠覆了当时人们对房子只能在现场建造的传统观念。

20 世纪 60 年代中后期，日本政府以工业化来实现住宅的大批量供应，并制定了很多推进政策，日本的装配式建筑迅速发展。在这一时期，日本推出“住宅产业”的概念，对住宅实行部品化、批量化生产，并标准化住宅品质。1969 年，日本制定了《推动住宅产业标准化五年计划》，开展材料、设备、制品标准、住宅性能标准、结构材料安全标准等方面的调查研究工作。而后又分别制定了“住宅性能标准”“住宅性能测定方法和住宅性能等级标准”“施工机具标准”“设计方法标准”等，住宅产业的标准化是推进住宅产业化的基础。

20 世纪 70—80 年代，日本掀起了住宅产业的热潮。技术上产生了盒子住宅、单元住宅、大型壁板式住宅等多种形式，平面上也由单一化向多样化发展，住宅产业进入稳定期，从满足基本住房需求阶段进入完善住房功能阶段。日本的住宅产业走向成熟，大企业联合组建集团，在许多部品与设备的技术上都有所突破。在此期间，日本设立了“生产住宅等品质管理优良工程认定制度”及“工业化住宅性能认定制度”，大大提升了工业化住宅的居住品质。同时，经过1973年的石油危机后，日本更注重建筑的节能、隔声、耐久性等性能，更加追求对新材料、新结构的技术开发，并提供优惠融资条件，鼓励民众选购性能更优良的住宅，以提高公众对工业化住宅的认可。这一时期，日本产业化方式生产的住宅占竣工住宅总数的15%～20%，即工业化住宅(对应我国的模块化房屋)占15%～20%，住宅的质量功能也有所提高。

到20世纪90年代，日本采用产业化方式生产的住宅占竣工住宅总数的25%～28%。这时，日本住宅产业化的关注点从住宅品质的提高发展到追求功能的高级化，加强在设备、生活部品等方面的开发。在1990年，日本推出了采用部品化和工业化方式的、住宅内部结构可变的，可以适应居住者多种不同需求的中高层住宅生产体系。采用产业化方式形成住宅通用部件，其中1 418类部件已取得“优良住宅部品认证”。工业化住宅完成了自身的规模化和产业化的结构调整，进入成熟阶段。另外，日本还非常注重住宅建筑部品与设备成套技术的发展。在此期间建造的东京东急酒店(Tokuyo Inn)如图2-2所示，该酒店建筑的客房卫生间全套卫生洁具——浴缸、坐厕、洗脸盆，包括地板、墙面，是由一个整体部件安装而成的。该部件全部在工厂生产，所用材料均为复合塑料材料，没有混凝土和瓷砖，达到了经济而不失舒适，简洁又具有现代化的效果。

图2-2　日本东急酒店(Tokuyo Inn)

2.2.2 装配式混凝土建筑及其构件

日本装配式混凝土结构主要用于中高层住宅，各种预制混凝土构件已成为社会化生产的商品。目前，日本建筑高度超过 60 m 的高层住宅一般都采用装配式混凝土建筑技术，60 m 以下的住宅也广泛使用楼梯、阳台、叠合楼板等预制混凝土构件，可以根据工程项目的特点和施工条件灵活选用。

日本的装配式混凝土结构建筑及其技术达到世界先进水平，质量标准高且结构安全可靠。灌浆套筒连接技术也是日本住宅产业化的标志性成果，该项技术在日本已有 40 多年的历史，世界上最高的装配式混凝土住宅——日本大阪北浜公寓，就是采用灌浆套筒连接技术。日本部分超高层装配式建筑经历了无数次高烈度地震的考验，体现出其抗震设防设计的可靠度。随着日本对建筑主体结构耐久性要求的提高，高性能混凝土的应用日益广泛，由于高性能混凝土现场施工质量把控难，因此装配式混凝土构件生产工厂的高性能混凝土构件优势日益明显，进而推动了装配式建筑技术在建筑领域的应用。

2.2.3 钢结构建筑及其钢构件发展简要情况

在地震频发的日本，钢结构建筑的发展已有近 100 年的历史，钢结构建筑因其优良的抗震性能得到广泛的应用，主要应用于工业和商业建筑，也在部分低层住宅得到应用，实现了材料规格化、设计标准化和连接构件的商品化，尤其在减震、隔震、抗震及钢材性能研发上处于世界领先地位。

在 20 世纪 70—80 年代，日本钢铁企业采用先进的转炉氧气顶吹新工艺，钢材产量大增，钢结构建筑得到飞速的发展，其中就包括大量的工业化钢结构住宅。目前，日本工业化钢结构装配住宅的生产已形成独立行业，每天都有 100～200 幢钢结构住宅建筑从工厂的流水线上制造出来，真正实现了商品化供应。日本钢结构住宅体系的先进性主要体现在其较高的产业化程度上，其住宅设计始终坚持构配件的标准化、模数化、系列化，并且对住宅材料、设备、部品、性能、结构、安全性等方面制定了详细的配套标准。各类住宅部品部件工业化生产的产品标准十分齐全，占标准总数的 80%以上，部品部件尺寸和功能标准都已形成体系。日本钢结构住宅实施的主体是大型住宅产业集团，其中知名的住宅产业集团有大和房屋集团、米撒瓦住宅、松下电工、积水化学工业、永大产业等，这些大型住宅产业集团的住宅产销量已达到日本全部工业化住宅产销量的 90%。

2.2.4 木结构建筑及其木构件发展简要情况

日本的工业化住宅除上述的混凝土结构和钢结构建筑外，还有大量的木结构建筑。随着技术的进步，装配式木结构耐火、耐腐及抗震性能的优化，使得装配式木结构建筑逐步振兴。目前，日本装配式木结构工厂预制加工能力强，社会分工成熟。日本通过发展装配式木结构建筑，振兴木材产业，形成了木材产业与建筑产业相辅相成的良性循环发展模式。近年来，为了推广木结构建筑，日本国土交通省设立"国土交通省住宅局住宅生产课木造住宅振兴室"。于 1997 年建成的日本大树海体育馆采用双向胶合木杆件和支撑构件组成的三维桁架结构，其长边的上下弦杆与短边杆通过方钢管连接件和螺栓连接，形成一个 178 m(长)×157 m(宽)×18.3 m(高)的大跨度穹顶空间。屋顶的拱形构架是秋田杉木的构件，表皮采用聚四氟乙烯的白色半透明材料，与杉木构架的结合给人亲切、舒适的感觉，该体育馆也成为当地的地标性建筑。日本福冈县太宰府市著名的T-nursery幼儿园，采用几何梯形形式，并利用预制桁架，在现场进行组装，仅需很少的小细木工工作，不仅减少了施工时间和材料浪费，还增加了准确性。

2.2.5 KSI 体系及装配化装修

日本住宅产业化的重要成就之一就是 KSI 体系住宅，我国借鉴形成了 CSI 体系。KSI 体系住宅将集合住宅明确分为结构体(Skeleton，主体及公用设备)和填充体两部分(Infill，住户私有部分的内装修及设备)，如图 2-3 所示。虽然其属于集合住宅，但是其上下层中可以采取不同风格的房间布局。另外，住宅的用途和规格也可以进行变更，如变更为办公室或商业设施等。

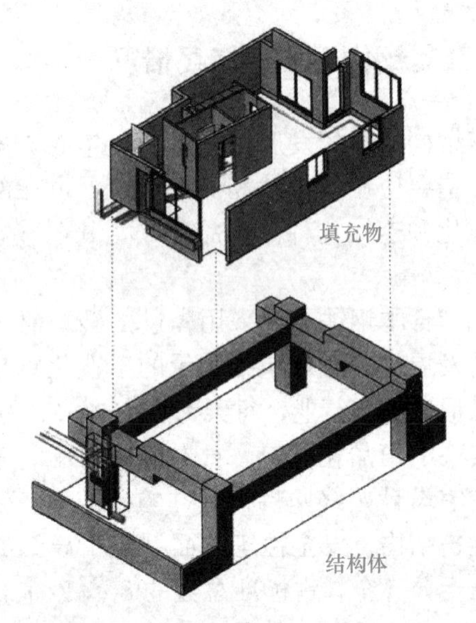

图 2-3　KSI 体系住宅

由于日本广泛采用支撑体和填充体分离的 SI 建筑技术体系，解决了主体结构使用年限和内装部品及管线使用年限不同造成的重复装修和建筑浪费，使住宅具备结构耐久性、室内空间灵活性及填充体可更换性特质，同时，实现了装配化装修的全干式工法作业，提高了施工精度和质量，大大提高了装修部品部件的可更换性。

2.2.6 住宅的流通体系

日本基于装配式建筑和装配化装修的成熟技术与产品体系，实现了从结构构件的设计、生产、房屋建造、装配化装修部品部件及软装，均采用流水线作业。这与汽车工业一致，每个施工小组只负责各自相应的部分，可以多线程并进作业，日本通过向社会提供优质的、有规格的、完成度高的建筑部品来提高住宅的品质和减少现场的工作，其中包括整体卫浴，这个举措促进了产业链的形成，日本的装配式建筑已形成良好的产业规模，也形成了日本许多大城市的“住宅公园”。

日本住宅的售卖也如同汽车工业，实现了良好的商业流通，这在世界上也是绝无仅有的。日本仅仅用 8 h 就建造出一个 300 多 m^2 的住宅，且品质良好，比国内现有的部分豪宅别墅品质高性能好，这正是由于日本高度的工业化才可以创造如此高品质的住宅。

2.3 法国装配式建筑的发展

法国是世界上最早推行装配式混凝土结构建筑的国家之一，逐步形成了以装配式混凝土结构建筑为主、钢结构建筑和木结构建筑为辅的格局。其中，装配式混凝土建筑的发展已有 130 多年的历史。法国装配式建筑的结构形式多为框架或板柱体系，连接形式多为焊接连接、螺栓连接、预应力连接等干式连接。法国装配式建筑具有明显的工业化特点，结构构件与设备、装修工程分开，减少预埋，生产效率和施工质量高。法国装配式混凝土结构建筑的发展过程可分为三个阶段。

2.3.1 装配式混凝土结构建筑“数量”为主阶段

20 世纪 50—60 年代是法国工业化住宅需求量最大的阶段。主要目标是解决有无住宅和降低住宅造价的问题。第二次世界大战后，为解决房屋紧张的问题，法国以建筑工业化方式进行了大规模的城市新区建设，施工企业和设计公司联合开发出了“结构—施工”体系。由于这一阶段的市场需求量大，更加侧重工业化工艺的研究和完善，忽略了建筑设计和规划设计，住宅建筑比较呆板，但是足够大的生产规模也保证了成本的合理性。

2.3.2 装配式混凝土结构建筑“高性能”为主阶段

20 世纪 70 年代，法国房屋的需求量基本上得到了解决。随着居民生活水平的提高，住房问题逐渐暴露出来，人们开始反思之前的建设方式和功能缺点，提出要增加建筑面积、提高隔热、保温隔声等住宅性能，还要求改善装修和设备的水平，以改善建筑的形象和居住环境。因此，在这一阶段，法国开始向“第二代建筑工业化”过渡，主要生产和使用通用构配件与设备等。

2.3.3 装配式混凝土结构建筑“高品质环保”阶段

20 世纪 90 年代，为了缓解全球温室效应，法国率先提出城市可持续发展，建筑舆论的引导转为“节能、减排”。法国混凝土工业联合会和法国混凝土制品研究中心将全法国近 60 个预制构件工厂组织在一起，由它们提供产品的技术和经济指标，并且编制出一套 GS 软件系统，实现把任何一个建筑设计转变成为工业化建筑部件进行设计而不改变原设计的特点，尤其是建筑艺术方面的特点。

Pierres Vives 政府大楼项目是法国工业化体系的代表建筑，该项目位于法国蒙彼利埃，是由扎哈·哈迪德及合伙人事务所设计。这个项目包含多媒体图书馆、公共档案及体育部门三个政府机构。整个建筑呈现出流线型的混凝土和玻璃结构，一个内嵌的绿色玻璃剖面延伸至整个表皮，一层的大厅通过公共设施将图书馆和办公室相连。这些公共设施包括会议室、大礼堂及展厅，包含在一个弧形的混凝土体内，它向外凸出，延展遮蔽下面首层的主要入口，如图 2-4 所示。

图 2-4　法国 Pierres Vives 政府大楼

2.4　德国装配式建筑的发展

德国装配式建筑主要经历了预制混凝土大板体系、现浇与预制构件混合体系、钢混结构体系、预制钢结构体系等不同阶段。德国装配式建筑的发展可归纳为以下特点。

2.4.1　技术体系标准和技术体系

德国装配式建筑行业标准规范体系比较完整、全面，无论是从预制构件的生产作业还是装配式建筑的施工技术、施工经验看，德国都处于世界先进水平。德国现代建筑工业化建造技术主要有三大体系，分别是预制混凝土、预制钢结构、预制木结构。它们可以与玻璃结构、现浇混凝土、集成化设备结构体系灵活组合，应用在公共建筑、多层和高层建筑。

同时，德国装配式混凝土预制构件生产设备智能化程度较高，我国一些构件生产企业还购置了德国的预制混凝土构件生产线。

2.4.2 装配式建筑与节能标准

德国是世界上建筑能耗降低幅度最大，最注重建筑环保和绿色可持续发展的国家。因此，德国的装配式建筑与节能标准充分融合，并提出零能耗的被动式建筑，即仅依靠建筑本身的构造设计就取得舒适的室内温度。

2.4.3 装配式建筑产业链

德国装配式建筑产业链较为完善。单一环节的工业化不能实现整个装配式建筑产业的有序发展，如果没有完整的产业链做支撑，无法将各个结构体系融洽地结合与应用。德国现已经形成包括设计、生产、施工、物流、运维、配套的完整的产业链。在产业模式上是设计师负责制，分工有序、紧密合作，也打通了各环节的接口，保证了产业链的协同，更好地发挥了产业化的优势。目前，在德国独栋或双拼式住宅中，装配式建筑占比最高，大量采用木结构体系，如图 2-5 所示。

图 2-5　德国装配式木结构教学楼内景

2.5 英国装配式建筑的发展

英国是最早开始建筑工业化道路探索的国家之一，十分重视因地制宜发展不同的结构形式。在英国，装配式钢结构建筑得到很好的发展，走出了一条具有英国特色的装配式钢结构发展之路。英国钢结构建筑、模块化建筑在新建建筑中占比达到70%以上，形成了设计、制作到供应的成套技术及有效的供应链管理。英国轻钢结构体系按其住宅建筑的具体情况分为多个级别结构体系，可分为 STIC 结构体系、PANEL 结构体系、MODULAR 结构体系(完全模块结构)及新型的Cassette结构体系。在STIC结构中所有的杆件按设计尺寸切割，采用螺栓或自攻螺钉现场连接完成。PANEL结构中带骨架的墙板、屋面板及屋架都在工厂内采用专用的模具加工成型。MODULAR结构的特点是以整个房间作为一个模块，均在工厂加工，运至现场是完整的房间构件单元。Cassette结构的主要承重构件是一种冷弯薄壁C型钢，能进行快速的模块化生产，克服了传统细长墙面立柱的不稳定问题，无须支撑便能合理地抵抗风荷载产生的剪力。英国装配式建筑的良好发展是基于政府主管部门与行业协会等的紧密合作、技术体系和标准体系的不断完善、专业水平和技能认定体系的建立。

英国并没有“装配式建筑”这个说法，为区别于传统建筑现场建筑方式，业内通常将现场施工的工程量价值低于完工建筑总价值40%的建造方式称为非现场建造方式。目前，工厂化预制部件、现场安装的建造方式，早已经广泛运用于英国的建筑行业。绝大多数新建的低层住房会使用工业化预制屋架来搭建坡屋顶，工厂预制的木结构墙框架系统也被广泛采用。英国装配式建筑的发展进程可分为四个阶段。

2.5.1 非现场建造方式起步发展期

20世纪初，迫于住房需求压力，在极度缺乏技术工人和建材的情况下，英国开发了20多种钢结构房屋系统。但此时仅有5%左右的房屋称为非现场建造方式，且建筑规模小、程度低。

2.5.2 非现场建造方式快速发展期

为解决住宅问题和贫民窟问题，1945年英国政府发布了白皮书，重点发展工业化制造能力，以弥补传统建造方式的不足。第二次世界大战后，钢铁和铝产能过剩，需要寻求多样化的发展空间。基于多方因素，促进了大量装配式混凝土结构、钢结构、木结构和混合结构的发展。

2.5.3 非现场建造方式成熟期

20世纪60—80年代，钢结构、木结构及混凝土结构等建造方式在英国得到进一步的发展。其中，木结构住宅在新建建筑市场中的比例达30%，成了英国非现场建造房屋体系中占份额最大的建造方式。钢结构实现了以轻钢结构为主的模块化体系，其建造速度快、投资回收期短、建设规模大并且空间重复性高，可以达到规模化生产。英国伍尔弗汉普顿的留学生公寓Victoria Hall，共25层，于2009年完工，是英国在高层模块化建筑实践方面的代表性项目，如图2-6所示。

图 2-6　英国伍尔弗汉普顿 Victoria Hall

2.5.4　非现场建造方式品质追求期

20 世纪 90 年代，英国的住宅数量问题基本解决，建筑行业陷入低谷，住宅建造迈入提高品质阶段。这一阶段非现场建造建筑的发展主要受制于市场需求和政治导向。政治导向方面主要有倡议建筑反思的“伊根报告”The Egan Report 的发表，以及随后的创新运动(Movement for Innovation)，引起社会对于建筑领域的关注。公有开发公司及私人住宅建筑商均寻求发展高品质装配式建筑。经过多年的发展，到 21 世纪初期，英国非现场建造方式的模块化建筑每年的产值稳定在 20 亿～30 亿英镑，约占整个建筑行业市场份额的 2%，占新建建筑市场的 3.6%，并以每年 25%的比例持续增长，模块化建筑行业发展前景良好。

2.6　瑞典装配式建筑的发展

瑞典建筑工业化程度达到 80%以上，政府通过鼓励性贷款制度来推动建筑产品工业化通用体系的发展。

瑞典重视建筑标准化的推广，早在 20 世纪 40 年代，瑞典政府就委托建筑标准研究所研究模数协调，以后又由建筑标准协会(BSI)开展建筑化标准方面的工作。在 20 世纪 60 年代大规模住宅建设时期，建筑部件的规格化逐步纳入瑞典工业标准(SIS)。随着工业化的发展，瑞典相继出台了“浴室设备配管”标准、“门扇框”标准、“主体结构平面尺寸”和“楼梯”标准、“公寓式住宅竖向尺寸”及“隔断墙”标准、“窗扇、窗框”标准、“模数协调基本原则”“厨房水槽”标准等，涵盖了公寓式住宅的模数协调，各部件的规模、尺寸。

部品尺寸的标准化、系列化提高了部品的通用性，促使通用体系的发展。20 世纪 70 年代，瑞典新建公寓式住宅所占比例较大，之后，独立式住宅超过公寓式住宅，目前独立式住宅占80%左右，而这些独立式住宅90%以上是工业化方法建造的。其中，大量的独立式住宅采用分单元预制的装配式木结构。这类装配式建筑在工厂预制好墙板、楼屋盖，并组装成较大的单元，其保温、通风、水电等设备也在工厂安装到单元内。预制单元运到现场即拼接成整体，装配化程度高。

作为瑞典装配式建筑的典型代表——斯德哥尔摩登陆号酒店以其预制混凝土三明治墙混合玻璃的独特外立面造型融入斯堪的纳维亚建筑的精华，惊艳的效果摄人心魂，令人过目难忘，如图 2-7 所示。

图 2-7　斯德哥尔摩登陆号酒店

2.7　加拿大装配式建筑的发展

加拿大装配式建筑的发展与美国发展相似，在 20 世纪 60—70 年代，装配式建筑得到普遍应用。目前，加拿大大城市建筑多为装配式混凝土结构和钢结构，小镇建筑多为钢或钢-木结构，抗震设防 6 度以下的地区采用全预制混凝土结构(含高层)。在加拿大寒冷地区，混凝土装配化率高，较多采用剪力墙结构体系与空心楼板。与美国类似，加拿大装配式建筑的构件通用性高，且具有完善的认证和评价制度，大幅提升了装配式建筑的质量水平。

由于独特的地理环境，加拿大木结构房屋的工业化、标准化和配套安装技术较成熟。据不完全统计，加拿大常见的住宅建造方式中，95%以上的独户住宅采用轻型木结构，建筑密度较高的排屋和公寓楼约有 85%是轻型木结构建筑。每年新建的独栋住宅和多层多户住宅中装配式木结构占比分别约为 80%和 50%，装配式木结构住宅总占比约为 80%。加拿大还重视多高层木结构的研发，其建筑规范已允许建造 6 层木结构建筑。如加拿大不列颠哥伦比亚大学 UBC 校园 CLT 木结构公寓高达 53 m、18 层，采用 2 层混凝土和 16 层胶合木框架混凝土核心筒的组合结构。

总之，各国不同类型的装配式建筑，大多在第二次世界大战后迅速发展，得到广泛应用。但由于各国资源条件、经济水平、劳动力状况、工业化程度、地域特点和历史文化等情况的差异，其装配式建筑的发展各有特点。部分发达国家的装配式混凝土建筑经过上百年时间，已经发展到相对成熟、完善的阶段。各国装配式建筑都朝着工业化、智能化、绿色化、高品质等目标，加大创新力度，逐步发展前进。

第3章　标准化设计

标准化设计是装配式建筑的重要特征，也是实现装配式建筑部品部件规模化生产、精细化施工、一体化装修等特征的前提和基础，更是建设高品质绿色低碳建筑和建筑产业现代化的基础。

3.1　标准化设计的概念和作用

3.1.1　标准化设计的概念

标准化设计是采用标准化的构件和部品部件，形成标准化的模块，进行系统性集成，通过不同的组合形式，形成多样化、个性化的建筑产品。

3.1.2　标准化设计的作用

各种装配式建筑在策划阶段就应秉持标准化的理念，进行标准化基础上的多方案比选。装配式混凝土建筑、钢结构建筑、木结构建筑、铝合金结构建筑及混合结构建筑、组合结构建筑等都应进行标准化设计，为部品部件(含构件、配件等)尺寸协调、互换通用和工厂化生产、装配化施工创造条件，提高基本单元、构件、建筑部品重复使用率，以满足工业化生产的要求。标准化是工业化的基础，标准化设计是提高装配式建筑建造质量、效率、效益的重要手段，是建筑设计、生产、施工、管理之间技术协同的桥梁。只有建立以标准化设计为基础的工作方法，装配式建筑的工程实施才能实现专业化、协作化和集约化。同时，标准化设计还应结合装配式建筑项目所在地的气候、民族特色等自然条件和技术经济的发展水平，体现当地的建筑风貌。

3.1.3　标准化、模块化和多样化之间的关系

在标准化的基础上，装配式建筑项目宜采用模块化设计方法，模块是指建筑中相对独立、具有特定功能，能够通用互换的单元。装配式部品部件及其接口宜采用模块化设计思维。模块化设计需要建筑师具有较强的装配式意识、标准化意识和组合意识。各地可建立

适用本地区的户型模块、单元模块和建筑功能模块。按少规格、多组合的要求，通过不同的组合形式，形成多样化、个性化的建筑产品。

3.1.4 编码标准

实现装配式建筑设计、生产、建造过程中信息共享，需要对预制部品部件进行基于BIM的分类和编码。要达到预制部品部件分类标准统一的目标，更好地在各专业、各阶段信息共享，20世纪90年代国际标准组织和一些发达国家已经编制了一些建筑信息分类编码的统一标准，如ISO 12006—2、ISO 12006—3、UNICLASS和OCCS。我国逐步开展了建筑信息分类等相关课题研究，编制了一些国家、行业和团体标准。如《建筑信息模型分类和编码标准》(GB/T 51269—2017)、《住宅部品术语》(GB/T 22633—2008)和《建筑产品分类和编码》(JG/T 151—2015)等。

1.《建筑信息模型分类和编码标准》(GB/T 51269—2017)

《建筑信息模型分类和编码标准》(GB/T 51269—2017)是为了使建筑信息分类和编码更加规范，实现建筑活动全生命周期信息的交换和共享的国家标准，其以ISO 12006—2的分类标准体系为基础，分类对象涵盖建设资源、建设过程和建设结果，共给出了15张推荐分类表，每张分类表可以单独使用，也可以进行更为细致的划分。

建筑信息模型分类编码由表代码与分类对象编码组成，两者之间用“-”连接；分类对象编码由大类代码、中类代码、小类代码和细类代码组成，相邻层级代码之间用英文字符“.”隔开；表代码和分类对象各层级代码均采用2位数字表示；大类编码采用6位数字表示，前2位为大类代码，其余4位用0补齐；中类编码采用6位数字表示，前2位为大类代码，加中类代码，后2位用0补齐；小类编码采用6位数字表示，前4位为上位类代码，加小类代码；细类编码采用8位数字表示，在小类编码后增加2位细类代码。

在复杂情况下精确描述对象时，应采用运算符号联合多个编码一起使用，即采用“+”“/”“＜”“＞”符号表示。“+”用于将同一表格或不同表格中的编码联合在一起，以表示两个或两个以上编码含义的集合；“/”用于将单个表格中的编码联合在一起，定义一个表内的连续编码段落，以表示适合对象的分类区间；“＜”“＞”用于将同一表格或不同表格中的编码联合在一起，以表示两个或两个以上编码对象的从属或主次关系，开口背对是开口正对编码所表示对象的一部分。

2.《住宅部品术语》(GB/T 22633—2008)

《住宅部品术语》(GB/T 22633—2008)旨在实现住宅产业工业化，推动住宅体系的建立。该标准主要是针对住宅建设，保证部品的组合配套，同时，在促进住宅产业现代化的同时又能改善其性能。

住宅建设的过程是住宅部品技术应用集成的过程。住宅部品及住宅技术的本身的质量水平，直接影响住宅的质量。建立科学的住宅部品体系，是提高住宅过程质量水平、推动住宅产业化重要的基础。《住宅部品术语》(GB/T 22633—2008)的实施，将会对住宅部品部件生产的标准化、工业化、产业水平的提高发挥积极的促进作用。

《住宅部品术语》(GB/T 22633—2008)的分类对象是住宅建筑的主体，分类原则是两个或两个以上的住宅单一产品能按一定的方法组合，分为屋顶部品、墙体部品、楼板部品、门窗部品、隔墙部品、卫浴部品、餐厨部品、阳台部品、楼梯部品和储柜部品。

3.《建筑产品分类和编码》(JG/T 151—2015)

《建筑产品分类和编码》(JG/T 151—2015)按照专业、产品材料、功能进行分类。该标准规定了建筑产品分类和编码的基本方法，并且给出了编码结构、类目组成及其应用规则。该标准基于国外已有的 Masterformat，提供了一个分类框架，没有进行细致的划分。

该标准的编制原则：涵盖范畴要广，即包含工业和民用建筑建设与使用全过程中所涉及的各种建筑产品；要考虑适应信息时代先进技术和手段的应用；要充分考虑前瞻性，便于与国际接轨。

4.《装配式建筑部品部件分类和编码标准》(T/CCES 14—2020)

(1)采用组合编码方式。BIM 模型需要不同维度的信息以适应不同的应用者，采用传统编码技术难以满足信息编码的新要求。在 BIM 应用研究的基础上，按照计算机编程规律，研究采用部品部件“标准码”+“特征码”的组合编码方式。

(2)确定编码结构。编码由表代码和八位分类标准码构成，如预制混凝土框架梁表示为 30—01. 10. 20. 10，其中表代码为 30，标准码为 01. 10. 20. 10，表代码与标准码之间用“—”连接。同时，各级代码采用 2 位阿拉伯数字表示，各级代码的容量为 100，从 00～99。如预制混凝土框架梁编码 30—01. 10. 20. 10 的编码结构如图 3-1 所示。

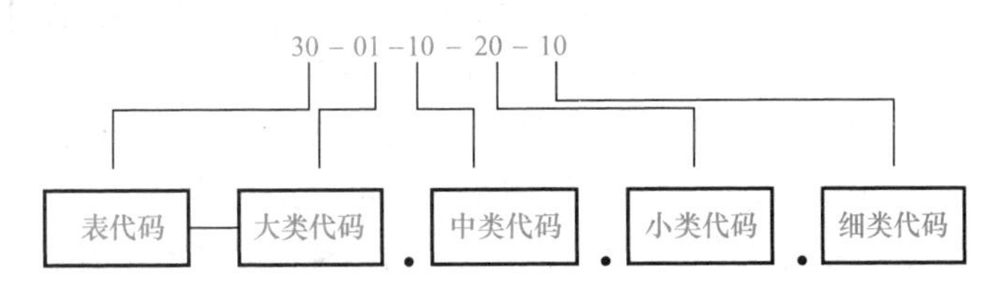

图 3-1　预制混凝土图框架梁标准码

(3)创新采用特征码。类型和基本属性进行描述，大量信息可采用特征码方法进行描述。装配式建筑部品部件特征码采用“穷举型特征码”与“输入型特征码”进行描述，如 0201 表示“抗震参数”“甲类建筑，6 度设防”。对于可以穷举的属性归为“穷举型特征码”，直接用 00～99 数字表示(图 3-2)；对于不可穷举的属性归为“输入型特征码”，用 000～999 数字表示，如 051 表示部品部件的设计单位，采用括号“(　)”并直接赋值的方法说明设计院的名称，如“(北京交大勘察设计院有限公司)”(图 3-3)。装配式建筑部品部件特征码使用灵活，扩充性良好。

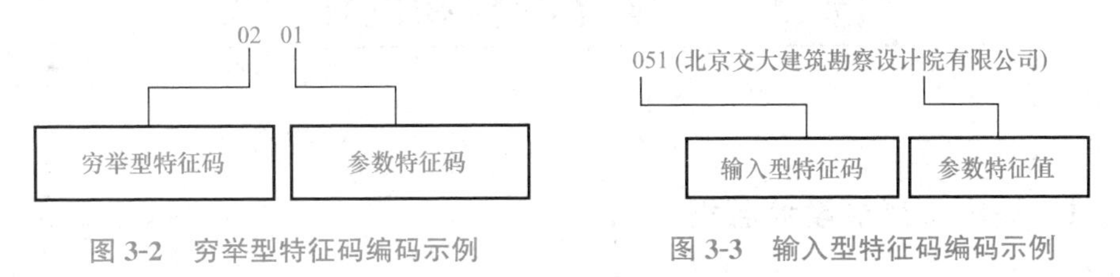

图 3-2　穷举型特征码编码示例　　图 3-3　输入型特征码编码示例

3.1.5　装配式建筑部品库

新型建筑工业化是指以构配件的预制化生产、装配式施工为生产方式，以设计标准化、构配件部品化、施工机械化为特征，能整合设计、生产、施工等整个产业链，实现建筑的节能、环保、全寿命周期内价值最大化的可持续发展的新型建筑生产方式。现阶段，我国建筑业呈现劳动生产率低、资源与能源消耗大、建筑垃圾污染环境严重、施工人员保障差、建筑寿命低、建筑工程质量与安全存在各种隐患等问题。采用装配式的生产方式可大幅改善这种现状。

建筑部品的使用是实现新型建筑工业化的基础。为了推动其发展，实现快速拼装、精确施工、缩短施工周期，建筑在建造的时候人们会越来越多地看见建筑部品替代建筑材料。建筑的建造过程是建筑部品技术应用集成的过程。建筑部品及建筑技术本身的质量水平和问题，直接影响建筑的质量水平。因此，建立科学的建筑部品体系是提高建筑质量，改善建筑的功能、性能的重要基础。

完善的建筑部品体系是在综合我国国情的情况下，符合标准化、模数化、通用化并且满足配套协调的要求，可以有效指导生产和发展，从而更快速地促进建筑工业化发展。

从建筑设计到建筑的运营和管理，信息技术的运用相对于传统的建筑设计方式都具有很大的优势，同时，对于建筑部品体系也产生了很大的影响。

首先，在参数化加工方面，信息技术的应用可以很好对建筑部品进行精确的设计加工，在虚拟的环境中更好地模拟建筑部品的材料选择及构造形式等，使设计师可以直观地了解建筑部品的形式、构造、参数信息，而对于相关的部品企业可以很好地利用信息技术对部品精细加工，提高建筑部品的质量并满足客户特定的要求。

其次，在施工算量方面，目前信息技术配合专业算量软件进行后期处理可以达到精确算量的要求。在实际应用中，根据设备算量的需求，可以进行设备、管线的材料分类定义、归集统计的工作；根据精细化管线综合的需求，可以添加支吊架的建模等。同时，幕墙、钢结构等专项施工还可对信息模型有更细致的要求。

在信息技术影响下，设计的过程需要包含虚拟的建造安装，因此，原有的从功能分类的建筑部品体系要转变到以建造流程为依据的建筑部品体系。

标准化设计是建筑工业化的主要内容，对后续各环节工作影响重大。标准化设计主要优势表现在：对实现建筑质量和品质有重要的作用；对全面推进部品部件标准化、系列化有重要的意义；还对降低工业化建造成本、简化施工难度和提高建造效率等有重要的帮助。

3.2 设计流程和设计深度

3.2.1 装配式建筑设计流程

一般建筑设计分为前期策划阶段、设计阶段和施工验收阶段三个阶段。前期策划阶段主要是确认项目任务，签订设计合同；设计阶段分为方案设计、初步设计、施工图设计三步；施工验收阶段包括技术交底、变更洽商、分部分项验收、竣工验收等工作，直至竣工交付。装配式建筑与一般建筑相比，在设计流程上多了两个环节，即建筑技术策划和部品部件深化与加工设计，如图 3-4 所示。

建筑技术策划应在设计的前期进行，为了能够全面、系统地规划统筹设计、部品部件生产、施工安装和运营维护全过程，对装配式建筑的技术选型合理性、经济可行性和施工安装的便捷性进行评估，从而选择一个最优方案，用于指导建造过程。所以，建筑技术策划是装配式建筑能否发挥综合优势的建设指南。

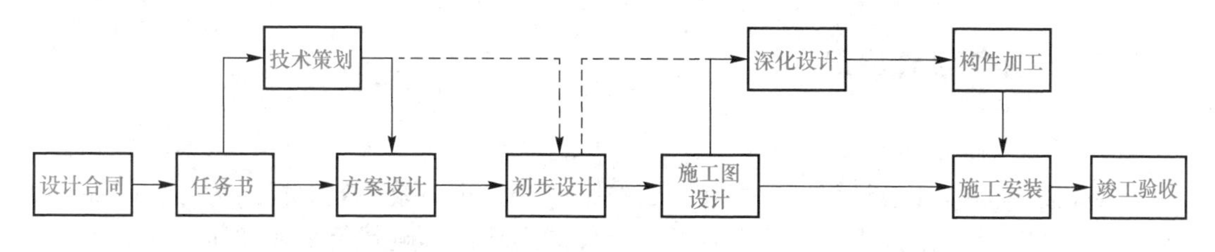

图 3-4　装配式建筑设计流程图

3.2.2　装配式建筑设计深度

(1)装配式建筑的方案设计。方案设计应包括设计说明书、方案设计图纸。设计说明书应设置装配式建筑设计专篇，还包括装配式结构体系、装配式技术、实施装配式的建筑面积、预制率、装配率等装配式设计要求。

(2)方案设计图纸深度要求。拟建建筑图示应注明所采用的装配式技术，建筑平面图应表达预制墙板的组合关系，包括构件组合图、各类预制构件组合分析图等。

(3)装配式建筑在各个阶段的设计深度除应符合现行国家标准的规定外，还应满足下列要求：

1)前期技术策划应在项目规划审批立项前进行，并对项目定位、技术路线、成本控制、效率目标等做出明确要求；对项目所在区域的构件生产能力、施工装配能力、现场运输与吊装条件等进行技术评估。

2)方案设计阶段应对项目采用的预制构件类型、连接技术提出设计方案，对构件的加工制作、施工装配的技术经济性进行分析，并协调开发建设、设计、构件制作、施工装配等各方要求，加强建筑、结构、设备、电气、装修等各专业之间的集成与配合。

3)初步设计应在建筑、结构设计及机电设备、室内装修设计完成方案设计的基础上，由设计单位联合构件生产企业和施工单位等，结合预制构件生产工艺和施工单位的吊装能力、道路运输等条件，对预制构件的形状、尺度、质量等进行估算，并与建筑、结构、设备、电气、装修等专业进行初步的协调。

4)装配式建筑应充分体现标准化设计理念，符合现行国家标准《建筑模数协调标准》(GB/T 50002—2013)、《装配式混凝土建筑技术标准》(GB/T 51231—2016)、《装配式钢结构建筑技术标准》(GB/T 51232—2016)的相关规定。

(4)施工图设计应由设计单位进一步结合预制构件生产工艺和施工单位初步的施工组织计划，在初步设计的基础上，建筑专业完善建筑立面及建筑功能，结构专业确定结构布置及预制构件截面等信息，机电设备专业确定管线布局，室内装修进行部品设计，同时各专业完成统一协调工作，避免专业间的错漏碰缺。

3.3 建筑集成设计

3.3.1 建筑设计原则

1. 可持续发展原则

装配式建筑标准化设计应以功能实现、技术路线合理、效率效益提高为导向，并应注重部品部件与节点的适配性，避免个别部品部件的损坏而影响建筑功能和质量，避免为装配而装配，不能仅仅为实现预制率、装配率而敷衍地设计。

2. 模数化、标准化、通用化原则

装配式建筑设计应遵循模数化、标准化、适用化原则，便于实现部品部件的工业化生产，让建筑师通过模块或标准化单元组合成具有丰富的平面、立面、造型建筑和建筑群。通过充分发挥装配式建筑的优势，精细设计，以确保构件制作、安装的正确，保障装配式建筑实现绿色低碳高品质，避免失误，降低成本。

3. 协同设计原则

在方案设计阶段，应考虑建筑和结构、机电设备方案、装饰装修方案的协调，并应同步考虑部品生产、施工安装、运营管理等不同阶段的影响因素，统筹协调相关专业和实施主体，明确需要实现的建筑功能，合理制定技术路线，实现设计阶段的专业协同和产业链各环节协同。装配式建筑设计的建筑、结构、机电、设备、装饰装修等各专业应协同设计，密切配合与衔接，形成以建筑师为主导、结构设计为核心，室内设计师、机电工程师、构件设计工程师、构件生产工程师、施工安装工程师全程协同设计。设计师在设计全过程中，要与部品部件生产、施工、装修等各环节的技术人员进行高度衔接和配合，了解各环节对设计的要求和约束条件，使项目全过程顺利实施。

4. 系统化、集成化原则

装配式建筑是技术和产品的多层次系统化集成过程。同一个层次系统内的集成，如结构系统内将柱与梁、梁与墙板设计成一体化构件，如集成式厨房、集成式卫浴、专业管路的集成化、整体收纳的集成化等。不同层次系统的集成，如将结构系统剪力墙与建筑系统的保温、外装饰设计成一体化的外墙夹芯保温板建筑、结构、保温、装饰一体化，又如将太阳能采集与建筑墙体一体化等。

另外，装配式建筑设计强调“一张图”或“一模到底”。装配式建筑设计环节与传统设计环节有很大不同。如装配式建筑设计增加了深化设计出图环节，构件图应表达所有专业所有环节对构件的要求，如外形、尺寸、结构连接、各专业预埋件、预埋物和空洞、制作施工环节的预埋件等，都需要全面而详细地表达在一张图上，使得制作和施工技术人员不用自己去查找各专业图纸，避免或减少出错、遗漏，减少各专业设计之间的“撞车”现象。

3.3.2 建筑风格的确定

装配式建造方式由于其生产方式不同，装配式建筑对建筑风格的实现方式也有所不同。

装配式建筑往往通过别具匠心的设计、恰到好处的比例、横竖线条的排列、虚实对比的变化构成建筑艺术张力。如何使建筑风格与装配式有机结合，是建筑师进行装配式建筑设计的重要课题，在确定建筑风格、建筑造型、立面质感等表现形式时，需要分析并判断装配式建造方式对其实现效果的影响。

装配式建筑在立面造型变化大、非线性表现风格方面，可以通过参数设计制作精准模具、部品部件的工厂化生产，实现建筑风格所需的形状和质感，具有传统现浇施工不可比拟的优势。著名建筑师马岩松设计的哈尔滨大剧院，如图 3-5 所示。其建筑外立面是非线性铝板，局部采用清水混凝土外挂墙板，有的是曲面，有的是双曲面，曲率也不同，如果采用现场浇筑方式，很难精准控制，通过工厂预制曲面构件，表现效果堪称完美。

图 3-5　哈尔滨大剧院

3.3.3　结构体系的选择

根据业主等多方沟通协调后确定的建筑风格和建筑功能，建筑师与结构工程师要进行综合技术经济分析，共同选择适宜的结构体系。在进行装配式结构体系选择时，应根据工程具体情况，如建筑高度、平面布置、体型、抗震设防烈度、场地土类别、使用功能特点等，按照安全可靠、技术合理、经济适用、绿色低碳的目标综合确定。结构体系应具有明确的计算简图和合理的传力途径，具有适宜的承载能力、刚度和耗能能力；结构平面布置宜规则、对称，结构竖向布置宜保持刚度、质量变化均匀，不宜采用特别不规则结构体系，不应采用严重不规则结构布置。装配式建筑以装配式混凝土建筑和装配式钢结构建筑为主，故下文对两类装配式结构体系的选择进行了简要阐述。

(1)装配式混凝土建筑结构体系可选择装配整体式剪力墙结构体系、装配整体式框架结构体系、装配整体式框架-剪力墙结构体系、密肋复合板结构体系及装配整体式叠合混凝土结构体系等。装配整体式混凝土剪力墙结构是指全部或部分剪力墙采用预制墙板构建成的装配整体式混凝土结构，其适用居住类建筑，尤其是住宅类建筑。装配整体式框架结构是指全部或部分框架梁、柱采用预制构件构建成的装配整体式混凝土结构，该结构布置灵活、连接可靠、施工便捷可满足不同的建筑功能需求，空间利用率较高。装配整体式框架-剪力墙结构是由框架和剪力墙共同承受竖向和水平作用的结构，其兼有框架结构和剪力墙结构的特点，体系中框架和剪力墙布置灵活，可以满足不同建筑功能的要求，有利于用户个性化的室内空间改造，广泛应用于居住建筑、商业建筑、办公建筑、工业厂房；密肋复合板结构是由预制的密肋复合墙体内嵌于隐形框架而形成的一种新型结构。密肋复合墙板用肋梁、肋柱及加气硅酸盐砌块形成整体墙板，墙板与框架梁、框架柱整浇为一体，从而形成一个增强的受力体系。密肋复合墙板与外框架共同工作，在水平荷载作用下，墙板受到框架的约束，同时又对框架进行反约束，两者相互作用，同时能各自发挥其自身性能。装配整体式叠合混凝土结构是指全部或部分抗侧力构件采用钢筋焊接网叠合剪力墙、叠合柱的装配整体式混凝土结构，简称叠合结构，包括装配整体式叠合剪力墙结构、装配整体式叠合框架结构、装配整体式叠合框架-剪力墙结构和装配整体式框架-现浇核心筒结构。

(2)装配式钢结构建筑应根据房屋高度和高宽比、抗震设防类别、抗震设防烈度、场地类别、施工技术条件及经济性等因素考虑其适宜的钢结构体系。除此之外，建筑类型也对结构体系的选型至关重要。钢框架结构、钢框架-支撑结构、框架-延性墙结构适用多高层钢结构住宅及公建；筒体结构、巨型结构适用高层或超高层建筑；交错桁架结构适合带有中间走廊的宿舍、酒店或公寓；门式刚架结构适用单层超市及生产或存储非强腐蚀介质的厂房或库房。低层冷弯薄壁型钢结构适用以冷弯薄壁型钢为主要承重构件，层数不大于3层的低层房屋。这里所说的钢框架是具有抗弯能力的钢框架，框架柱可采用钢柱或钢管混凝土柱；钢框架-支撑结构中的支撑在设计中可采用中心支撑、偏心支撑和屈曲约束支撑；钢框架-延性墙板结构中的延性墙板主要是指钢板剪力墙、钢板组合剪力墙、钢框架内嵌混凝土剪力墙等；筒体体系包括框筒、筒中筒、桁架筒、束筒；巨型结构主要包括巨型框架和巨型桁架结构。

装配式钢结构建筑的楼板和屋面板一般采用装配化程度较高的免支模的楼盖和屋盖体系，包括钢筋桁架楼承板、预制叠合楼板及预应力叠合楼板等。

3.3.4 建筑高度的确定

建筑高度是建筑设计首先要考虑的因素，建筑物高度需符合相关结构规范的规定，统筹考虑结构形式、抗震设防烈度等。《装配式混凝土建筑技术标准》(GB/T 51231—2016)、《密肋复合板结构技术规程》(JGJ/T 275—2013)、《装配整体式钢筋焊接网叠合混凝土结构技术规程》(T/CECS 579— 2019)、《装配式钢结构建筑技术标准》(GB/T 51232—2016)中分别规定了各类结构体系的最大适用高度，见表3-1～表3-4。

表 3-1　装配整体式混凝土结构房屋的最大适用高度　　m

结构体系	设防烈度			
	6 度	7 度	8 度(0.20g)	8 度(0.30g)
装配式整体式框架结构	60	50	40	30
装配整体式框架-现浇剪力墙结构	130	120	100	80
装配整体式框架-现浇核心筒结构	150	130	100	90
装配整体式剪力墙结构	130(120)	110(100)	90(80)	70(60)
装配整体式部分框支剪力墙结构	110(100)	90(80)	70(60)	40(30)
注：1. 房屋高度指室外地面到主要屋面的高度，不包括局部凸出屋顶的部分； 2. 部分框支剪力墙结构指地面以上有部分框支剪力墙的剪力墙结构，不包括仅个别框支墙的情况。				

表 3-2　密肋复合板结构的最大适用高度　　m

结构类型	6 度	7 度	8 度(0.2g)
密肋复合板结构	80	70	60

表 3-3　装配整体式叠合结构房屋的最大适用高度　　m

结构类型	抗震设防烈度			
	6 度	7 度	8 度(0.2g)	8 度(0.3g)
装配整体式叠合框架结构	60	50	40	30
装配整体式叠合剪力墙结构	130	110	90	70
装配整体式叠合框架-剪力墙结构	130	120	100	80
装配整体式叠合框架-现浇核心筒结构	150	130	100	90

表 3-4　多高层装配式钢结构适用的最大高度　　m

结构体系	6 度	7 度		8 度		9 度
	(0.05g)	(0.10g)	(0.15g)	(0.20g)	(0.30g)	(0.40g)
钢框架	110	110	90	90	70	50
钢框架-中心支撑	220	220	200	180	150	120
钢框架-偏心支撑 钢框架-屈曲约束支撑 钢框架-延性墙板	240	240	220	200	180	160
筒体(框筒、筒中筒、桁架筒、束筒) 巨型结构	300	300	280	260	240	180
交错桁架	90	60	60	40	50	—

3.3.5 平面的布置

装配式建筑平面设计应充分考虑设备管线与结构体系之间的协调关系，例如，卫生间的设计须由建筑、结构、给水排水、暖通、电气等各专业协作完成。装配式建筑平面设计宜选用大开间、大进深的平面布置；承重墙、柱等竖向构件上、下宜连续；门窗洞上下对齐、成列布置，其平面位置和尺寸应满足结构受力与预制构件的设计要求；剪力墙结构不宜采用转角窗。厨房和卫生间的平面布置应合理，其平面尺寸宜满足标准化整体橱柜及整体卫浴的要求。

装配式结构平面形状的规定与传统结构相同，在满足平面功能需要的同时，还应考虑模数协调和标准化的要求，包括结构构件的标准化。装配式建筑的设计需要整体及集成设计理念，平面设计应考虑建筑个功能空间的使用尺寸，并应结合结构构件受力特点，合理进行预制构件设计；建筑平面形状以简单为好，不宜凹凸过大、平面形状复杂，其会导致因地震引起的截面增大及预制构件种类增加，最终引起成本增加。

3.3.6 模数的协调

建筑设计应符合现行国家标准《建筑模数协调标准》(GB/T 50002—2013)的有关规定。开间与柱距、进深与跨度、门窗洞口宽度等宜采用水平扩大模数数列 $2n$M、$3n$M(n 为自然数)；层高和门窗洞口高度等宜采用竖向扩大模数数列 nM；梁、柱、墙等部件的截面尺寸宜采用竖向扩大模数数列 nM；构造节点和部件的接口尺寸宜采用分模数数列 nM/2、nM/5、nM/10。当厨房、卫生间采用装配化装修时，应符合《住宅厨房模数协调标准》(JGJ/T 262—2012)、《住宅卫生间模数协调标准》(JGJ/T 263—2012)的相关规定，厨房、卫生间等功能空间应以净尺寸进行模数协调。

3.3.7 外立面的设计

1. 装配式混凝土建筑的立面设计

柱梁结构体系外立面设计比较灵活，可采用外挂墙板，可用柱梁围合窗户组成立面，可在悬挑楼板上安装预制腰板或预制外挂墙板，形成横向线条立面。可以采用 GRC 板、超强性能混凝土墙板等。低层、多层框架结构外墙还可以采用 ALC 板等轻质墙体。当采用柱梁围合窗户方式时，可以将柱梁做成带翼缘的断面，以减少窗洞面积，梁向上伸出的翼缘叫作腰墙，向下伸出的翼缘叫作垂墙，柱子向两侧伸出的翼缘叫作袖墙，如图 3-6 和图 3-7 所示。

剪力墙结构外墙多是结构墙体，结构设计师可灵活发挥的空间远不如柱梁体系那么大。剪力墙结构的外墙板可做成建筑、结构、围护、保温、装饰一体化墙板，即夹芯保温墙板，其外叶板可进行各类造型、质感和色彩的设计。

2. 钢结构建筑的立面设计

装配式钢结构建筑的立面设计应与平面及结构构件相协调，围护构件宜优先选用规则的形体，便于工厂化、集约化生产加工，提高工程质量，并降低工程造价。立面设计还应符合外墙、阳台板、空调板、外窗、遮阳设施及装饰等部品部件宜进行标准化设计，并宜通过建筑体量、材质机理、色彩等变化，形成丰富多样的立面效果。

图 3-6　腰墙(黑色部分)

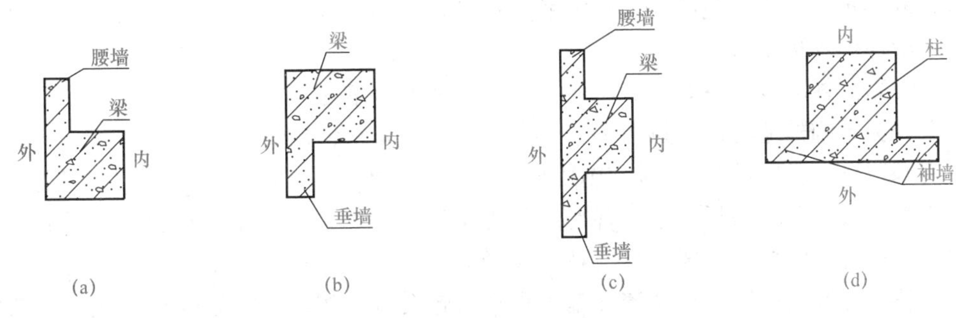

图 3-7　带翼缘的预制柱、梁断面

(a)、(b)、(c)梁断面；(d)柱断面

3. 木结构建筑的立面设计

(1)空间标准化设计。以木框架办公楼为例，木框架办公楼空间标准化设计，主要有两类。第一类，设计标准化空间单元。标准化空间单元以功能尺寸、市场需求和平面模数为依据，将办公楼每一类空间进行标准化方案设计。每类空间的标准化单元有多种尺寸来满足市场需求。同时，考虑功能房间中的人体行为尺度及平面基本模数尺寸。第二类，组合标准化空间单元组成办公楼。按甲方需求确定办公楼的层高、层数、面积、办公室数目、组群形式等参数。对空间单元进行组合设计，得出各面积区间与各组群形式的办公楼，同时完成平面标准化设计。

(2)外立面设计标准化。基于空间标准化和平面标准化设计，可按“整体形体设计”“外立面单元模块设计”和“色彩与风格设计”开展。

1)整体形体设计，与标准化空间和标准化平面外墙形状、组合方式密不可分。假设标准化的空间单元，由 3～4 个体块组合而成。将 3～4 个体块抽象为平面方块。体块组合有多种排列方式(对称或不对称式体块)，与甲方探讨后，确定方案并开展立面深化设计；体块关系的调整后，投射到平面图上稍做调整，形成初步外立面效果与立面图，完成“整体形体设计”。

2)外立面单元模块设计一般以一层作为一个单元模块，按照规范与设计原则，开展模块深化，完成结构布置、门窗等洞口设计、风速预测、阳台设计、飘窗设计与立面部品等。

3)色彩与风格设计，建筑外立面色彩与质感，受自然环境、气候、光照、配景、天空的颜色和明度、植被的影响。要求立面轮廓清晰，辨识度高，可选择色度或白度较高的色彩；要求立面平静明快，可选择颜色色度较低、白度中等。

建筑的外部形式受到社会背景(人的思想意识、宗教信仰、历史文化)等影响。标准化外立面的一致性，代表着当下的时代特征。但受功能要求、规范规程、设计师个体、经济效益、施工水平等影响，建筑各异。标准化建筑的外立面设计，应寻得建筑物个性与共性的平衡。

3.3.8 围护构件的设计

围护构件设计时，应考虑的因素有建筑功能、建筑风格、结构构件形状、连接要求、协调变形等。尤其注意外围护系统的设计使用年限应与主体结构相协调，主要是指外围护系统的基层板、骨架系统、连接配件的设计使用年限应与建筑物主体结构一致；为满足使用要求，外围护系统应定期维护，接缝胶、涂装层、保温材料应根据材料特性，明确使用年限，并应注明维护要求。

不同类型的外墙围护系统具有不同的特点，按照外墙围护系统在施工现场有无骨架组装的情况分为预制外墙类、现场组装骨架外墙类、建筑幕墙类。

(1)预制外墙类外墙围护系统在施工现场无骨架组装工序，根据外墙板的建筑立面特征又细分为整间板体系、条板体系。现场组装骨架外墙类外墙围护系统在施工现场有骨架组装工序，根据骨架的构造形式和材料特点又细分为金属骨架组合外墙体系、木骨架组合外墙体系。建筑幕墙类外墙围护系统在施工现场可包含骨架组装工序，也可不包含骨架组装工序，根据主要支承结构形式又细分为构件式幕墙、点支承幕墙、单元式幕墙。

1)整间板体系包括预制混凝土外墙板、拼装大板。预制混凝土外墙板按照混凝土的体积密度分为普通型和轻质型。普通型多以预制混凝土夹芯保温外挂墙板为主，中间夹有保温层，室外侧表面自带涂装或饰面做法；轻质型多以蒸压加气混凝土板为主。拼装大板中支承骨架的加工与组装、面板布置、保温层设置均在工厂完成生产，施工现场仅需连接、安装即可。

2)条板体系包括预制整体条板、复合夹芯条板。条板可采用横条板或竖条板的安装方式。预制整体条板按主要材料分为含增强材料的混凝土类和复合类。混凝土类预制整体条板又可按照混凝土的体积密度细分为普通型和轻质型。普通型混凝土类预制外墙板中混凝土多以硅酸盐水泥、普通硅酸盐水泥、硫铝酸盐水泥等生产；轻质型混凝土类预制外墙板多以蒸压加气混凝土板为主，也可采用轻骨料混凝土。增强材料可采用金属骨架、钢筋或钢丝(含网片形式)、玻璃纤维、无机矿物纤维、有机合成纤维、纤维素纤维等，蒸压加气混凝土板是由蒸压加气混凝土制成的，根据构造要求，内配置经防腐处理的不同数量钢筋网片；断面构造形式可为实心或空心；可采用平板模具生产，也可采用挤塑成型的加工工艺生产。复合类预制整体条板多以阻燃木塑、石塑等为主要材料，多以采用挤塑成型的加工工艺生产，外墙板内部腔体中可填充保温绝热材料。复合夹芯条板由面板和保温夹芯层构成。

(2)建筑幕墙类中无论采用构件式幕墙、点支承幕墙或单元式幕墙，非透明部位一般宜设置外围护基层墙板。

3.3.9 防水设计

外墙挂板的接缝处是防水设计的重点，剪力墙外墙板水平接缝灌浆不密实也会出现渗漏。防水应采用构造防水与材料防水两道设防。构造防水包括板的水平接缝采用高低缝或企口缝，竖直缝设置排水空腔等。

3.3.10 防火设计

钢结构自重轻、强度高、抗震性能好，便于工业化生产，施工速度快，但钢结构在某些方面也存在不足，特别是钢结构的耐火性能较差，在火灾作用下易被破坏。因此，为了防止和减少建筑钢结构的火灾危害，保护人身和财产安全，必须对钢结构进行科学的防火设计，采取安全可靠、经济合理的防火保护措施。钢结构构件的设计耐火极限应根据建筑的耐火等级，按现行国家标准《建筑设计防火规范(2018 年版)》(GB 50016—2014)的规定确定。柱间支撑的设计耐火极限应与柱相同，楼盖支撑的设计耐火极限应与梁相同，屋盖支撑和系杆的设计耐火极限应与屋顶承重构件相同。

预制外墙板作为围护结构，应在各层楼板、防火墙、隔墙、梁柱相交部位设置防火封堵措施。室内装配式装修设计应符合《建筑内部装修设计防火规范》(GB 50222—2017)的相关要求。架空层不应穿越有耐火性能要求的部位，内装部品设计应避免出现弱化防火性能的构造做法。

3.3.11 全装修设计

装配式建筑应实现全装修，内装系统应与结构系统、外围护系统、设备与管线系统一体化设计建造。室内装修所采用的构配件、饰面材料，应结合气候条件，即房间实用功能要求采用耐久、防水、防火、防腐及不易污染的材料和做法。宜采用管线分离和同层排水技术，主体结构构件、内部装饰部品和管线设备集成设计，实现室内装修、管道设备与主体结构的分离，从而使住宅兼具结构耐久性、使用空间灵活性及良好的可维护性等特点。

3.3.12 构造节点设计

根据门窗、装饰、厨卫、设备、电源、通信、避雷、管线、防火等专业或环节的要求，进行建筑构造设计和节点设计，将各专业对建筑构造的要求汇总，与预制构件设计对接，宜形成具有统一的尺寸规格与参数，并满足公差配合及模数协调的标准化节点和接口。

3.3.13 集成化部品设计

装配式建筑的推广，带动了我国部品部件的研发和生产，为建筑师提供了丰富的选择空间。部品部件的集成度也越来越高，建筑师可设计或选用集成部件部品，如采用整体收纳、集成式卫生间、集成式厨房等。

3.4 结构设计

结构设计应在满足《工程结构可靠性设计统一标准》(GB 50153—2008)、《建筑结构荷载规范》(GB 50009—2012)、《建筑工程抗震设防分类标准》(GB 50223—2008)、《建筑抗震设计规范(2016 年版)》(GB 50011—2012)、《混凝土结构设计规范(2015 年版)》(GB 50010—2010)、《钢结构设计标准》(GB 50017—2017)和《冷弯薄壁型钢结构技术规范》(GB 50018—2002)等标准规范的前提下，还应符合相应装配式标准《装配式混凝土建筑技术标准》(GB/T 51231—2016)、《装配式钢结构建筑技术标准》(GB/T 51232—2016)的规定。

装配式混凝土建筑结构设计的基本原理是等同原理。装配式混凝土结构与现浇混凝土结构的效能等同，也就是说，通过可靠的连接技术和必要的结构与构造措施，使装配式混凝土结构与现浇混凝土结构的效能等同。效能等同并不是做法等同，而是实现的技术目标等同。由此，除在构件连接方式上要可靠外，还必须对结构和构造进行加强或调整，以达到效能等同。

对于装配式混凝土建筑的理解，部分从业人员将装配式建筑混凝土建筑设计简单化，即按现浇混凝土结构设计后再由构件拆分设计单位或制造厂家进行拆分设计、构件设计和细部构造设计，将装配式设计看作后续的附加环节，属于深化设计性质。很多设计单位也认为装配式设计与己无关，仅有在拆分设计图审核签字的责任，更多的设计师则认为装配式设计是结构专业的工作范畴。但装配式混凝土建筑设计不仅是附加的深化设计，也不仅是常规设计完成后才由结构专业开展的工作，更不仅由拆分设计机构或制作厂家承担设计责任，而是在方案设计阶段一体化协调设计的主要内容。

3.4.1 结构设计原则

3.4.1.1 装配式混凝建筑结构设计原则

装配式混凝土建筑结构设计与建筑设计共同遵循前述可持续发展、标准化、模数化、通用化、协同设计、系统化、集成化原则。另外，结构设计还需强调一些具体原则。

1. 遵循规范、灵活运用

《装配式混凝土建筑技术标准》(GB/T 51231—2016)、《装配式混凝土结构技术规程》(JGJ 1—2014)等相关标准是装配式建筑结构设计必须遵循的基本依据，但不能机械地照搬规范条文和图例，结构设计师应当熟悉规范，理解规范的内涵和出发点，灵活运用规范，做好既安全可靠又实现功能的装配式结构设计。

2. 概念设计

装配式结构设计不是简单的软件计算和出图，还应当进行概念设计，对结构安全进行分析判断和总体把握，做出正确的设计决策，再辅以计算，会得到更合理的设计。在装配式结构设计中，概念设计与具体计算和制图同样重要。结构设计师除需具备结构概念设计的意识外，还应当具有装配式结构概念设计意识。

3. 灵活拆分

装配式混凝土建筑预制构件的设计，要充分考虑结构的合理性及生产、运输条件、吊装安全等因素，尽量统一规格，遵循经济性原则，进行多方案比较。根据项目的实际情况和生产水平、安装能力，有针对性地进行拆分设计，实现装配式建筑的效益与效率最大化。

4. 协同设计

装配式结构设计通过采用BIM技术，与各个环节及所有专业密切协同，避免预制构件预埋件和预留孔洞出错、遗漏等，须将详细的协同清单列出，逐一核对、确认是否存在冲突。

(1)协同设计的重要性。协同设计是指各个专业(建筑、结构、装修、设备与管线系统专业)、各个环节(设计、生产、施工、装饰装修环节)进行一体化设计。装配式建筑比现浇混凝土建筑对协同设计的要求，在很多环节都要高，如预埋件、管线布置、脱模与翻转时的吊点等。

(2)协同设计的内容与方法。

1)设计协同的要点是各专业、各环节、各要素的统筹考虑；

2)建立以建筑师和结构工程师为主导的设计团队负责协同，明确协同责任；

3)建立信息交流平台，组织各专业、各环节之间的信息交流和讨论；

4)采用“叠合绘图”方式，将各专业相关设计绘制在一张图上，以便更好地检查“碰撞”与“遗漏”；

5)设计早期就与制作工厂和施工企业进行互动；

6)装修设计须与建筑结构设计同期进行；

7)使用BIM技术手段进行全链条信息管理。

3.4.1.2 装配式钢结构建筑结构设计原则

装配式钢结构建筑是建筑的结构系统由钢部(构)件构成的装配式建筑，它是一个系统工程，由结构系统、外围护系统、设备与管线系统、内装系统四大系统组成，是将预制部品部件通过模数协调、模块组合、接口连接、节点构造和施工工法等集成装配而成的，在工地高效、可靠装配并做到主体结构、建筑围护、机电装修一体化的建筑。其结构设计原则如下。

1. 系统协同

装配式钢结构建筑是钢结构、外围护、内装和设备管线系统的集成，而外围护、内装等相关配套部品在一定程度上决定了装配式钢结构建筑的性能。部品部件性能上的不匹配，会造成墙体开裂、渗水、隔声差等问题，影响装配式钢结构建筑的质量和品质。

2. 空间与构件

装配式钢结构建筑应采用大开间、大进深的空间灵活布置的方式，钢梁的经济跨度为6～9 m，容易形成大空间。在现代住宅设计中，对使用空间的功能可变性要求越来越高，而钢结构的特点使得空间灵活布置更容易实现。并且钢构件的尺寸远小于混凝土构件，可增大使用面积。钢构件宜优先选用热轧型钢，钢柱宜采用热轧H型钢、热轧或冷弯成型方(矩)形钢管，钢梁宜采用热轧窄翼缘H型钢，支撑宜采用宽翼缘热轧H型钢、热轧或冷弯成型方(矩)形钢管。为了提高钢构件的生产和施工效率，应进行钢结构的标准化设计，控制钢构件的种类，必要时适当归并钢柱的截面尺寸及钢梁的截面高度。

3. 楼板与楼梯

装配式钢结构建筑的楼板一般采用装配化程度较高的钢筋桁架楼组合楼板、预制混凝土叠合楼板及预制预应力混凝土空心楼板等。楼板应与主体结构可靠连接，保证楼盖的整体性。抗震设防烈度为6度、7度且房屋高度不超过50 m时，可采用装配式楼板或其他轻型楼盖，但应采取加设楼板面内支撑、加强板缝的连接等措施保证楼板的整体性。

楼梯可采用装配式混凝土楼梯或钢楼梯。楼梯与主体结构宜采用不传递水平作用的连接形式。

3.4.2 结构设计理念

结构设计理念是依据结构原理对结构安全进行分析判断和总体把握。在装配式结构设计中，结构设计理念确保结构整体性和安全性、经济性。

1. 整体性设计

对装配式结构中不规则的特殊楼层及特殊部位，应从概念上加强其整体性，如平面凹凸及楼板不连续形成的弱连接部位、层间受剪承载力突变造成的薄弱层、侧向刚度不规则的软弱层、挑空空间形成的穿层柱等部位和构件，不宜采用预制。

2. 强柱弱梁设计

“强柱弱梁”简单说就是框架柱不先于框架梁破坏，因为框架梁破坏是局部性破坏，而框架柱破坏将危及整个结构安全。设计要保证竖向承载构件“相对”更安全，装配式结构有时为满足预制装配和连接的需要而无意中带来对“强柱弱梁”的不利因素应引起重视，例如，叠合楼板实际断面增加或实配钢筋增多的影响，梁端实配钢筋增加的影响等。

3. 强剪弱弯设计

“弯曲破坏”是延性破坏，有显性预兆特征，如开裂或下挠变形过大等；而“剪切破坏”是脆性破坏，没有预兆，是瞬时发生的。结构设计要避免先发生剪切破坏。预制梁、预制柱、预制剪力墙等结构构件设计都应以实现“强剪弱弯”为目标将附加筋加在梁顶现浇叠合区内。这种做法会带来框架梁受弯承载力的增强，可能改变原设计关系。

4. 强节点弱构件设计

“强节点弱构件”就是要梁柱节点核心区不能先于构件出现破坏，由于大量梁柱后浇节点区内，连接、锚固、穿过的钢筋交错密集，设计时应考虑采用合适的梁柱截面、足够的梁柱节点空间满足构造要求，确保核心区箍筋设置到位、混凝土浇筑密实。

5. “强”接缝结合面“弱”斜截面受剪设计

装配式结构的预制构件接缝，在地震设计工况下，要实现强连接，保证接缝结合强于斜截面发生破坏，即接缝结合面受剪承载力应大于相应的斜截面受剪承载力。由于后浇混凝土、灌浆料或坐浆料与预制构件结合面的粘结抗剪强度往往低于预制构件本身混凝土的抗剪强度，在实际设计中需要附加结合面抗剪钢筋或抗剪钢板。

6. 连接节点避开塑性铰

梁端、柱端是塑性铰容易出现的部位，为避免该部位的各类钢筋接头干扰或削弱钢筋在该部位所应具有的较大的屈服后伸长率，钢筋连接接头宜尽量避开梁端、柱端箍筋加密区。对于装配式柱梁体系来说，套筒连接节点也应避开塑性铰位置。具体地说，柱、梁结构一层柱脚、最高层柱顶、梁端部和受拉边柱和角柱，这些部位不应作为套筒连接部位。装配式行业标准规定：装配式框架结构一层宜现浇，顶层楼盖现浇，已经避免了柱塑性铰位置有连接节点。为了避开梁端塑性铰位置，梁的连接节点不应设置在梁端塑性铰范围内，如图 3-8 所示。

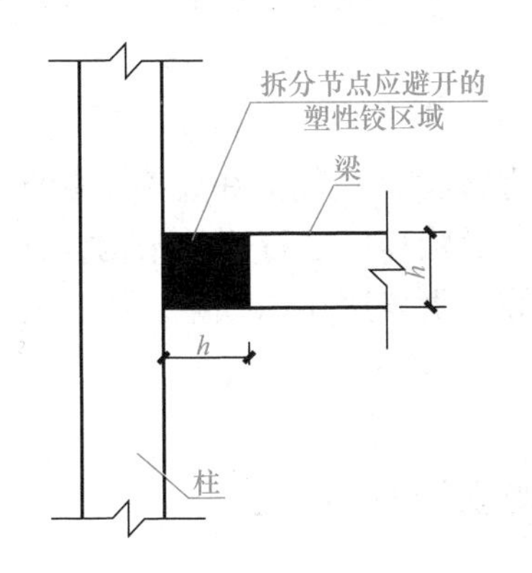

图 3-8　结构梁连接点避开塑性位置

7. 减少非承重墙体刚度影响

非承重外围护墙、内隔墙的刚度对结构整体刚度、地震力分配、相邻构件的破坏模式等都有影响，影响大小与围护墙及隔墙数量、刚度、与主体结构连接方式直接相关。这些非承重构件应尽可能避免采用刚度大的墙体。外围护墙体采用外挂墙板时，与主体结构应采用柔性连接方式。

8. 优选高强度材料

柱梁体系结构宜优先采用高强度钢、高强度混凝土和高强度钢筋，减少钢筋数量和连接接头，避免钢筋配置过密、套筒间距过小而影响混凝土浇筑质量。使用高强度材料可以方便施工，对提高结构耐久性、延长结构寿命非常有利。

3.4.3　装配式混凝土建筑结构设计内容

1. 选择确定结构体系

根据使用功能、成本、装配式适宜性，进行多方案技术经济分析和比较，选择适宜的结构系统。

2. 进行结构概念设计

依据结构原理和装配式结构特点，对结构整体性、抗震设计等与结构安全有关的重点问题进行概念设计，确定拆分设计、连接节点设计和构件设计的基本原则。

3. 结构拆分设计

确定接缝位置，确定预制范围，进行接缝抗剪计算等。

4. 作用计算与系数调整

进行装配式的作用分析与计算，按规范要求，对剪力墙结构应加大现浇剪力墙部分的内力调整系数。

5. 选择结构连接方式

连接设计包括对预制构件之间的接缝、构件与先浇和后浇混凝土之间的结合面进行连接节点设计，主要包括梁端接缝、柱顶底接缝、墙体的竖向接缝和水平接缝等。选定连接材料，给出连接形式验证，进行后浇混凝土连接节点设计。在装配式结构中，连接设计是影响结构受力性能的关键环节。

6. 预制构件设计

对预制构件承载力和变形进行验算，包括在脱模、翻转、吊运、存放、运输、安装和安装后临时支撑时的承载力和变形验算；进行构件结构设计，将各专业需要在预制构件中埋设的管线、预埋件、粗糙面等汇集表达在图纸中；给出构件制作、存放、运输和安装后临时支撑的要求。

3.4.4 钢结构建筑结构设计主要内容

1. 钢框架结构

钢框架结构主要应用于办公建筑、居住建筑、教学楼、医院、商场、停车场等需要开敞大空间和相对灵活的室内布局的多高层建筑。钢框架结构体系可分为半刚接框架和全刚接框架，可以采用较大的柱距并获得较大的使用空间，但由于其侧向刚度小，地震作用下侧向位移较大，可能引起非结构构件的破坏，因此其适用高度受到一定的限制，考虑其经济性抗震设防烈度 8 度区一般不大于 30 m，7 度区一般不大于 60 m。

结构设计中应注意以下设计要点：

(1)钢框架梁的整体稳定性由刚性隔板或侧向支撑体系来保证，在预估的罕遇地震作用下，在可能出现塑性铰的截面附近均应设置侧向支撑(隅撑)，由于地震作用方向变化，塑性铰弯矩的方向也变化，故要求梁的上下翼缘均应设置支撑。当有压型钢板现浇钢筋混凝土楼板或现浇钢筋混凝土楼板在梁的受压翼缘上并与其牢固连接，能阻止受压翼缘的侧向位移时，梁不会丧失整体稳定可仅在下翼缘设置支撑。

(2)框架柱设计应满足强柱弱梁原则，确保地震作用下塑性铰出现在梁端，用以提高结构的变形能力，防止在强烈地震作用下倒塌。

(3)钢框架梁形成塑性铰后需要实现较大转动，其板件宽厚比应随截面塑性变形发展的程度而满足不同要求，还要考虑轴压力的影响。钢框架柱一般不会出现塑性铰，但是考虑材料性能变异，截面尺寸偏差及一般未计及的竖向地震作用等因素，柱在某些情况下也可能出现塑性铰。因此，柱的板件宽厚比也应考虑按塑性发展来加以限制。

2. 钢框架-支撑结构

对于高层建筑，由于风和地震下的水平力增大，使得梁、柱等构件尺寸也相应增大，钢框架结构失去了经济合理性；此时可在部分框架柱之间设置支撑，构成钢框架-支撑体系。钢框架-支撑体系的最大适用高度根据当地抗震设防烈度确定。钢框架-支撑结构在水平荷载作用下，通过楼板的变形协调，由框架和支撑形成双重抗侧力结构体系，可分为中心支撑框架、偏心支撑框架和屈曲约束支撑框架。

钢框架-支撑结构设计应注意以下设计要点：

(1)装配式钢框架-支撑结构的中心支撑布置宜采用十字交叉斜杆、单斜杆、人字形斜杆或V形斜杆体系(图3-9)，但不应采用K形斜杆体系，因为K形支撑在地震作用下，可能因斜杆屈曲或屈服引起较大侧向变形，使柱发生屈曲甚至造成倒塌。偏心支撑至少应有一端交在梁上，使梁上形成消能梁段，在大震作用下通过消能梁段的非弹性变形耗能，而偏心支撑不屈曲，如图3-10所示。

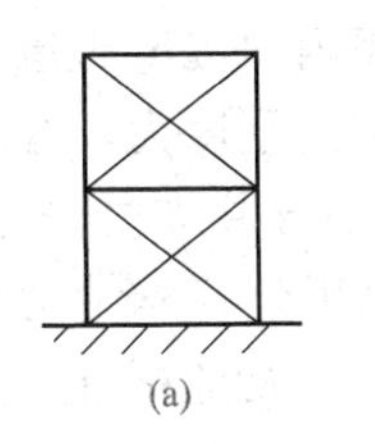
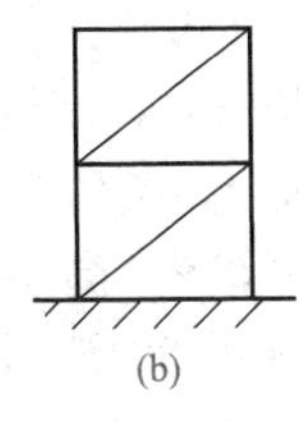
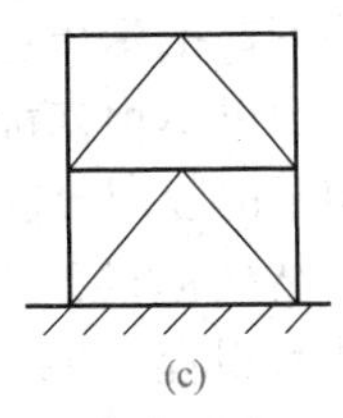

(a)　　(b)　　(c)

图3-9　中心支撑

(a)十字交叉斜杆；(b)单斜杆；(c)人字形斜杆

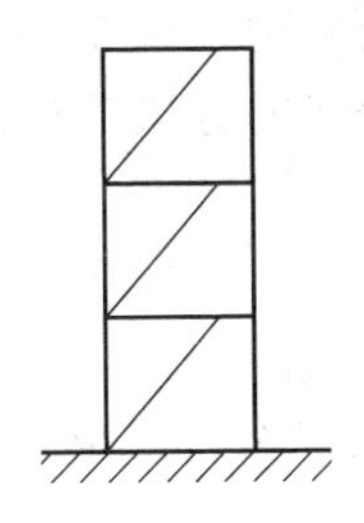
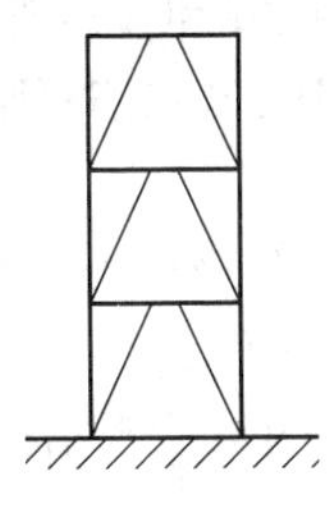
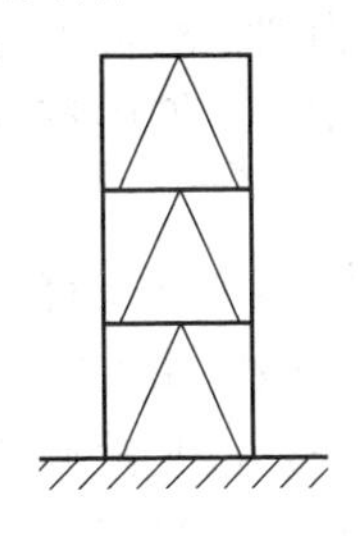

图3-10　偏心支撑框架

(2)应严格控制支撑杆件的宽厚比，用以抵抗在罕遇地震作用下支撑杆件经受的弹塑性拉压变形，防止过早地在塑性状态下发生板件的局部屈曲，引起低周疲劳破坏。

(3)偏心支撑框架设计同样需要考虑强柱弱梁的原则。应将柱的设计内力适当提高，使塑性铰出现在梁而不是柱，将有消能梁段的框架梁的设计弯矩适当提高，使塑性铰出现在消能梁段。

3. 钢框架-延性墙板结构

钢框架-延性墙板结构具有良好的延性，适用于抗震要求较高的高层建筑。延性墙板包括钢板剪力墙(图3-11)和内填混凝土墙板，与钢支撑类似，都是抗侧力构件。其中，钢板剪力墙包括非加劲肋钢板剪力墙、加劲钢板剪力墙、开缝钢板剪力墙、屈曲约束钢板剪力墙及组合钢板剪力墙等。

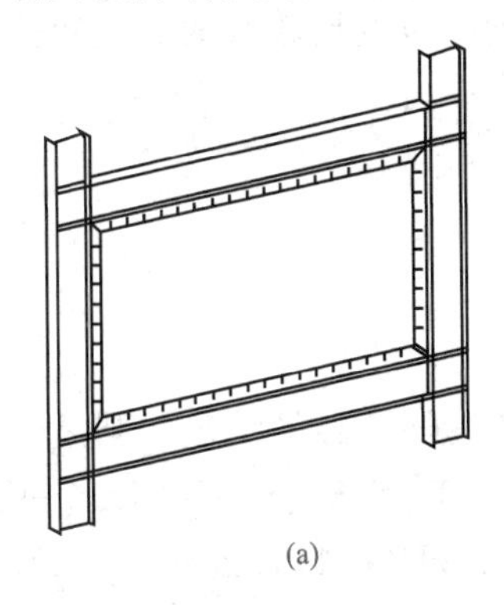
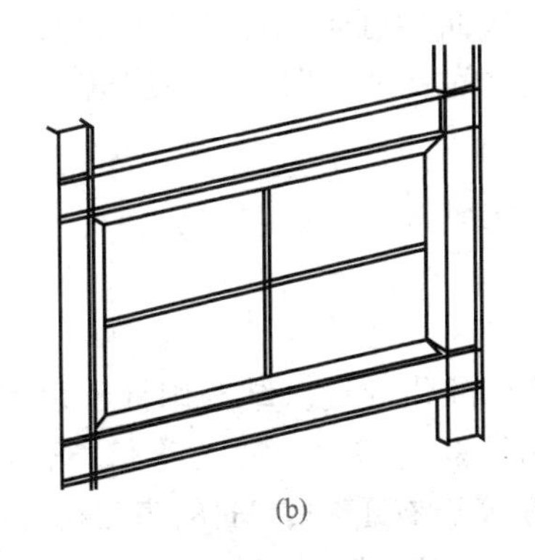
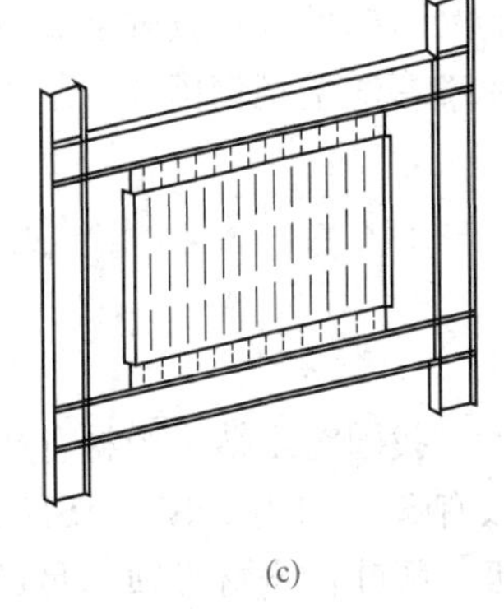

(a)　　(b)　　(c)

图3-11　部分钢板剪力墙

(a)非加劲肋钢板剪力墙；(b)加劲肋钢板剪力墙；(c)开缝钢板剪力墙

内填混凝土墙板钢框架结构体系是利用楼梯间、电梯井或建筑隔墙在部分框架中内填混凝土墙板。钢框架与内填混凝土墙板之间采用剪力件连接，形成组合作用。钢框架的全部梁、柱节点可采用半刚接，避开了采用抗弯框架时对刚性节点转动能力的要求。这种结构体系中的内填混凝土墙板既起到抗侧力构件的作用，还能起到外围护结构或内隔墙结构的作用，非常适合钢结构住宅采用，梁、柱可作为浇灌内填混凝土墙板的模板和支承，施工方便；内填混凝土墙板可承担大部分水平力，结构侧向刚度大，有利于抵抗风载和水平地震作用；钢框架承担全部竖向荷载和部分倾覆弯矩，柱子主要受轴力，可降低用钢量。

目前，钢板剪力墙结构的设计方法可参考《高层民用建筑钢结构技术规程》(JGJ 99—2015)和《钢板剪力墙技术规程》(JGJ/T 380—2015)等相关行业标准。对于非加劲肋钢板剪力墙的整体计算方法，《钢板剪力墙技术规程》(JGJ/T 380—2015)给出了相应的设计方法，对于四边连接非加劲肋钢板剪力墙，可简化为混合杆系模型，采用一系列倾斜、正交杆代替非加劲肋钢板剪力墙，杆件可分为只拉杆和拉压杆。而两边连接非加劲肋钢板剪力墙则可简化为交叉杆模型，模型中杆件为拉压杆，通过刚度等代的方法换算出拉压杆的截面尺寸，进行整体计算。

钢框架-内填混凝土墙板结构属于较新颖的一种结构体系，国内目前尚无实际工程案例。针对该种体系，国内相关的一些科研单位已经做了大量的理论分析和试验研究，形成了较完善的设计方法，行业标准《钢框架内填墙板结构技术标准》(JGJ/T 490—2021)已经发布，自 2021 年 10 月 1 日起实施。

4. 低层冷弯薄壁型钢结构

由冷弯薄壁型钢为主要承重构件的结构。冷弯薄壁型钢由厚度为 1.5～5 mm 的钢板或带钢，经冷加工(冷弯、冷压或冷拔)成型，同一截面部分的厚度都相同，截面各角顶处呈圆弧形。

低层冷弯薄壁型钢结构竖向荷载应由承重墙体的立柱承担，水平荷载或地震作用由抗剪墙体承担。结构设计时可根据抗剪刚度大小按比例分配，并考虑窗洞口对墙体抗剪刚度的削弱作用。该结构类型适用于层数不大于 3 层、檐口高度不大于 12 m 的低层房屋建筑。

国家标准《冷弯薄壁型钢结构技术规范》(GB 50018—2002)侧重于对各类构件的设计计算方法做了详细规定，行业标准《低层冷弯薄壁型钢房屋建筑技术规程》(JGJ 227—2011)侧重于对设计和施工进行系统规定。墙体立柱应按压弯构件验算其强度、稳定性和刚度；屋架构件应按屋面荷载的效应，验算其强度、稳定性及刚度；楼面梁应按承受楼面竖向荷载的受弯构件验算其强度和刚度。楼面梁宜采用冷弯卷边槽形型钢，跨度比较大时，也可采用冷弯薄壁型钢桁架。屋盖构件之间宜采用螺钉可靠连接。

3.4.5 木结构建筑结构设计主要内容

1. 材料

我国对木结构用材有严格的标准化规定。结构用针叶树木材(锯材)必须满足的强度等级有 S10、S14、S16、S18、S20、S22、S24、S28、S32、S36、S40、S45、S50 共 13 个等级，阔叶树木材必须满足的强度等级有 H14、H18、H24、H30、H40、H50、H60、H70 共 8 个等级，抗拉强度等符合《结构用木材强度等级》(LY/T 2883—2014)的规定。主要用于承重构件的集成材用层板(可指接、斜接或拼宽)的强度等级有 G20、G22、G24、G26、

G28、G30 共 6 个等级。抗拉强度等符合《结构用集成材》(GB/T 26899—2011)的规定。

在木结构中，用于构造设计、允许应力设计及强度设计的连接用钢钉，主要包括木质覆板与木质支撑构件、木质构件之间，木质构件与连接件连接的钢钉。

常用的钢钉有普通圆钉、麻花钉和环纹钉等。木结构用钢钉一般采用钢丝作为原材料。使用低碳钢原材料的木结构用钢钉，原材料应符合《低碳钢热轧圆盘条》(GB/T 701—2008)的规定或《一般用途低碳钢丝》(YB/T 5294—2009)中制钉用钢丝的规定；使用优质碳素钢原材料的木结构用钢钉，原材料应符合《优质碳素钢热轧盘条》(GB/T 4354—2008)的规定；使用不锈钢原材料的木结构用钢钉，原材料应符合《冷顶锻用不锈钢丝》(GB/T 4232—2019)的规定；或使用优于上述标准的其他材料。钢钉的抗拉强度最小为 600 MPa，抗弯屈服强度详见《木结构用钢钉》(LY/T 2059—2012)。

集成材用胶分为两类：Ⅰ级胶满足户外暴露要求，适合所有环境应用；Ⅱ级胶只能满足室内干用途的要求。胶粘剂的详细要求见《结构用集成材》(GB/T 26899—2011)。胶合强度质量检验项目应符合表 3-5 的规定。

表 3-5　胶合强度质量检验项目

检验项目		单位	指标值
胶合强度	橡胶木、柳安、奥克榄、异翅香、海棠木	MPa	≥0.70
	水曲柳、荷木、枫香、槭木、榆木、柞木、阿必东、克隆	MPa	≥0.80
	桦木	MPa	≥1.00
	马尾松、云南松、落叶松、云杉、辐射松	MPa	≥0.80

2. 构件

现代木结构建筑中承重结构件常用集成材，可用于组成桁架、拱、框架及梁、柱等。结构用集成材由厚度为 20～50 mm、含水率不高于 15%的木板经过刨光、涂胶、加压、顺纹胶合而成，形状和截面尺寸可按设计要求。层板选择、接长、组坯、涂胶、加压、刨光、养护等均有标准化要求。结构用集成材常用大截面结构用集成材，短边不小于 150 mm，横截面面积不小于30 000 mm^2；中截面结构用集成材，短边不小于 75 mm，长边不小于 150 mm；小截面结构用集成材，短边不足 75 mm，或长边不足 150 mm；等截面结构用集成材，在长度方向上任意一处的横截面尺寸均相同；变截面结构用集成材，在长度方向上横截面尺寸有变化；水平结构用集成材，承载方向与层积胶层相互垂直；垂直结构用集成材，承载方向与层积胶层相互平行的结构用集成材。按组坯方式可分为同等组合、对称异等组合、非对称异等组合结构用集成材。同等组合结构用集成材的强度等级 TC_T15、TC_T18、TC_T21、TC_T24、TC_T27、TC_T30 有 6 个等级；对称异等组合结构用集成材的强度等级 $TC_{YD}15$～$TC_{YD}30$ 以 3 为级差有 6 个等级；非对称异等组合结构用集成材的强度等级有 $TC_{YF}14$、$TC_{YF}17$、$TC_{YF}20$、$TC_{YF}23$、$TC_{YF}25$、$TC_{YF}28$ 共 6 个等级。抗弯强度和抗弯弹性模量详见《结构用集成材》(GB/T 26899—2011)。

建筑结构用木工字梁，是指规格材或结构用复合木材做翼缘，木基结构板材作腹板，用结构型胶粘剂粘结的承载结构构件。常用规格尺寸为翼缘宽度为 35～90 mm；工字格栅高度为 240 mm、300 mm、350 mm 和 400 mm。主要力学性能详见《建筑结构用木工字梁》(GB/T 28985—2012)。

标准化墙主要有轻木墙板、CLT、硅酸钙板覆面墙板等。轻木墙体分为承重墙体或非承重墙体。墙体的墙骨柱宽度不应小于 40 mm，最大间距应为 610 mm，墙骨柱截面尺寸一般取 60 mm×90 mm。当承重墙的墙面板采用木基结构板时，其厚度不应小于 11 mm；当非承重墙的墙面板采用木基结构板时，其厚度不应小于 9 mm；木骨架的墙骨柱应竖立布置，墙骨柱间距宜为 610 mm、405 mm 或 450 mm。墙体构造详见《木骨架组合墙体技术标准》(GB/T 50361—2018)中规定的相关构造要求。墙体覆面板常用胶合板和定向刨花板等。

制作正交胶合木(CLT)墙体所用木板层板厚度 t：15 mm$\leqslant t\leqslant$45 mm；层板宽度 b：80 mm$\leqslant b\leqslant$250 mm。CLT 墙体构造主要有三层层板和五层层板。单层 CLT 层板厚为 45 mm 时，三层层板和五层层板墙体厚度为 135 mm 和 225 mm，高、宽根据现场实际尺寸裁剪。墙板间连接可采用螺钉连接和角撑连接；墙板与楼板的连接形式除上述两种外，还包括植筋、内置连接件、通长角撑连接；板与基础连接一般采用角撑或木制导轨的方式连接。CLT 的力学性能详见《正交胶合木》(LY/T 3039—2018)。

木骨架硅酸钙板墙体采用硅酸钙板作为覆面板，墙骨柱及骨架构件需满足《木骨架组合墙体技术标准》(GB/T 50361—2018)的要求。硅酸钙板墙体在轻木基础上增加了横撑和斜撑。横撑、斜撑与墙骨柱的连接采用钉连接，墙骨柱间距、横撑间距一般为 610 mm×610 mm。斜撑截面尺寸一般取 40 mm×20 mm，横撑截面尺寸一般取 40 mm×90 mm，墙骨柱截面尺寸一般取 60 mm×90 mm，硅酸钙板厚度可取 10 mm，硅酸钙板墙体厚度可取 110 mm。

3. 连接

木结构节点是指木结构构件相互连接所形成的节点。标准化木节点，特指木结构中同一种形式和做法的节点。木结构节点包括销轴类连接、齿板连接、剪盘连接及植筋连接等形式。其设计除应符合《标准化木结构节点技术规程》(T/CECS 659—2020)的相关规定外，还应符合现行国家标准《木结构设计标准》(GB 50005—2017)的有关规定。木结构金属连接件主要有销钉、金属挂钩和齿板等。以上金属连接件均为标准化连接件。销钉连接应满足《木结构设计标准》(GB 50005—2017)和《钢结构设计标准》(GB 50017—2017)的规定。高强度螺栓应符合现行国家标准《钢结构用高强度大六角头螺栓》(GB/T 1228—2006)的有关规定。金属挂钩连接一般用于支撑木格栅和工字木梁，采用镀锌薄钢板弯折而成，预开钉孔或木螺钉孔以便现场安装。齿板用于轻型木结构建筑中规格材桁架的节点连接及受拉杆件的接长，表面镀锌处理的金属齿板一般由 Q235 或 Q345 薄钢板冲压制成。齿板连接应满足《木结构设计标准》(GB 50005—2017)的规定。

4. 体系

传统木结构有较好的木构建筑体系，《营造法式》：“构屋之制，以材为祖。”“材”是一个标准尺寸单位，相当于模数。《营造法式》的第二部分，卷四、卷五大木作制度包含建筑模数、梁架结构、屋顶构件、斗拱等结构构件制度；卷六到卷十一小木作制度含门、窗、屏、地棚、壁板等制度。卷十二雕作制度、旋作制度、锯作制度、竹作制度；第五部分卷二十九到卷三十四图样为当时建筑案例。

现代木结构体系主要包括轻型木结构、木框架剪力墙结构、CLT 剪力墙结构、木框架支撑结构、木混合结构及大跨木结构。

轻型木结构体系是指 3 层及以下、由规格材和木基结构板材等通过钉连接组合而成的木结构体系。对于上部结构采用轻型木结构的组合建筑，木结构的层数不应超过 3 层，且该建筑总层数不应超过 7 层。轻木结构的墙体作为抗侧力构件，当抗侧力设计按构造要求进行设计时，剪力墙的设置，单个墙段的墙肢长度不应小于 0.6 m，墙段的高宽比不应大于 4∶1；同一轴线上相邻墙段之间的距离不应大于 6.4 m；墙端与离墙端最近的垂直方向的墙段边的垂直距离不应大于 2.4 m；一道墙中各墙段轴线错开距离不应大于 1.2 m。剪力墙平面布置要求如图 3-12 所示。

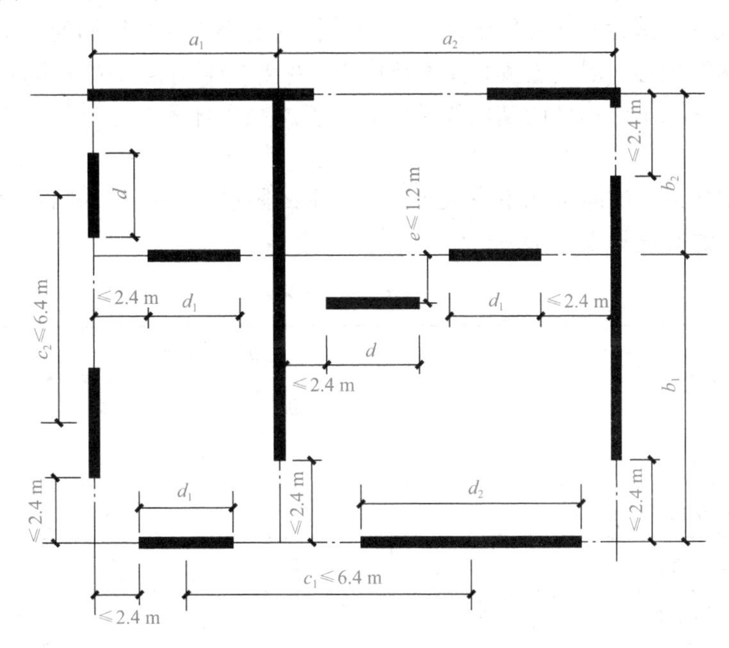

图 3-12 剪力墙平面布置要求

a_1、a_2—横向承重墙之间距离；b_1、b_2 —纵向承重墙之间距离；
c_1、c_2 —承重墙墙段之间距离；d_1、d_2—承重墙墙肢长度；e—墙肢错位距离

当抗侧力设计按构造要求进行设计时，在不同抗震设防烈度的条件下，剪力墙最小长度应符合表 3-6 的规定。

表 3-6 按抗震构造要求设计时剪力墙的最小长度

抗震设防烈度		最大允许层数	木基结构板材剪力墙最大间距/m	剪力墙的最小长度		
				单层、二层或三层的顶层	二层的底层或三层的二层	三层的底层
6 度	—	3	10.6	0.02A	0.03A	0.04A
7 度	0.10g	3	10.6	0.05A	0.09A	0.14A
	0.15g	3	7.6	0.08A	0.15A	0.23A
8 度	0.20g	2	7.6	0.10A	0.20A	—

注：1. 表中 A 指建筑物的最大楼层面积(m^2)。
2. 表中剪力墙的最小长度以墙体一侧采用 9.5 mm 厚木基结构板材做面板、150 mm 钉距的剪力墙为基础。当墙体两侧均采用木基结构板材做面板时，剪力墙的最小长度为表中规定长度的 50%。当墙体两侧均采用石膏板做面板时，剪力墙的最小长度为表中规定长度的 200%。

木框架剪力墙结构一般是指胶合木梁柱框架中采用轻木墙体或CLT作为剪力墙的结构。正交胶合木CLT剪力墙结构是指采用正交胶合木(CLT)剪力墙作为主要受力构件的木结构。木框架支撑结构是指采用梁柱作为主要竖向承重构件，以支撑作为主要抗侧力构件的木结构，支撑主要有交叉支撑、人字撑和隅撑等，支撑材料可为木材或其他材料。木混合结构常指木结构与混凝土结构构件、钢结构构件混合承重，并以木结构为主要结构形式的结构体系，包括下部为钢筋混凝土结构或钢结构、上部为纯木结构的上下混合木结构及混凝土核心筒木结构等。混凝土核心筒木结构中，主要抗侧力构件采用钢筋混凝土核心筒，其余承重构件均采用木质构件的结构体系。大跨度木结构体系有木结构网壳、木桁架与木拱等。

多高层木结构建筑的高宽比不宜大于表3-7中的限值，多高层木结构建筑的适用结构类型、总层数和总高度见表3-8。

表3-7　多高层木结构建筑的高宽比限值

木结构类型	抗震设防烈度			
	6度	7度	8度	9度
轻型木结构	4	4	3	2
木框架支撑结构	4	4	3	2
木框架剪力墙结构	4	4	3	2
正交胶合木剪力墙结构	5	4	3	2
上下混合木结构	4	4	3	2
混凝土核心筒木结构	5	4	3	2

注：1. 计算高宽比的高度从室外地面算起；
2. 当塔形建筑底部有大底盘时，计算高宽比的高度从大底盘顶部算起；
3. 上下混合木结构的高宽比，按木结构部分计算。

表3-8　多高层木结构建筑适用结构类型、总层数和总高度

结构体系	木结构类型	抗震设防烈度									
		6度		7度		8度				9度	
						0.20g		0.30g			
		高度/m	层数	高度/m	层数	高度/m	层数	高度/m	层数	高度/m	层数
纯木结构	轻型木结构	20	6	20	6	17	5	17	5	13	4
	木框架支撑结构	20	6	17	5	15	5	13	4	10	3
	木框架剪力墙结构	32	10	28	8	25	7	20	6	20	6
	正交胶合木剪力墙结构	40	12	32	10	30	9	28	8	28	8

续表

<table>
<tr><th rowspan="3" colspan="2">结构体系</th><th rowspan="3">木结构类型</th><th colspan="10">抗震设防烈度</th></tr>
<tr><th colspan="2" rowspan="2">6 度</th><th colspan="2" rowspan="2">7 度</th><th colspan="4">8 度</th><th colspan="2" rowspan="2">9 度</th></tr>
<tr><th colspan="2">0.20g</th><th colspan="2">0.30g</th></tr>
<tr><th></th><th></th><th></th><th>高度/m</th><th>层数</th><th>高度/m</th><th>层数</th><th>高度/m</th><th>层数</th><th>高度/m</th><th>层数</th><th>高度/m</th><th>层数</th></tr>
<tr><td rowspan="7">木混合结构</td><td rowspan="4">上下混合木结构</td><td>上部轻型木结构</td><td>23</td><td>7</td><td>23</td><td>7</td><td>20</td><td>6</td><td>20</td><td>6</td><td>20</td><td>5</td></tr>
<tr><td>上部木框架支撑结构</td><td>23</td><td>7</td><td>20</td><td>6</td><td>18</td><td>6</td><td>17</td><td>5</td><td>17</td><td>4</td></tr>
<tr><td>上部木框架剪力墙结构</td><td>35</td><td>11</td><td>31</td><td>9</td><td>28</td><td>8</td><td>23</td><td>7</td><td>23</td><td>7</td></tr>
<tr><td>上部正交胶合木剪力墙结构</td><td>43</td><td>13</td><td>35</td><td>11</td><td>33</td><td>10</td><td>31</td><td>9</td><td>31</td><td>9</td></tr>
<tr><td rowspan="3">混凝土核心筒木结构</td><td>纯框架结构</td><td rowspan="3">56</td><td rowspan="3">18</td><td rowspan="3">50</td><td rowspan="3">16</td><td rowspan="3">48</td><td rowspan="3">15</td><td rowspan="3">46</td><td rowspan="3">14</td><td rowspan="3">40</td><td rowspan="3">12</td></tr>
<tr><td>木框架支撑结构</td></tr>
<tr><td>正交胶合木剪力墙结构</td></tr>
<tr><td colspan="13">注：1. 房屋高度是指室外地面到主要屋面板板面的高度，不包括局部凸出屋顶部分；
2. 木混合结构高度与层数是指建筑的总高度和总层数；
3. 超过表内高度的房屋，应进行专门研究和论证，并应采取有效的加强措施。</td></tr>
</table>

3.4.6 结构深化设计

装配式建筑的结构设计选型应坚持正向设计。在初步设计和施工图设计时，应优先选择定型的通用化构件，如楼梯段、叠合楼板等，并确定本项目的标准化的构件，以通用构件和标准化构件为基础，进行多种方式的排列和组合，最大限度地满足主体结构的要求，对于无法用标准构件进行设计的特殊造型，可以采用非标构件或现场制作的方式进行设计，以满足建筑设计个性化的要求。

1. 深化设计原则

(1)应考虑结构的合理性。

(2)接缝选择在应力较小的部位。

(3)装配式混凝土建筑柱梁结构套筒连接节点应避开塑性铰位置，装配式钢结构建筑柱宜 3～4 层一节，拼接点宜在梁顶标高 1.2 m 处。

(4)尽可能统一和减少构件规格。

(5)相邻部位、相关构件拆分协调一致，如叠合板拆分与支座梁拆分需协调一致。

(6)符合制作、运输、安装环节约束条件。

(7)遵循经济性原则，进行多方案比较，给出经济上可行的拆分设计。

2. 深化设计内容

构件深化设计应满足工厂制作、施工装配等相关环节承接工序的技术和安全要求，各种预埋件、连接件设计应准确、清晰、合理，并完成预制构件在短暂设计状况下的设计验算。项目应采用建筑信息化模型(BIM)进行建筑、结构、机电设备、室内装修一体化协同设计。项目应注重采用主体结构集成技术、外围护结构的承重、保温、装饰一体化集成技术、室内装饰装修集成技术的应用。

预制构件制作前应进行深化设计，设计文件应包括以下内容：

(1)预制构件平面图、模板图、配筋图、安装图、预埋件及细部构造图等；

(2)带有饰面板材的构件应绘制板材模板图；

(3)夹芯外墙板应绘制内外叶墙板拉结件布置图、保温板排板图；

(4)预制构件脱模、翻转过程中混凝土强度验算。

3. 预制构件深化设计内容

(1)构件模板图设计。根据拆分设计和连接设计确定构件形状与详细尺寸。

(2)伸出钢筋与钢筋连接设计。根据结构设计、拆分布置和连接节点设计，进行构件的钢筋布置、伸出钢筋、钢筋连接(套筒或金属波纹管或浆锚孔)、连接部位加强箍筋构造等的设计。

(3)安装节点、吊点、预埋件、埋设物、支承点的设计。

(4)键槽面、粗糙面设计。

(5)各专业设计汇集。将建筑、结构、装饰、水电暖、设备等各个专业和制作堆放、运输、安装各个环节对预制构件的全部要求，在构件制作图上无遗漏地表示出来。

(6)散放口构件运输临时拉杆设计等。

3.5 设备与管线系统设计

3.5.1 管线分离

装配式建筑的设备管线的综合设计，宜减少平面交叉，竖向管线宜集中布置，并满足维修更换的要求。目前的建筑设计尤其是住宅建筑设计中，一般将设备管线埋在现浇混凝土楼板或承重墙体中，使用年限不同的主体结构和管线设备难以分离，造成管线维修难度大。应优先采用管线分离的理念进行设计，把各类管线固定在非承重墙体、吊顶或地面装饰层内，使其完全独立于承重结构体系，管线分离，为管线后期维修、改造、更换带来便利。暂时做不到完全管线分离的项目，也要根据装修和设备要求预先在预制板中预留孔洞和沟槽，不应在预制构件安装完毕后剔凿孔洞等。

3.5.2 电气管线设计

许多装配式建筑底层及标准层公共区域一般采用传统的建造模式，以现浇方式为主，套内建筑墙体及楼板才会以装配式预制构件为主。基于上述建筑建造原则，在住宅电气设计中，总配电房、通信机房通常设置于底层，标准的楼层强弱电配电间设置于公共区域。在此公共区域内敷设的水平电气管线宜在公共区域的吊顶内敷设，当受条件限制必须做暗敷设时，可敷设在现浇层内，以减少在预制构件中预埋大量电气管线。对于竖向管线可集中敷设在预留的孔洞内，垂直电缆桥架及管线通过事先预留的孔洞明装，电气管线与结构体系脱离。

对于设置在公共区域内的需要穿越楼板引上及引下的照明与火灾自动报警系统管线，可将引上、引下配电管线预埋在现浇混凝土墙体内，而不是预埋在预制墙板内，以满足预制构件墙板预埋管线标准化、模块化设计要求。

房间竖向电气管线宜统一设置在预制板内或装饰墙面内，墙板竖向电气管线布置应保持安全间距。设备管线穿过楼板的部位，应采取防水、防火、隔声等措施，设备管线宜与预制构件中的预埋件可靠连接。

3.5.3 同层排水设计

一般建筑的排水横管布置在本层的为同层排水；排水横管布置在楼板下称为异层排水。装配式建筑宜采用同层排水设计即在建筑排水系统中，器具排水管及排水支管不穿越本层结构楼板到下层空间与卫生器具同层敷设并接入排水立管的排水方式，同时应结合房间净高、楼板跨度、设备管线等因素综合考虑降板方案。

第4章　工厂化生产

建筑工业化是建筑业高质量发展的重要途径，已成为行业发展的大趋势。工厂化生产是装配式建筑现场建造的前置环节，是装配式建筑的第二大特征，其重要性不言而喻。大量部品部件的工厂化生产带动了我国部品部件的科技创新和制造能力的大幅提升。由于篇幅有限，本章主要从混凝土预制构件、钢构件及木构件的加工制作、运输方面阐述预制构件的工厂化生产。

4.1　部品部件及构件工厂化生产

4.1.1　部品部件及构件的相关概念

用于装配式建筑的部品部件，种类丰富，概念较多，除部品部件、部品、部件、构件、预制构件等概念外，还有构配件、配件、零部件等，概念之间的内涵与外延有一些重合交叉之处，一方面反映了我国装配式建筑发展新阶段、新概念、新体系推陈出新的状况；另一方面也引起业内人员思想上和使用上的混乱。《国务院办公厅关于大力发展装配式建筑的指导意见》高度概括地指出，装配式建筑是指用预制部品部件在工地装配而成的建筑。《装配式混凝土建筑技术标准》(GB/T 51231—2016)中，装配式建筑是指由“结构系统、外围护系统、设备与管线系统、内装系统的主要部分采用预制部品部件集成的建筑”，因此，要统一到“部品部件”上，为区分构件材质、性能等的不同，可采用预制混凝土构件、钢构件、木构件等概念。

部品部件是指在装配式建筑中，具有建筑使用功能、工业化生产、现场安装的建筑产品，通常由一个或多个建筑构件、产品组合而成；部件是指在工厂或现场预先生产制作完成，构成建筑结构系统的结构构件及其他构件的统称；部品是指由工厂生产，构成外围护系统、设备与管线系统、内装系统的建筑单一产品或复合产品组装而成的功能单元的统称；构件是指在工厂或现场预先制作的装配式建筑构件，包括预制混凝土构件、钢构件、木构件等，习惯上也称为“预制构件”。

4.1.2　部品部件工厂化生产

在大力发展装配式建筑相关政策引领下，“十三五”期间，包括预制构件在内的部品部件获得了长足发展，通过对外引进和自主创新等多种方式，我国新建了大量的部品部件生产企业，进而促进了生产线和成套设备不断优化提升，智能制造能力不断提高，大幅提高了包括预制构件在内的部品部件生产自动化水平和生产效率。

部品部件的工厂化生产，从材料进厂到部品部件出厂都经过严格检验，预制部品部件直接运到施工现场简化了现场建造程序，从而使全产业链各环节更为可控，保障装配式建筑最终交付质量。预制部品部件的批量化工厂生产也为形成规模经济提供了条件。

部品部件的种类日益丰富，如装配化装修部品涉及干式工法楼（地）面、集成厨房、集成卫生间、管线与结构分离等相关部品，从全屋来看，包含支持装配化装修技术体系的墙、顶、地的支撑部品、饰面部品、连接部件、调平部件等。生产原材料包括金属、无机材料、有机材料等。部品部件在工厂按照统一的规格型号、遵循统一的设计标准进行批量化制作，这些标准化的产品是保障后期维修更换的前提。为提升现场的安装效率，简化安装步骤，部品部件可根据使用需求完成集成化、模块化的生产装配，在信息化设备的支持下，部品部件在工厂可以完成柔性化定制生产，在工业化、信息化“两化融合”基础上，全部部品基于唯一的信息编码，锁定指定位置、匹配参数信息，便于后期质量追溯。部品部件的工厂化生产有力地促进了我国智能建造的发展。部品部件种类丰富，因篇幅有限，以下将阐述的范围缩小到构件的工厂化生产。

4.2 预制混凝土构件生产

4.2.1 预制混凝土构件厂的建设

预制混凝土构件厂的建设需要综合考虑所在地区的条件，事先做好可行性研究，确定工程的生产规模、产品方案和厂址选择等因素。生产规模、厂区选址设计必须以所在城市的总体规划、区域规划为依据，符合总体布局规划要求。如场地出入口位置、建筑体型、层数、高度、公建布置、绿化、环境等都应满足规划要求，与周围环境协调统一。同时，建设项目内的道路、管网应与市政道路和管网合理衔接，以满足生产、方便生活；应结合地形、地质、水文、气象等自然条件，因地制宜；建筑物之间的距离应满足生产、防火、日照、通风、抗震及管线布置等各方面；结合地形，合理地进行用地范围内的建筑物、构筑物、道路及其他工程设施间的平面布置。

预制构件厂要充分考虑占地、材料及构件运输、水源、电力、居民区等各项因素，合理规划场内生产区、材料存放区、成品堆放区、工作区、生活区等合理布局，满足标准化管理要求。

1. 预制构件厂总平面设计

总平面设计是根据工厂的生产规模、建设内容和厂址的具体条件，对厂区进行总体的平面布置，确定构件运输路线、各类管道的相对位置，使整个厂区形成一个有机的整体，从而为构件厂创造良好的生产和管理条件。

总平面设计的依据包括预制厂的组成部分，各车间的性质及大小，各车间之间的生产联系，厂区货流和人流的大小与方向，占地范围内的地形、地质、水文及气象条件，厂区与所在区域对外联系的环境因素等。

总平面设计的内容包括生产规模、占地面积、堆放场地、检查修补场地、敞篷车间、钢筋场地、预埋件场地、边模板堆放场地、道路占地面积、管理场地等。

总平面主要建设内容包括生产车间；成品堆场；办公及生活配套设施(如办公研发楼、宿舍餐饮楼)；锅炉房、搅拌站等生产配套设施；园区综合管网；成品展示区等。

2. 构件工厂设施布置原则

预制构件工厂设计的核心内容之一是厂内设施布置，即合理选择厂内设施的合理位置及关联方式，使得各种物资资源以最高效率组合为产品服务。按照系统工程的观点，设施布置在提高设施系统整体功能上的意义比设备先进化程度更大。在进行设施布置时，并考虑搬运要求的同时应遵守以下原则：

(1)系统性原则。整体优化，不追求个别指标先进。

(2)近距离原则。在环境与条件允许的情况下，设施之间距离最短，减少无效运输，降低物流成本。

(3)场地与空间有效利用原则。空间充分利用，有利于节约资金。

(4)密切联系又互不干扰原则。厂内各项设施功能区划分明，有机联系而分工明确。

(5)机械化原则。既要有利于自动化的发展，还要留有适当的余地。

(6)安全方便原则。保证安全，不能一味地追求运输距离最短。

(7)投资建设费用最小原则。使用最少的投资达到系统功能要求。

(8)便于科学管理和信息传递原则。信息传递与管理是实现科学管理的关键。

4.2.2 构件生产方式

混凝土预制构件的生产采用固定方式和流动方式两种。

1. 固定方式

固定方式是模具固定不动，材料和工人流动生产。采用的工艺包括固定模台工艺、独立模具工艺、集约式立模工艺等。

(1)固定模台工艺。固定模台是将大尺寸钢平台作为预制构件的底模板，在模台上按照图纸安装侧模板，组合成完整模具。固定模台固定不动，组模、钢制钢筋和预埋件、浇筑振捣混凝土、养护构件和拆模都在固定模台上进行。钢筋骨架用起重机吊至固定模台处，混凝土用送料吊斗运至固定模台，蒸汽管道通至固定模台下，就地覆盖养护，构件脱模后用起重机吊至构件存放区。

固定模台工艺除可生产预制柱、预制梁、预制墙板、预制楼梯、带飘窗预制墙板、预制阳台板等各类构件外，还可生产在流水线上无法制作的大体积异型构件。其优势是适用范围广，灵活方便，成本较低。固定模台工艺是目前世界上装配式混凝土预制构件生产中应用最多的工艺(图 4-1～图 4-3)。

(2)独立模具工艺。独立模具是指带底模的模具，不用在固定模台上进行组装。其包括水平独立模具和立式独立模具。水平独立模具用于生产预制梁、预制柱等；立式独立模具用于生产楼梯、T 形板等立式构件，占地小，也不需要翻转。

图 4-1　固定台模制作的带飘窗的外墙板

图 4-2　固定台大型梁模

图 4-3　固定台楼梯模具

(3)成组立模工艺。立模生产线主要由成组立模和配套设备组成，生产各种以轻质混凝土、纤维混凝土、石膏等为原料，用于室内填充墙、隔断墙的实心和空心的定形条板。目前，我国具有成组立模生产线的生产各种定形条板的专用厂家很多(图 4-4)。

立模生产线和平模生产线相比，具有占用车间面积小、使用模具量少及板的两面都很平整的优点。但是，也存在定形条板无法预埋电管、盒的弊端。

图 4-4　立模生产线生产的大型石膏纤维空心板

2. 流动方式

流动方式是模具在流水线上移动，材料和工人相对固定。采用的工艺包括流动模台工艺和自动化流水线工艺。

流动方式即采用流水线生产方法。流水线法的模具在生产线上循环流动，而不是机器和工人在生产线中循环，能够同时生产不同类型的产品，各产品的生产工序之间互不影响。机组流水线法能够同步灵活地生产不同的产品，生产操作控制简单，对产品的适应性强，提高了生产效率和产品质量，是能够满足装配式建筑产业发展需求的生产方式。预制构件的流动方式包括流动平模生产线和流动集约组合立模生产线。

(1)流动平模生产线。流动平模生产线的流动模台是将标准定制的钢模台放置在滚轴上移动，依次进入组模区、钢筋和预埋件入模区、浇筑振捣区、养护窑、翻转脱模区，最后运送到构件存放区。流动平模生产线工位流程如图 4-5 所示。目前，流动平模生产线在清扫模台、自动放线、喷洒脱模剂、支模、钢筋绑扎、振捣、翻转环节可以实现自动化，组模等环节还是以手工作业配合机械吊装为主。流动平模生产线主要生产钢筋桁架叠合板和内、外墙板等板式构件(图 4-6)。

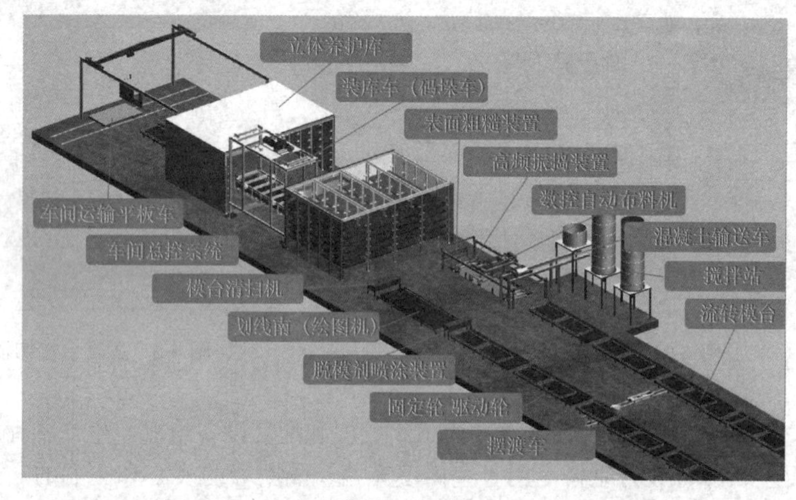

图 4-5　预制构件平模生产线工位流程

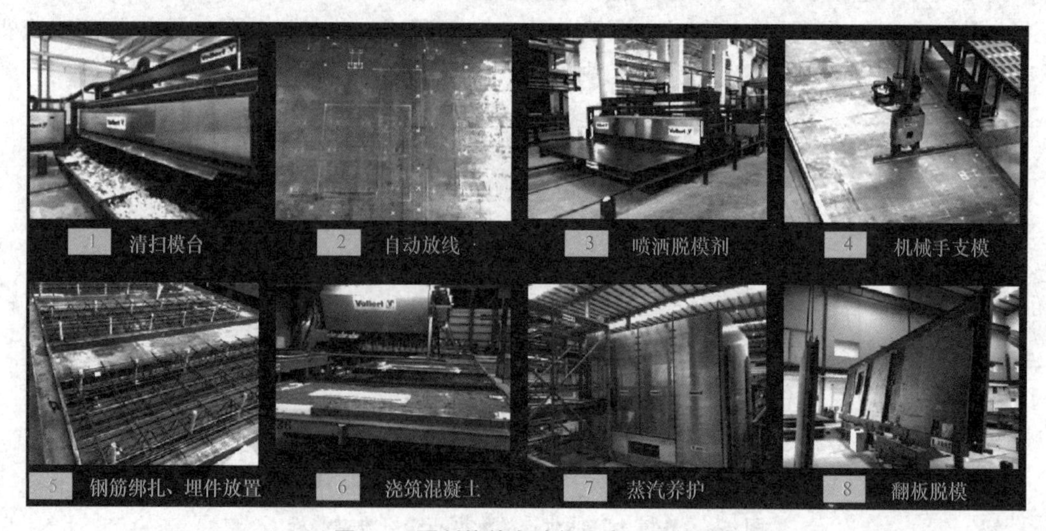

图 4-6　预制构件自动化生产工艺流程

进口生产线自动化程度高主要表现在模具的程序控制机械手自动出库和自动摆放，实现了设计信息输入、模板自动清理、机械手画线、机械手组模、脱模剂自动喷涂、钢筋自动加工、钢筋机械手入模、混凝土自动浇筑、机械手振捣、机械手抓取边模入库等全部工序自动完成，如图 4-7～图 4-20 所示。稳定和准确的程序布料也是进口生产线的一大优势，当然，还需要合适的配合比及坍落度的配合。全自动工艺一般用来生产叠合板和双面叠合墙板及不出筋的实心墙板。

图 4-7　引进的平模生产线

图 4-8　自动划线机，按模具摆放位置在底模划线

图 4-9　全自动模具摆放机

图 4-10　混凝土送料系统

图 4-11　自动收光机

图 4-12　国内生产的平模生产线

图 4-13　程控布料机

图 4-14　养护库

图 4-15　翻板起模机

图 4-16　平模生产线制作钢筋桁架叠合板

图 4-17　平模生产线制作墙板

图 4-18　平模生产线制作外墙挂板

图 4-19　铺设保温层安装拉接件，预设钢筋套筒和吊具

相对于自动化程度高的流水线，国内的一些平模生产线，各构件生产企业根据实际需要对生产线的工位流程做了不同程度的调整和取舍。

1)由于国内设计的钢筋桁架叠合板大多数都要甩出钢筋，模具需要开槽，所以无法实现机械手自动摆放模具。

2)由于预制墙板需要预埋临时固定连接件及施工用预埋件、预留孔等，混凝土表面收光只能手工完成。但是，钢筋桁架叠合板的最后自动拉毛工位是很有效的。

图 4-20　预置电管盒

3)平模生产最大的优越性在于夹芯保温层的施工和水电线管盒可以在布设钢筋时一并布设。外墙板夹芯保温层的直接预埋，完全取消了外墙外保温和薄抹灰既繁重又不安全的体力工作与外脚手架，同时，解决了外墙防火隐患；水电线管盒在墙板中的预埋，解决了传统做法，水电线管、盒安装必须砸墙开槽、开洞的弊端，而且极大地减少了建筑垃圾。

4)成熟的构件生产企业都在生产线的末端增加了露骨料粗糙面的冲洗工位。

全自动化流水线价格高，对于目前国内的混凝土预制构件适用性较低，只有在构件标准化、规格化、专业化的前提下，流水线才能实现自动化和智能化。目前，国内一些预制构件厂，将模具边模自出筋口位置进行拆分设计，放入钢筋后进行后一步组模板，从而实现了机械手自动布筋和组模，提高了流水线自动化水平，并提高了构件生产效率。

(2)流动集约组合立模生产线。平模工艺构件是“躺着”浇筑的，而立模工艺构件是立着浇筑的。立模工艺具有占地面积小、构件表面光洁、垂直脱模、不用翻转等优点。流动集约组合立模工艺主要是集合式立模(图 4-21)，是多个构件并列组合在一起制作的工艺，可用来生产规格标准、形状规则、配筋简单的板式构件，如轻质混凝土空心墙板。流动集约组合立模可以通过轨道运输被移送到各个工位，先是组装立模；然后钢筋绑扎；接下来浇筑混凝土；最后运到养护库集中养护，达到一定强度后再运到脱模区进行脱模，从而完成组合立模生产墙板的全过程。其主要优点是可以集中养护构件。流动集约组合立模应用在轻质隔墙板生产工艺中，工艺成熟、产量高、自动化程度较高。

图 4-21　流动集约组合立模

4.2.3 混凝土构件生产工艺流程

预制构件生产应在工厂或符合条件的现场进行，根据场地的不同、构件的尺寸、实际需要等情况，分别采取流水生产线、固定模台法预制生产，并且生产设备应符合相关行业技术标准要求。构件生产企业应依据构件制作图进行预制构件的制作，并应根据预制构件的型号、形状、质量等特点制定相应的工艺流程，明确质量要求和生产各阶段质量控制要点，编制完整的构件制作计划书，对预制构件生产全过程进行质量管理和计划管理(图 4-22)。

图 4-22　PC 生产线车间实景

预制构件生产的通用工艺流程：建筑制作图设计→构件拆解设计(构件模板配筋图、预埋件设计图)→生产准备→模具设计→模具制造→模台清理→模具组装→脱模剂、粗骨料涂刷→饰面材料加工及铺贴→钢筋加工与入模→水电、预埋件、门窗预埋→隐蔽工程验收→浇筑混凝土→养护→拆模、起吊→表面处理→质检→构件成品入库或运输。预制构件生产的通用工艺流程如图 4-23 所示。

对于较复杂的构件，如混凝土预制外墙板，其制造工艺目前有两种，即反打工艺和正打工艺。反打工艺是指在模台的底模上预铺各种花纹的衬模，使墙板的外表皮在下面，内表皮在上面；正打工艺则与之相反，通常直接在模台的底模上浇筑墙板，使墙板的内表皮朝下，外表皮朝上。反打工艺可以在浇筑外墙混凝土墙体的同时一次将外饰面的各种线型及质感带出来，贴有面砖的混凝土预制外墙板通常采用这一预制工艺。对于混凝土预制夹芯保温外墙板，两种工艺都可以实施，但两者的工艺流程会有差异，对预制构件生产工艺流水线的布置有一定影响。

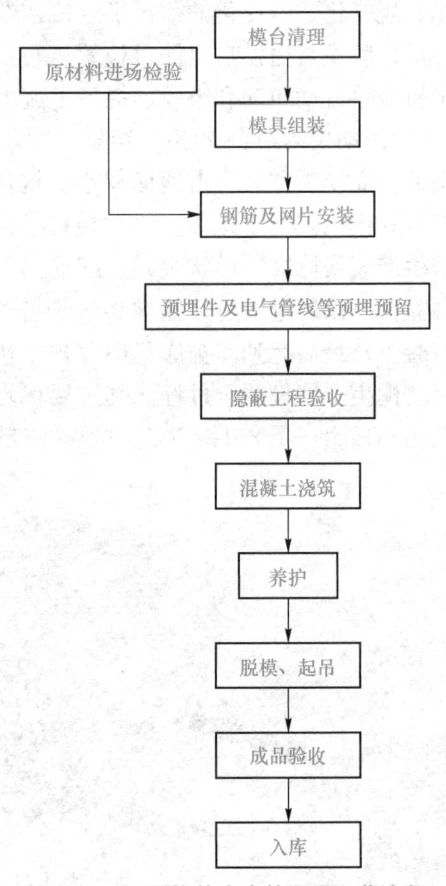

图 4-23　预制构件生产的通用工艺流程

(1)混凝土预制框架柱生产工艺流程。绑扎钢筋→管线、吊点、支撑点等预埋→清理模板→刷脱模剂→安装模板→钢筋入模→混凝土浇筑、养护→拆模、继续养护(图 4-24)。

图 4-24 混凝土预制框架柱生产工艺流程

(2)混凝土预制框架梁生产工艺流程。绑扎钢筋→套管、吊点、支撑点等预埋→安装模板→清理模板→刷脱模剂→钢筋入模→混凝土浇筑、养护→拆模、继续养护(图 4-25)。

图 4-25 混凝土预制框架梁生产工艺流程

(3)混凝土预制叠合板生产工艺流程。清理模板→安装模板→刷脱模剂→孔洞预留→绑扎钢筋→水电管线预埋→混凝土浇筑、养护→拆模、继续养护(图 4-26)。

(4)混凝土预制楼梯生产工艺流程。绑扎钢筋→吊点预埋→清理模板→刷脱模剂→安装

图 4-26　混凝土预制叠合板生产工艺流程

模板→钢筋入模→混凝土浇筑、养护→拆模、继续养护(图 4-27)。

图 4-27　混凝土预制楼梯生产工艺流程

(5)混凝土预制花池生产工艺流程。绑扎钢筋→清理模板→刷脱模剂→安装外模板→钢筋入模→波纹管、支撑点等预埋→安装内模板→混凝土浇筑、养护→拆模、继续养护(图4-28)。

(6)混凝土预制剪力墙生产工艺流程，如图 4-29 所示。

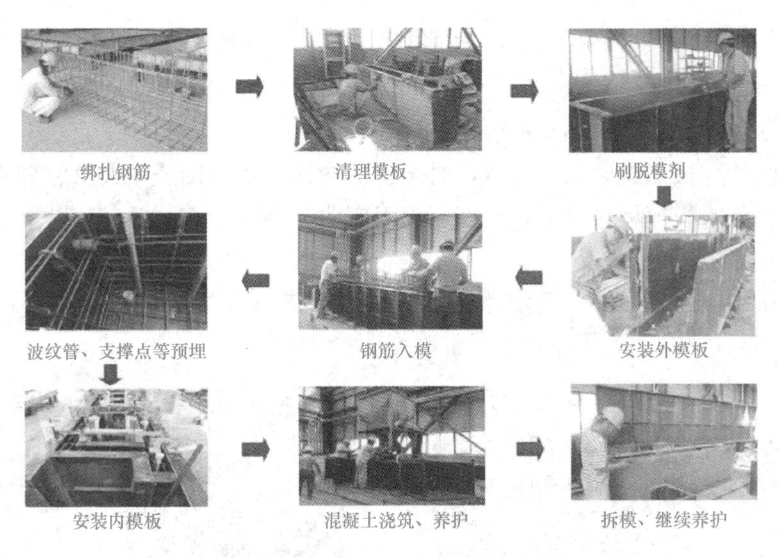

图 4-28　混凝土预制花池生产工艺流程

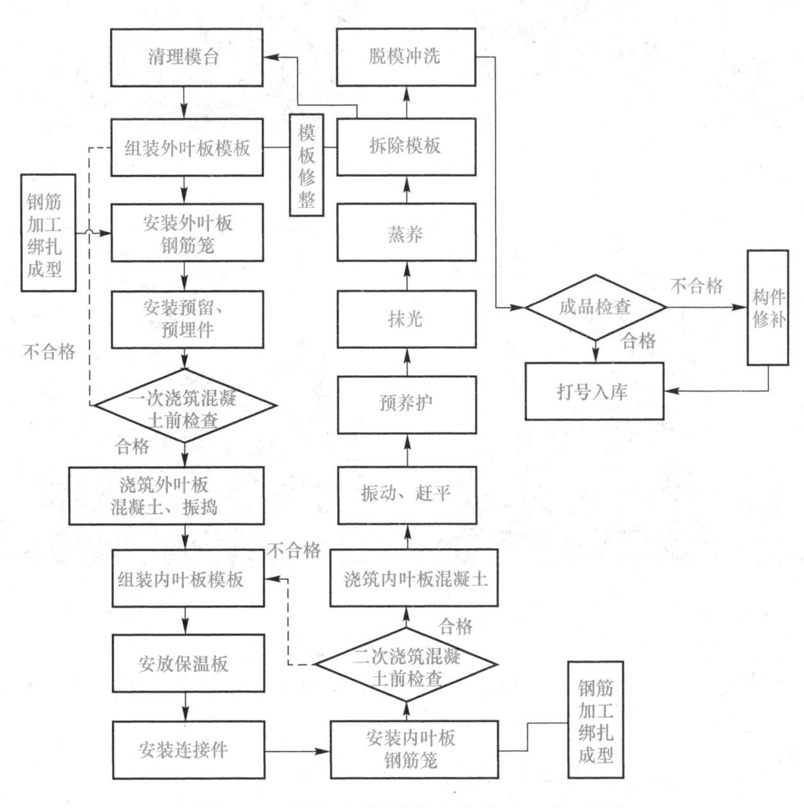

图 4-29　混凝土预制剪力墙生产工艺流程

4.2.4　混凝土构件具体生产工艺流程

1. 生产准备

预制构件生产前需要根据构件在生产过程中的受力状态、有效荷载的分布情况，通过软件仿真或者力学计算得出生产过程中荷载较大的工况，构件的结构设计需要充分考虑此工况，确保施工的质量及结构安全。

2. 模具的制作和组装(图 4-30～图 4-33)

(1)模具组装应按照组装顺序进行，对于特殊构件，要求钢筋先入模后组装。

(2)模具拼装时，模板接触面平整度、板面弯曲、拼装缝隙、几何尺寸等应满足相关设计要求。

(3)模具拼装应连接牢固、缝隙严密，拼装时应进行表面清洗或涂刷水性或蜡质脱模剂，接触面不应有划痕、锈渍和氧化层脱落等现象。

图 4-30　模板清理

图 4-31　接缝处打胶密封

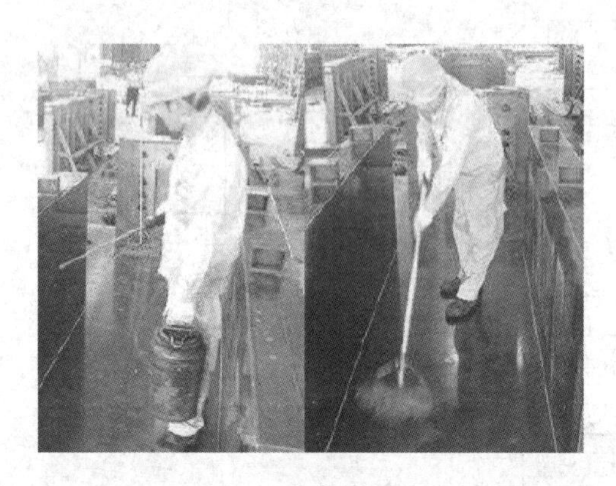

图 4-32　涂脱模剂

图 4-33　柱钢筋骨架入模

(4)模具组装完成后，尺寸允许偏差应符合相关规范要求，净尺寸宜比构件尺寸缩小1～2 mm。

3. 预制构件钢筋骨架、钢筋网片和预埋件的加工及连接

钢筋骨架、钢筋网片和预埋件必须严格按照构件加工图及下料单要求制作(图 4-34)。首件钢筋制作，必须通知技术、质检及相关部门检查验收。在制作过程中应当定期、定量检查，对于不符合设计要求及超过允许偏差的一律不得绑扎，按废料处理，纵向钢筋(带灌浆套筒)及需要套丝的钢筋，不得使用切断机下料，必须保证钢筋两端平整，套丝长度、丝距及角度必须严格按照图纸设计要求，纵向钢筋(采用半灌浆套筒)按产品要求套丝，梁底部纵筋(直螺纹套筒连接)按照国家相关标准的要求套丝，套丝机应当指定专人且有经验的工人操作，质检人员须按相关规定进行抽检(图 4-35)。

图 4-34 钢筋的组装

图 4-35 钢筋工程验收

(1)钢筋网、钢筋骨架应满足构件设计图纸要求，宜采用专用钢筋定位件，入模应符合下列要求(图 4-36)：

1)钢筋骨架尺寸应准确，骨架吊装时应采用多吊点的专用吊架，防止骨架产生变形；

2)保护层垫块宜采用塑料类垫块，且应与钢筋骨架或网片绑扎牢固；垫块按梅花状布置，间距满足钢筋限位及控制变形要求；

3)钢筋骨架入模时应平直、无损伤，表面不得有油污或锈蚀；

4)应按构件图纸安装好钢筋连接套管、连接件、预埋件。

(2)钢筋网片或骨架装入模具后，应按设计图纸要求对钢筋位置、规格、间距、保护层厚度等进行检查(图 4-37)。

图 4-36 钢筋骨架的安装

图 4-37 钢筋骨架安装后的检查

(3)预制构件表面的预埋件、螺栓孔和预留孔洞应按构件模板图进行配置，满足预制构件吊装，制作工况下的安全性、耐久性和稳定性。预留和预埋质量要求与允许偏差及检验方法应满足相应要求。

4. 预制构件混凝土的浇筑

按照生产计划混凝土用量搅拌混凝土，混凝土浇筑过程中注意对钢筋网片及埋件的保护，浇筑厚度使用专门的工具测量，严格控制，振捣后应当至少进行一次抹压(图 4-38、图 4-39)。构件浇筑完成后进行一次收光，收光过程中应当检查外露的钢筋及预埋件，并按照要求调整(图 4-40、图 4-41)。浇筑时，撒落的混凝土应当及时清理。在浇筑过程中，应充分有效振捣，避免出现漏振造成的蜂窝麻面现象，浇筑时按照实验室要求预留试块。

图 4-38　混凝土浇筑

图 4-39　混凝土振捣

图 4-40　人工抹面

图 4-41　机械抹面

(1)混凝土浇筑前，应逐项对模具、钢筋、钢筋网、钢筋骨架、连接套管、连接件、预埋件、吊具、预留孔洞、混凝土保护层厚度等进行检查验收，并做好隐蔽工程记录。

(2)混凝土的选择应根据产品类别和生产工艺要求确定。混凝土浇筑时，应采用机械振捣成型方式。

(3)预制构件和现浇混凝土结合面的粗糙度，宜采用机械处理，也可采用化学处理。

(4)带保温材料的预制构件宜采用水平浇筑方式成型，保温材料宜在混凝土成型过程中放置固定，底层混凝土初凝前进行保温材料铺设，保温材料应与底层混凝土固定，当多层铺设时，上下层保温材料接缝应相互错开；当采用垂直浇筑成型工艺时，保温材料可在混凝土浇筑前放置固定。连接件穿过保温材料处应填补密实。预制构件在制作过程应按设计要求检查连接件在混凝土中的定位偏差。

(5)带门窗框、预埋管线的预制构件，其制作应符合下列规定：

1)门窗框、预埋管线应在浇筑混凝土前预先放置并固定，固定时应采取防止污染窗体表面的保护措施(图 4-42)。

2)当采用铝框时，应采取避免铝框与混凝土直接接触发生电化学腐蚀的措施。

(6)带外装饰面的预制构件宜采用水平浇筑一次成型反打工艺(图 4-43)，并应符合下列要求：

图 4-42　墙板中预埋窗框、线盒和预留孔洞

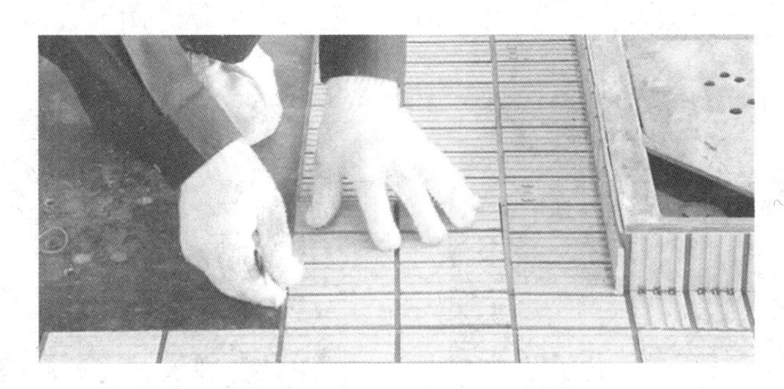

图 4-43　反打工艺中的面砖铺贴

1)外装饰石材、面砖的图案、分割、色彩、尺寸应符合设计要求；

2)外装饰石材、面砖铺贴之前应清理模具，并按照外装饰敷设图的编号分类摆放；

3)石材和底模之间宜设置垫片保护；

4)石材入模铺设前，应根据外装饰铺设图核对石材尺寸，并提前在石材背面涂刷界面处理剂；

5)石材和面砖铺设前，应在按照控制尺寸和标高在模具上设置标记，并按照标记固定和校正石材与面砖；

6)石材铺设前，应在石材背面用不锈钢卡钩与混凝土进行机械连接；

7)石材和面砖铺设后表面应平整，接缝应顺直，接缝宽度和深度应符合设计要求。

(7)混凝土搅拌原材料计量误差应满足相关规范规定。

(8)混凝土浇筑时应符合下列要求：混凝土应均匀连续浇筑，投料高度不宜大于500 mm；混凝土浇筑时应保证模具、门窗框、预埋件、连接件不发生变形或者移位，如有偏差应采取措施及时纠正；混凝土应边浇筑、边振捣。振捣器宜采用振捣棒或平板振动器；混凝土从出机到浇筑时间及间歇时间不宜超过 40 min。

(9)构件在生产过程中出现下列情况之一时，应对混凝土配合比重新进行设计：原材料的产地或品质发生显著变化时；停产时间超过一个月，重新生产前；合同要求时；混凝土质量出现异常时。

5. 预制构件混凝土的养护

混凝土养护可采用覆盖浇水和塑料薄膜覆盖的自然养护、化学保护膜养护和蒸汽养护方法。梁、柱等体积较大预制构件宜采用自然养护方式；楼板、墙板等较薄预制构件或冬季生产预制构件，宜采用蒸汽养护方式。预制构件采用加热养护时，应制定相应的养护制度，预养时间宜为1～3 h，升温速率应为(10～20)℃/h，降温速率不应大于10 ℃/h，梁、柱等较厚预制构件养护温度为40 ℃，楼板、墙板等较薄构件，养护最高温度为60 ℃，持续养护时间应不小于4 h。构件脱模后，当混凝土表面温度和环境温差较大时，应立即覆膜养护(图4-44)。

6. 预制构件的脱模与表面修补

(1)构件蒸汽养护后，蒸养罩内外温差小于20 ℃时方可进行拆模作业。构件拆模应严格按照顺序拆除模具，不得使用振动方式拆模。

构件拆模时，应仔细检查确认构件与模具之间的连接部分完全拆除后方可起吊(图4-45)；预制构件拆模起吊时，应根据设计要求或具体生产条件确定所需的混凝土标准立方体抗压强度，并应满足下列要求：

图4-44　养护

图4-45　脱模

1)脱模混凝土强度应不小于15 MPa；

2)外墙板、楼板等较薄预制构件起吊时，混凝土强度应不小于20 MPa；

3)梁、柱等较厚预制构件起吊时，混凝土强度不应小于30 MPa；

4)对于预应力预制构件及拆模后需要移动的预制构件，拆模时的混凝土立方体抗压强度应不小于混凝土设计强度的75%。

(2)构件起吊应平稳，楼板宜采用专用多点吊架进行起吊，墙板宜先采用模台翻转方式起吊，模台翻转角度不应小于75°，然后采用多点起吊方式脱模。复杂构件应采用专门的吊架进行起吊(图4-46、图4-47)。

图4-46　楼板采用多点吊架起吊

图4-47　墙板翻转脱模

(3)构件脱模后，不存在影响结构性能、钢筋、预埋件或者连接件锚固的局部破损和构件表面的非受力裂缝时；可用修补浆料进行表面修补后使用，详见表 4-1。构件脱模后，构件外装饰材料出现破损应进行修补。

表 4-1　构件表面破损和裂缝处理方案

项目	现象	处理方案	检查依据与方法
破损	1. 影响结构性能且不能恢复的破损	废弃	目测
	2. 影响钢筋、连接件、预埋件锚固的破损	废弃	目测
	3. 上述 1 和 2 以外的，破损长度超过 20 mm	修补	目测、卡尺测量
	4. 上述 1 和 2 以外的，破损长度 20 mm 以下	现场修补	—
裂缝	1. 影响结构性能且不可恢复的裂缝	废弃	目测
	2. 影响钢筋、连接件、预埋件锚固的裂缝	废弃	目测
	3. 裂缝宽度大于 0.3 mm，且裂缝长度超过 300 mm	废弃	目测、卡尺测量
	4. 上述 1、2、3 以外的，裂缝宽度超过 0.2 mm	修补	目测、卡尺测量
	5. 上述 1、2、3 以外的，宽度不足 0.2 mm、且在外表面时	修补	目测、卡尺测量

7. 预制构件的检验

装配式混凝土结构中的构件检验关系到主体的质量安全，应重视。预制构件的检验主要包含原材料检验、隐蔽工程检验、成品检验三部分。

(1)原材料检验。预制构件生产所用的混凝土、钢筋、套筒、灌浆料、保温材料、拉结件、预埋件等应经过具有相应质检资质部门的检测，符合现行国家相关标准的规定，还应进行进厂检验，经检测合格后方可使用。

(2)隐蔽工程检验。预制构件的隐蔽工程验收内容包含钢筋的规格、数量、位置、间距，纵向受力钢筋的连接方式、接头位置、接头质量、接头面积百分率、搭接长度等；箍筋、横向钢筋的规格、数量、位置、间距，箍筋弯钩的弯折角度及平直段长度等；预埋件、吊点、插筋的规格、数量、位置等；灌浆套筒、预留孔洞的规格、数量、位置等；钢筋的混凝土保护层厚度；夹芯外墙板的保温层位置、厚度，拉结件的规格、数量、位置等；预埋管线、线盒的规格、数量、位置及固定措施。预制构件厂的相应管理部门应及时对预制构件混凝土浇筑前的隐蔽分项进行自检，并做好验收记录。

(3)成品检验。预制构件在出厂前应进行成品质量验收，其检查项目包括预制构件的外观质量、预制构件的外形尺寸、预制构件的钢筋、连接套筒、预埋件、预留孔洞，预制构件的外装饰和门窗框。其检查结果和方法应符合现行国家标准的规定。

8. 预制构件的标识

构件验收合格后应在明显部位标识构件型号、生产日期和质量验收合格标志。预制构件脱模后应在其表面醒目位置，按构件设计制作图规定对每个构件编码。预制构件生产企业应按照有关标准规定或合同要求，对其供应的产品签发产品质量证明书，明确重要参数，有特殊要求的产品，还应提供安装说明书。

4.2.5 混凝土构件存储与运输

1. 预制构件的存储

预制构件堆放储存应符合下列规定：堆放场地应平整、坚实，并应有排水措施；堆放构件的支垫应坚实；预制构件的堆放应将预埋吊件向上，标志向外；垫木或垫块在构件下的位置宜与脱模、吊装时的起吊位置一致；重叠堆放构件时，每层构件之间的垫木或垫块应在同一垂直线上；堆垛层数应根据构件与垫木或垫块的承载能力及堆垛的稳定性确定。

(1)预制构件堆放储存通常可采用平面堆放或竖向固定两种方式。楼板、楼梯、梁和柱通常采用平面堆放，墙板构件一般采用竖向固定方式。

(2)墙板的竖向固定方式通常采用存储架来固定，固定架有多种方式，可分为固定式存储架、模块式存储架。模块式支架可以设计成专用存储架或集装箱式存储架，如图 4-48～图 4-54 所示。

图 4-48　楼梯的存放

图 4-49　梁的存放

图 4-50　柱的存放和运输

图 4-51　固定式存储架

图 4-52　模块式存储架

图 4-53　集装箱式存储架

图 4-54　专用存储架

2. 预制构件的运输

预制构件的运输应制订运输计划及方案，包括运输时间、次序、堆放场地、运输线路、固定要求、堆放支垫及成品保护措施等。对于超高、超宽、形状特殊的大型构件的运输和堆放应采取专门质量安全保证措施。

预制构件的运输首先应考虑公路管理部门要求和运输路线的实际状况，以满足运输安全为前提。装载构件后，货车的总宽度不超过 2.5 m，总高度不超过 4.0 m，总长度不超过 15.5 m，一般情况下，货车总质量不超过汽车的允许载重，且不得超过 40 t。特殊构件经过公路管理部门的批准并采取措施后，货车总宽度不超过 3.3 m，总高度不超过 4.2 m，总长度不超过 24 m，总载重不得超过 48 t。

预制构件的运输可采用低平板半挂车或专用运输车，并根据构件的种类而采用不同的固定方式，如图 4-55～图 4-58 所示。专用运输车，目前国内三一重工和中国重汽均有生产，如图 4-59 所示。

图 4-55　楼板的平面堆放式运输

图 4-56　墙板的斜卧运输

图 4-57　墙板的立式运输

图 4-58　异形构件的运输

图 4-59　构件专用运输车

4.2.6　混凝土构件质量控制要点

1. 原材料检验及控制

应按照《混凝土结构工程施工质量验收规范》(GB 50204—2015)的要求，对钢筋、水泥、骨料等原材料进行进场复试，包括水泥强度等级、细骨料级配、粗骨料石质等性能；对夹芯保温外墙板采用保温板材，进行导热系数、密度、压缩强度、吸水率、燃烧性能复试；对钢筋连接灌浆套筒连接接头进行抗拉强度等工艺检验，应符合《钢筋机械连接技术规程》(JGJ 107—2016)中Ⅰ级接头的要求；生产过程应留置混凝土试块，并进行强度检验，试块强度应符合设计要求；夹芯保温外墙用保温连接件需制作试件，进行抗拔强度检测应符合设计要求。

2. 生产准备过程质量检验及控制

生产准备过程应对预制构件生产的主要机械设备进行检查，包括混凝土搅拌设备、振捣台、脱模器等；在模具制作过程中，应对构件的形状尺寸合理设计，保证构件在拆模时不易破损，且拆模更简易；模具进场后，应对模具进行校正，是否存在毛边、缝隙，采取打磨、密封工序进行解决。

3. 制作过程质量检验及控制

(1)模具组装时，应在模具组装前检查模具是否有漏缝，如有漏缝，用胶条垫好，防止漏浆，还应检查模具是否连接牢固，表面是否保持干燥，是否方便刷脱模剂。

(2)构件预制时，钢筋连接用灌浆套筒应严格按照《钢筋机械连接技术规程》(JGJ 107—2016)中的要求进行丝头加工和接头连接；夹芯保温外墙板用连接件梳理和布置方式应符合设计要求；混凝土浇筑前应对钢筋、埋件、灌浆套筒接头和连接件进行隐蔽工程验收；内外墙板、柱的外露钢筋需要进行重点控制，防止发生过大位移，无法与灌浆套筒进行连接；

灌浆套筒与模板连接需紧固，进出浆孔端部需封堵严密，构件预制完成后，需检查灌浆孔内部是否通透。

(3)拆模时，保证所有连接件和板扣都松开后，使用行吊等起吊机械将模板四个边同时向上吊起，以免构件发生折断。若脱模过程不顺，应检查是否为气孔堵塞引起，需要检查灌浆孔是否通透。

4.3 钢结构构件生产

4.3.1 构件生产方式

钢结构的加工制作一般在工厂进行，这是由钢材的强度高、硬度大和钢结构的制作精度要求高等特点决定的。工厂工作环境较为恒定，可集中使用高效能的专用机械设备、精度高的工装夹具和平整度高的钢平台，实现高度机械化、自动化的流水作业，提高劳动生产率，降低生产成本，而且易于满足质量要求。另外，还可节省施工现场场地和工期，缩短工程整体建设时间。不同钢结构建筑，生产工艺、自动化程度和生产组织方式各不同。可以将钢结构建筑的构件制作类别分为以下几个类型：普通钢结构构件制作，即生产钢柱、钢梁、支撑、剪力墙板、桁架、钢结构配件等；压型钢板及其复合板制作，即生产压型钢板、钢筋桁架楼承板、压型钢板-保温复合墙板与屋面板等；网架结构构件制作，即生产平面或曲面网架结构的杆件和连接件；集成式低层钢结构建筑制作，即生产和集约钢结构在内的各个系统(建筑结构、外维护、内装、设备管线系统的部品部件与零配件)；低层冷弯薄壁型建筑制作，即生产低层冷弯薄壁型建筑的结构系统与外维护系统部品部件。

4.3.2 钢结构构件制作工艺流程

钢结构制造厂一般由钢材仓库、放样房、零件加工车间、半成品仓库、装配车间、涂装车间和成品仓库组成。钢结构制作的工序较多，所以，加工顺序要周密安排，尽可能避免减少工作倒流，以减少往返运输和周转时间。由于制作厂设备能力和构件的制作要求不同，工艺流程略有不同。图 4-60 所示为钢结构制作基本流程。

(1)放样。放样是整个钢结构制作工艺中的第一道工序，也是至关重要的一道工序。只有放样尺寸准确，才能避免以后各道加工工序的累积误差，也才能保证整个工程的质量。

放样是根据施工图用 1∶1 的比例在样板台上画出实样，求出实长，根据实长制作成样板或样杆，以作为下料、弯制、刨铣和制孔等加工制作的标记。

(2)号料。号料是以样板为依据，在原材料上画出实样，并打上各种加工记号。号料前须核对钢材规格、材质、批号，并应清除钢板表面油污、泥土及脏物。不同规格、不同材质的零件应分别号料。

(3)切割。经过号料以后的钢材，必须按其所需的形状和尺寸进行下料切割。钢材的切割可以通过切削、冲剪、摩擦机械力和热切割来实现。常用的切割方法有机械切割、气割、等离子切割。

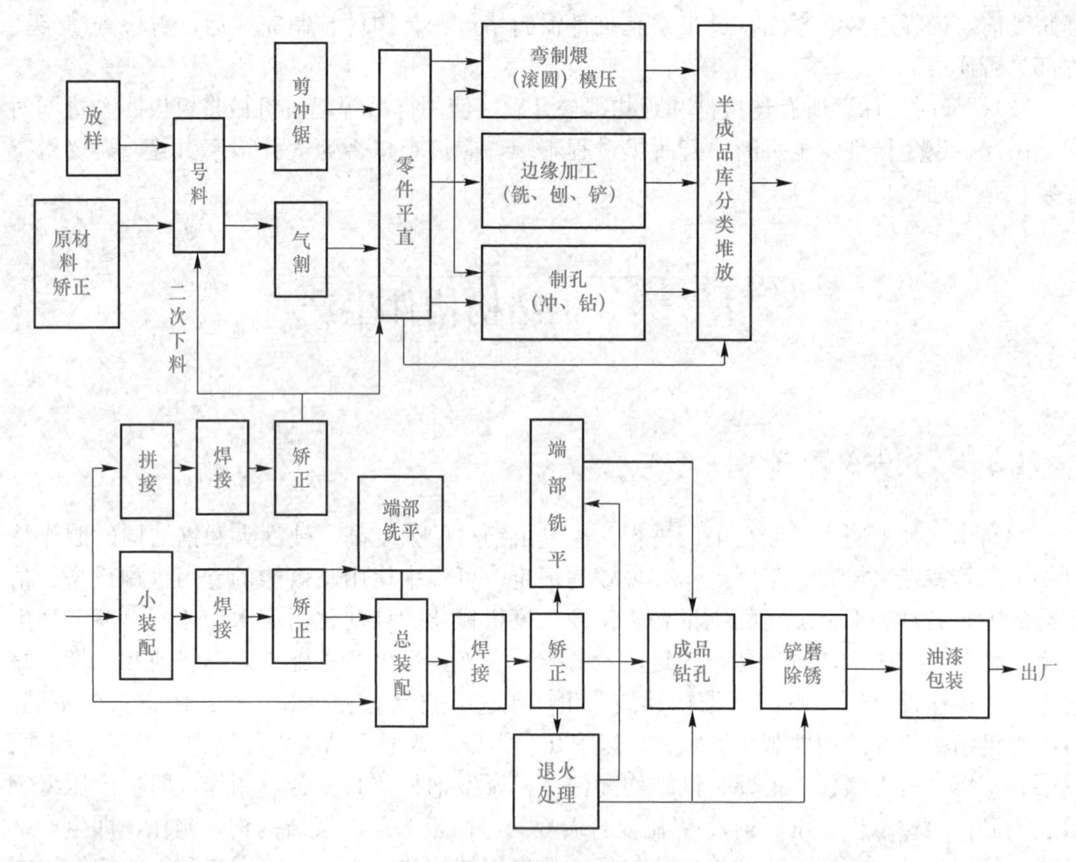

图 4-60　钢结构制作基本流程

(4)成型。成型是将材料加工成一定角度或一定形状的工艺方法。根据构件的形状和厚度，成型可采用弯卷、折边、模压等加工方式。

(5)矫正。在钢结构制造过程中，原材料的变形、切割变形、焊接变形等会影响构件的制作与安装。为了保证制作与安装的质量，必须对不符合技术标准要求的材料、构件进行矫正。矫正是利用钢材的塑性、热胀冷缩的特性，以外力或内应力作用迫使钢材反变形，消除钢材的弯曲、翘曲、凹凸不平等缺陷，以达到矫正的目的。矫正按加工工序可分为原材料矫正、成型矫正、焊后矫正等；按矫正时外因来源可分为机械矫正、火焰矫正、手工矫正等；按矫正时的温度可分为冷矫正和热矫正。

(6)边缘加工。在钢结构制造过程中，经过切割或气割后的钢板边缘内部结构会发生硬化或存在缺陷，为保证构件的质量，需要对边缘进行加工。另外，为了保证焊缝质量和装配的准确性，需将钢板边缘刨成坡口，往往还要将边缘刨直或铣平。

(7)制孔。钢结构制孔中包括铆钉孔、普通螺栓连接孔、高强度螺栓连接孔等。制孔的方法通常有钻孔和冲孔两种。

(8)组装。钢结构构件的组装是遵照施工图的要求，把已加工完成的各零件或半成品构件，用装配的手段组合成为独立的成品，这种装配的方法通常称为组装。组装根据组装构件的特性及组装程度，可分为部件组装、组装、预总装。

部件组装是装配的最小单元的组合，它由两个或两个以上零件按施工图的要求装配成为半成品的结构部件。组装是把零件或半成品按施工图的要求装配成为独立的成品构件。

预总装是根据施工总图把相关的两个以上成品构件，在工厂制作场地上，按其各构件空间位置总装起来。其目的是直观地反映出各构件装配节点，保证构件安装质量。

(9)表面处理、编号。钢构件表面的除锈方法和除锈等级应符合相关规范的规定，其质量要求应符合国家相关标准的规定。构件表面除锈方法和除锈等级应与设计采用的涂料相适应。

构件涂装后，应按设计图纸进行编号，编号的位置应符合便于堆放、便于安装、便于检查的原则。对于大型或重要的构件，还应标注质量、重心、吊装位置和定位标记等记号。编号的汇总资料与运输文件、施工组织设计的文件、质检文件等统一起来，编号可在竣工验收后加以复涂。

4.3.3 钢结构构件具体制作工艺流程

1. 焊接 H 型钢制作工艺流程

焊接 H 型钢制作工艺流程如图 4-61 所示。

1.钢板矫平

1.钢板加工前需要对其进行矫平。
2.钢板矫平主要在矫平机上完成。
3.矫平加工不仅能够消除钢板轧制应力；同时还能够增强表面的致密性。

钢板矫平机

2.放样/排版

1.根据现行国家规范，钢梁翼腹板拼接焊缝应错开200以上同时拼接焊缝不应在钢梁的1/3处。
2.同时钢梁的拼接焊缝还应离钢梁劲板200 mm以上。
3.放样时应根据零件加工/焊接预放一定的收缩余量。

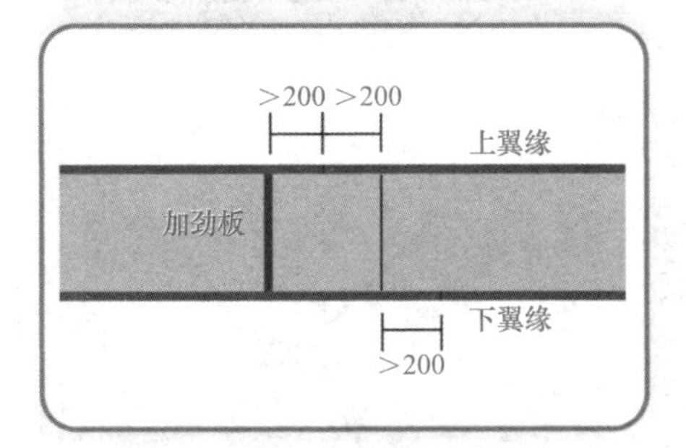

对接焊缝错开

1.工程焊接H型钢均为直条式，下料采取Nc直条切割机。
2.下料时需要考虑工艺切割余量。

3.钢板下料

Nc数控直条切割机

图 4-61 焊接 H 型钢制作工艺流程

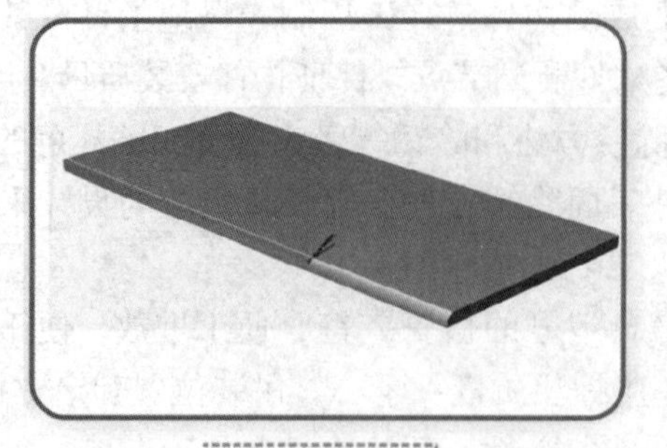

半自动坡口

4. 坡口制作

1.腹板坡口采取半自动或自动切割。
2.坡口制作后进行边缘的打磨平整。

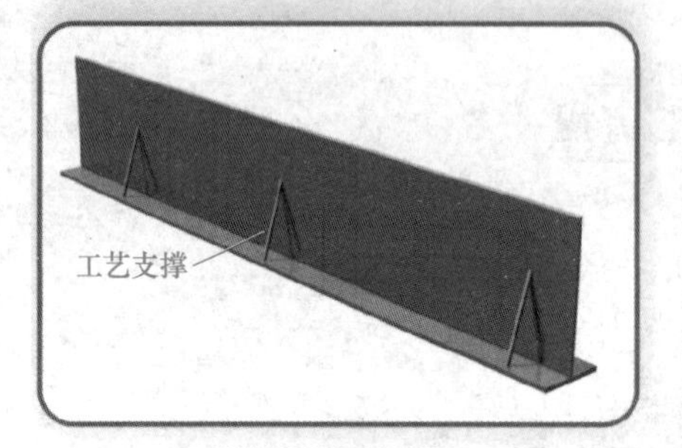

T型组立

5. T型钢组立

1.组立前操作人员必须熟悉图纸，并复核要组立钢板的型号和规格是否正确。
2.组立在自动组立机上进行，为确保组立的准确，组立时每隔3 m设置一道临时支撑。

1.工程焊接H型钢梁最大截面H800×400×12×28，组立全部在自动组立机上完成。
2.H型钢组立后立即进行定位固定焊。

6. H型钢组立

H型钢自动机上组立

H型钢埋弧自动焊

焊接顺序 (对角焊)

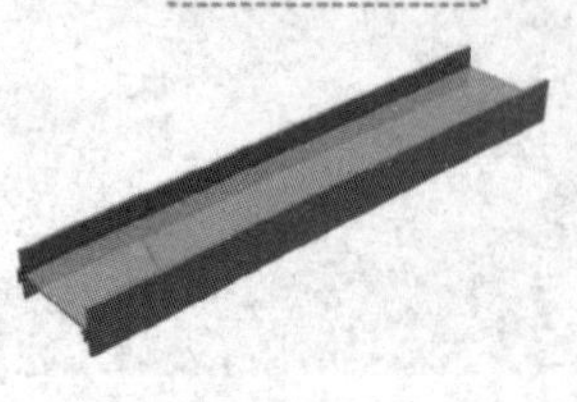

1.H型钢焊接全部采取CO_2气体保护焊打底1～2道，埋弧自动焊填充和盖面。
2.焊接顺序采取对角焊的方法施焊①～②～③～④。
3.焊接从中间向两边或一端向另一端，要求对称同时施焊。

7. H型钢梁焊接

图 4-61　焊接 H 型钢制作工艺流程(续)

1.钢梁翼板焊接变形矫正采用矫平机直接矫正。

2.矫正应分多次进行，每次矫平量应不得大于3 mm。

8.H型钢矫正

焊接H型钢矫正

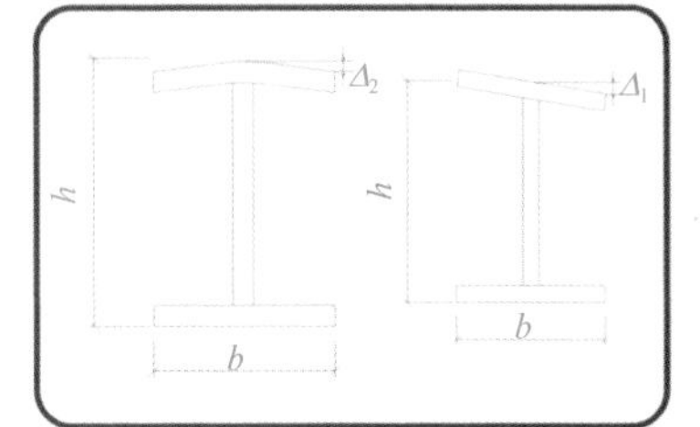

1.翼缘垂直度Δ_1、Δ_2 ≤1.5，1.5b/100。

2.其他连接处Δ≤3.0。

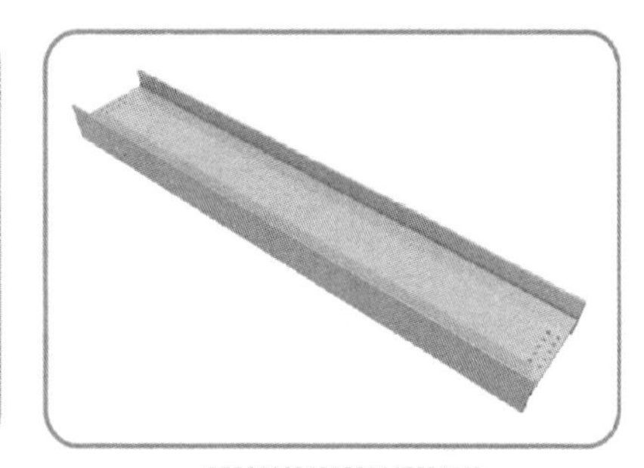

H型钢螺栓孔加工

螺栓孔成型

1.钢梁最大截面高度为800 mm，端部螺栓孔可在三维数控钻床上直接加工。

2.连接板在平面数控平面钻床上加工。

3.工程连接板与对应的钢梁将全部采取单配形式流转，发运和安装。

9.钢梁端部螺栓孔加工

1.梁两端锁口采取数控锁口机自动切割。

2.锁口要求圆顺光滑。

3.若采取半自动切割锁口，锁口后切割处要求光顺。

10.锁口制作

数控自动锁口机

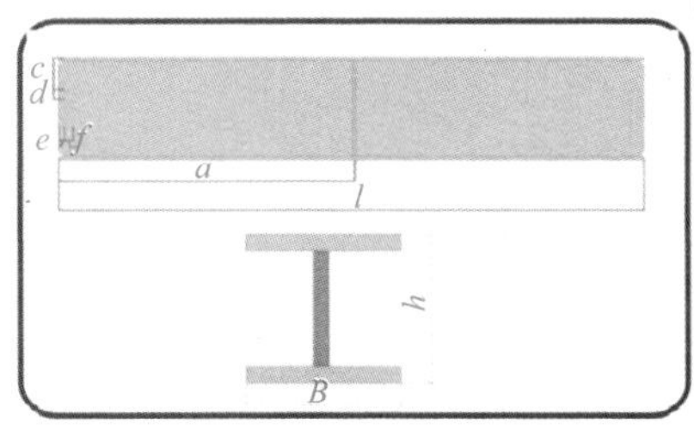

1.检验钢梁的截面高度h和宽度b以及整体长度l。

2.检测螺栓孔位置尺寸是否符合加工要求。

11.钢梁检测

图 4-61　焊接 H 型钢制作工艺流程(续)

进口自动喷丸机

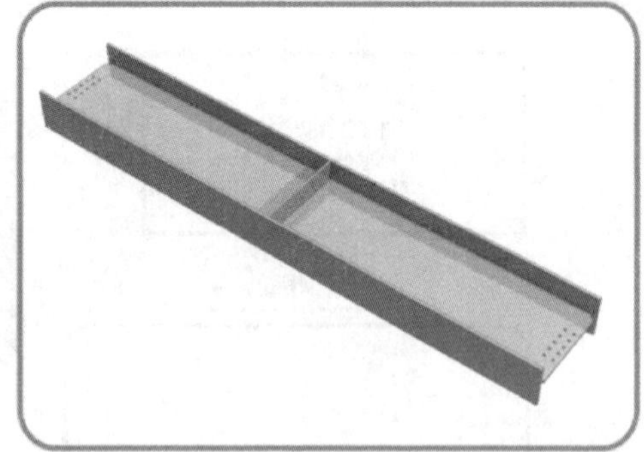

钢梁喷丸后效果

标记/标识

1.除锈采用全自动喷丸除锈机。

2.除锈后的油漆，油漆要求采取喷涂施工均匀，并无明显流挂等缺陷。

3.涂装后进行构件的标记/标识。

12.钢梁喷丸除锈/标记标识

图 4-61　焊接 H 型钢制作工艺流程(续)

2. 箱形柱生产加工工艺

箱形柱生产加工工艺见表 4-2。

表 4-2　箱形柱生产加工工艺

1	零件下料、拼板	1. 钢板下料前用矫正机进行矫平，防止钢板不平而影响切割质量。 2. 零件下料采用数控精密切割，对接坡口加工采用半制动精密切割。 3. 腹板两长边采用刨边。 4. 拼接焊缝采用砂带打磨机铲平	
2	横隔板、工艺隔板的组装	1. 横隔板、工艺隔板组装前四周进行铣边加工，以作为箱形构件的内胎定位基线。 2. 在箱形构件组装机上按 T 形盖板部件上的结构定位线组装横隔板	

续表

3	腹板部件组装、横隔板焊接	组装两侧T形腹板部件，与横隔板、工艺隔板顶紧定位组装。 采用CO_2气体保护半自动焊焊接横隔板三面焊缝	
4	上侧盖板部件组装	组装上侧盖板部件前，要经监理对其内部封闭的隐蔽工程检验认可，并对车间底漆损坏处进行修补涂装	
5	焊接、矫正	焊接前根据板厚情况，按工艺要求采用电加热板进行预热，先用CO_2气体保护半自动焊焊接箱内侧角焊缝，再在箱形构件生产线上的龙门式埋弧自动焊机上依次对称焊接外侧四条棱角焊缝，焊后对焊缝进行修磨并进行焊缝的无损检测，矫正后提交检查	
6	构件端面铣削加工	1. 铣削前应先对柱(梁)校正合格后进行画中心线、铣削线、测量线，并打上样冲。 2. 铣削余量留3～4 mm	

4.3.4 钢结构构件存储与运输

钢结构构件出厂后在堆放、运输、吊装时需要进行成品保护。保护措施如下，在构件合格检验后，成品堆放在公司成品堆放的指定位置。

1. 钢构件存储

钢构件的存储可露天堆放，也可堆放在有顶棚的仓库里。露天堆放时，场地要平整，并应高于周围地面，四周留有排水沟；堆放时，要尽量使钢构件截面的背面向上或向外，以免积雪、积水，两端应有高差，以利于排水。堆放在有顶棚的仓库内时，可直接堆放在地坪上，下垫楞木。对于小构件，也可堆放在架子上，堆与堆之间应留出通道。

钢材的堆放要减少钢材的变形和锈蚀，节约用地，也要考虑钢材取用方便。

钢构件堆放时每隔5～6层放置楞木，其间距以不引起钢材明显的弯曲变形为宜，楞木要上下对齐，在同一垂直面内；考虑材料堆放之间留有一定宽度的通道以便运输。

2. 钢构件运输

部品部件出厂前应进行包装，保障部品部件在运输及堆放过程中不破损、不变形。对超高、超宽、形状特殊的大型构件的运输和堆放应制订专门的方案。

选用的运输车辆应满足部品部件的尺寸、质量等要求，装卸和运输时应符合下列规定：装卸时应采取保证车体平衡的措施；应采取防止构件移动、倾倒、变形等的固定措施；运输时应采取防止部品部件损坏的措施，对构件边角部或链锁接触处宜设置保护衬垫。

(1)钢构件的包装。钢构件包装是为了在流通过程中保护产品、方便储运、促进销售。包装要素有包装对象、材料、造型、结构、防护技术等。

1)应编制包装方案及打包的原则。编制包装方案及打包的原则：在节约体积的前提下，提高包装的质量。要求构件与构件不允许直接接触。要采用泡沫包装材料进行隔离，注意包装材料使用时的规范性，不允许手撕，依据构件尺寸进行裁剪，要用才知道将包装泡沫进行裁剪。

2)要采用防锈措施，构件在码放时应尽量考虑运输积水问题，因此，码放时H型钢应优先考虑腹板垂直于水平面，防止由于积水而使构件在运输过程中生锈。同时，在构件运输过程中，需在钢丝绳捆绑处，用小块枕木或废钢管放在钢丝绳和构件接触处，以免钢丝绳磨坏构件和油漆。

3)标准件(包括螺栓、螺母、垫圈等)的包装全部采用标准箱。对于采用纸箱包装的，在纸箱内必须先装入塑料袋，防止受潮或纸箱坏掉后散包。每个包装框要有所装标准件的明细，将唛头装入塑料袋中与包装框绑扎牢固。唛头是包装上所做的标记，取自英文“mark”，可简单理解为标签。“唛头”是为了便于识别货物，防止发错货物，通常由型号、图形或收货单位简称、目的港、件数或批号等组成。

(2)构件运输准备工作。

1)构件运输应遵循的原则是减少构件变形、降低运输成本、方便卸车、保证现场成套组装、保证现场安装顺序及安装进度的要求。

2)工厂预拼装后，在拆开前部件上注明构件号及拼装接口标志，以便于现场组装。堆置构件时，应避免构件发生弯曲、扭曲及其他损伤。为方便安装，应是构件按照安装顺序进行分类堆放及运输。

3)运输前应先进行验路，确定可行后方可进行运输。对于超长、超宽、超重构件应提前办理有关手续，并根据运输路线图进行运输。

4)构件装运时，应编制构件清单，内容应包括构件名称、数量、质量等。构件装运时，应妥善绑扎，考虑车辆的颠簸，做好加固措施，以防构件变形、散失和扭曲。

5)连接板用临时螺栓拧紧在构件上。运输时在车上铺设垫木，用导链封好车，并在导链与构件接触部位实施保护措施。构件装车检查无误后，封车牢固，钢构件与钢丝绳接触部位加以保护。

(3)构件的运输。

1)如工程所有构件采用陆路全程高速运输。运输过程中需考虑工程所在地对大货车是否有交通限行，如有，则需提前办理相关市区通行手续，以保证货车可严格按规定的时间进入现场。货车在规定的进场时间提前进入市区附近等候，保证钢构件按时进场、吊装，并及时按规定时间出城。装卸车时必须有专人看管、清点上车的箱号及打包件号，并办好交接清单手续。

2)构件运输过程中应经常检查构件的搁置、位置、紧固等情况。按安装使用的先后次序进行适当堆放。装配好的产品要放在垫块上，防止弄脏或生锈。按构件的形状和大小进行合理堆放，用垫木等垫实，确保堆放安全，构件不变形。露天堆放的构件应做好防雨措施，构件连接摩擦面应得到切实保护。现场堆放必须整齐、有序、标识明确、记录完整。

4.3.5 钢结构构件质量控制要点

钢结构构件制作质量控制要点：对钢材、连接材料等进行检查验收；控制剪裁、加工精度，构件尺寸误差在允许范围；控制孔眼位置与尺寸误差在允许范围内；对构件变形进行矫正；焊接质量控制；第一个构件检查验收合格后，生产线才能开始批量生产；除锈质量；保证防腐涂层的厚度与均匀度；搬运、堆放和运输环节防止磕碰等。

1. 原材料检验及控制

原材料应按流程进行检验(图 4-62)。

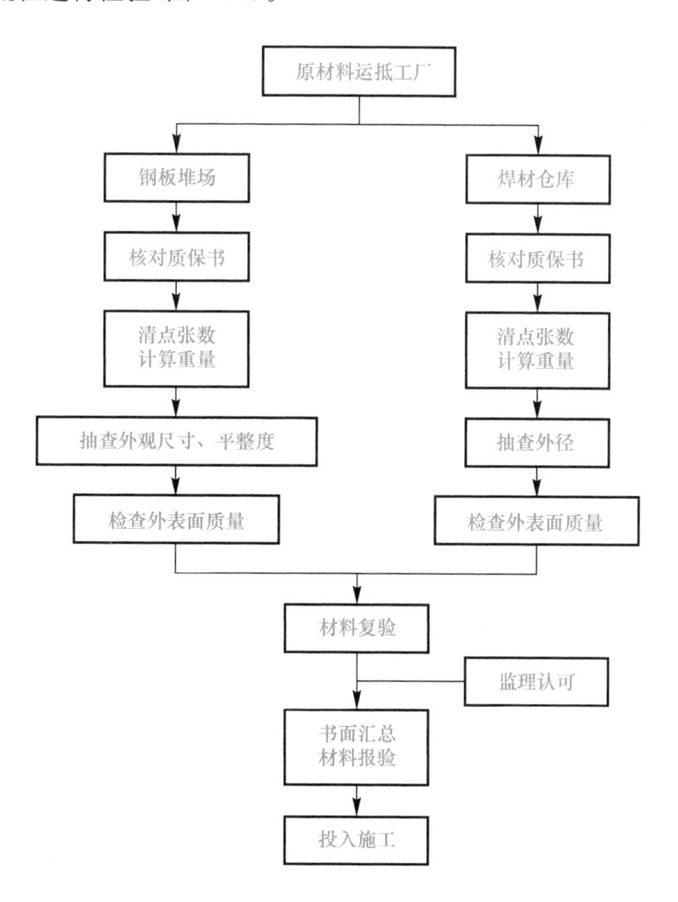

图 4-62　原材料检查流程

原材料检查项目详见表 4-3。

表 4-3 原材料检验表

序号	材料名称	检验项	取样批	检验依据
1	热轧圆钢(锚栓)	拉伸	批/60 t	《钢结构工程施工质量验收标准》(GB 50205—2020) 《钢结构工程施工规范》(GB 50755—2012) 《水泥基灌浆材料应用技术规范》(GB/T 50448—2015) 《建设工程质量检测见证取样工作手册》
		弯曲	批/60 t	
2	扭剪型高强度螺栓	摩擦系数	批/2 000 t	
		预拉力	批/3 000 套	
3	热轧钢板力学性能	拉伸	批/60 t	
		弯曲		
		Z 向性能		
4	热轧 H 型钢力学性能	拉伸	批/60 t	
		弯曲		
		Z 向性能		
5	一级焊缝	超声波探伤	100%	
6	二级焊缝	超声波探伤	20%	
7	超薄型防火涂料	粘结强度	批/100 t	
		与底漆相容性	批/100 t	
		与中间漆相容性	批/100 t	
		与面漆相容性	批/100 t	
		深层厚度	10%	
8	厚型防火涂料	抗压强度	批/100 t	
		涂层厚度	10%	
9	无收缩灌浆料	流动度	批/60 t	
		抗压强度	批/60 t	
		竖向膨胀率	批/60 t	

2. 制作过程质量检验及控制

(1)画线(号料)的质量控制。号料前，号料人员应熟悉下料图所标注的各种符号及标记等要求，核对材料牌号及规格、炉批号。当供料或有关部门未做出材料配割(排料)计划时，号料人员应做出材料切割计划，合理排料，节约钢材；号料时，针对本工程的使用材料特点，将复核所使用材料的规格，检查材料外观质量。凡发现材料规格不符合要求或材质外观不符合要求者，须及时报质控、技术部门处理；遇有材料弯曲或不平值超差影响号料质量者，须经矫正后号料，对于超标的材料退回生产厂家；根据锯、割等不同切割要求和对刨、铣加工的零件，预放不同的切割及加工余量和焊接收缩量；因原材料长度或宽度不足需焊接拼接时，必须在拼接件上注出相互拼接编号和焊接坡口形状；下料完成，检查所下零件的规格、数量等是否有误。

(2)拼板质量控制。

1)拼接、对接。钢板拼接、对接应在平台上进行，拼接之前需要对平台进行清理；将有碍拼接的杂物、余料、码脚等清除干净；钢板拼接之前需要对其进行外观检验，合格后方可进行拼接；若钢板在拼接之前有平面度超差过大，则需要在钢板矫正机上进行矫正；直至合格后才进入拼接；按拼板排料图领取要求对接的钢板，进行对接前需要对钢板进行核对；核对的主要指标包括对接钢板材质、牌号、厚度、尺寸、数量，对外观表面锈蚀程度等。合格后画出切割线。

2)拼板焊接。拼板焊接坡口可采用半自动切割机、NC切割机、刨边机等进行坡口加工；火焰切割坡口后应打磨焊缝坡口两侧 20～30 mm。拼板焊接采用小车式埋弧焊机进行焊接。

(3)放样及质量控制。本工程所有构件的放样全部采用计算机放样，以保证构件精度，为现场拼装及安装创造条件。放样前，放样人员必须熟悉施工图和工艺要求，核对构件及构件相互连接的几何尺寸和连接是否有误。如发现施工图有遗漏或错误，以及其他原因需要更改施工图时，必须取得原设计单位签具的设计变更文件，不得擅自修改；放样均以计算机进行放样，以保证所有尺寸的绝对精确；放样工作完成后，进行自检，无误后报专职检验人员检验；构件放样采用计算机放样技术，放样时必须将工艺需要的各种补偿余量加入整体尺寸，为了保证切割质量，厚板切割前先进行表面渗碳硬度试验，切割优先采用数控精密切割设备进行设割，选用纯度 98.0%以上的丙烯气加 99.99%的液氧，保证切割端面光滑、平直、无缺口、挂渣，坡口采用专用进口切割机进行切割。

(4)坡口加工。加工工具选用半自动火焰切割机；切割及质量控制：在产品加工制造前，根据材料的使用情况用有代表性的试件进行火焰切割工艺评定。进行火焰切割工艺评定的试件，当试件厚度为 34 mm 时，其工艺评定的结果适用小于 34 mm 各种厚度的钢材。

通过火焰切割工艺评定试验，应验证热量控制技术并达到以下切割质量目的和要求：切割端面无裂纹，不得出现其他危害永久性结构使用性能的缺陷；切割前应清除母材表面的油污、铁锈和潮气；切割后气割表面应光滑，无裂纹、熔渣和飞溅物，剪切边应打磨。

(5)钢板切割。工程钢板下料切割主要采用的是数控火焰气割切割下料，切割气体可为氧乙炔丙烷及混合气等；切割后的零件应平整地摆放并在上面注明工程名称、规格、编号等，以免将板材错用或混用；钢板下料切割后一般要求切割面与钢材表面不垂直度不大于钢材厚度的 5%，且不大于 1.5 mm；下料后的坡口制作；钢板坡口加工主要采用半自动切割机进行坡口；钢板坡口尺寸按设计详图要求的尺寸进行坡口加工；气割坡口后清除割渣、氧化皮、铣削毛刺，检验几何尺寸合格后进入下一道工序。

(6)焊缝外观的质量检查。焊缝外观的质量检查在焊缝冷却后进行。梁、柱构件及厚板焊接件，应在完成焊接工作 24 h 后，对焊缝及热影响区是否存在裂缝进行复查。

焊缝外观缺陷允许偏差；焊缝表面应均匀、平滑、无褶皱、间断和未满焊，并与基本金属平缓连接，严禁有裂纹、夹渣、焊瘤、烧穿、弧坑、针状气孔和熔合性飞溅等缺陷。

图纸和技术文件要求全熔透的焊缝应进行超声波探伤检查。超声波探伤检查应在焊缝外观检查合格后进行。焊缝表面不规则及有关部位不清洁的程度，应不妨碍探伤的进行和缺陷的辨认，不满足上述要求时事前应对需探伤的焊缝区域进行铲磨和修整；全熔透焊缝的超声波探伤检查数量，应按设计文件要求。一级焊缝应 100%检查；二级焊缝可抽查 20%，当发现有超过标准的缺陷时，应全部进行超声波检查。钢板焊接部位厚度超过 30 mm 时在焊缝两侧 2 倍厚度＋30 mm 范围内进行超声波探伤检查。

(7)涂装的质量控制和质量要求。焊缝接口处，各留出 50 mm，用胶带贴封，暂不涂装；钢构件应无严重的机械损伤及变形。焊接件的焊缝应平整，不允许有明显的焊瘤和焊接飞溅物；上漆的部件，离自由边 15 mm 左右的幅度起，在单位面积内选取一定数量的测量点进行测量，取其平均值作为该处的漆膜厚度。按干膜厚度测定值的分布状态来判断是否符合标准。对于大面积部位，干膜总厚度的测试采用国际通用的原则。

(8)涂装施工成品保护。

1)防雨措施：对于在室外喷涂的构件，采取搭设活动涂装棚进行相对封闭施工，创造可满足防腐施工要求的施工环境。

2)成品及半成品保护措施。工作完成区域及施工现场周围的设备和构件应很好地进行保护，以免油漆和其他材料污染。

临近施工区域的电气、电动和机械设备应妥善保护，以免油漆损坏。另外，精密设备应在施工过程中密封保护。已完成的成品或半成品，在进行下一道工序或验收前应采取必要的防护措施以保护涂层的技术状态。

3)构件标识。制造厂打上钢印的构件，涂装后标签应保持清晰完整，油漆完成后用彩色油漆笔将构件编号标示在构件端部钢印附近，且保证清晰可见。

(9)运输中成品保护。成品构件在放置时，在构件下安置一定数量的垫木，禁止构件直接与地面接触，并采取一定的防止滑动和滚动的措施，如放置止滑块等；构件与构件需要放置时，在构件之间放置垫木或橡胶垫以防止构件之间的碰撞；构件放置好后在其四周放置警示标识，防止其他构件吊装作业时碰伤或撞倒构件。成品构件吊装作业中捆绑点均需加软垫，以避免损伤构件表面和破坏油漆；成品构件之间放置橡胶垫之类的缓冲物。在运输过程中为避免涂层损坏，在构件绑扎或固定处用软性材料衬垫保护；散件按同类型集中堆放，并用钢框架、垫木和钢丝绳进行绑扎固定，杆件与绑扎用钢丝绳。

4.4 木结构构件生产

4.4.1 构件生产方式

装配式木结构建筑的构件大多在工厂生产线上预制木结构生产线宜与实现产品质量的统一管理，确保加工精度、施工质量及稳定性。由于构件可以统筹计划下料，从而提高了材料的利用率，减少了废料的产生。工厂预制完成后，现场直接吊装组合大大减少了现场施工时间，减少了现场施工受气候条件件的影响，同时，也降低了劳动力成本。

装配式木结构建筑的构件生产包括构件预制、板块式预制、模块化预制和移动木结构。

(1)构件预制。构件预制是指单个木结构构件工厂化制作，如梁、柱等构件和组成组建的基本单元构件，主要适用普通木结构和胶合木结构。构件预制属于装配式木结构建筑的最基本方式，构件运输方便，并可根据具体要求实现个性化生产，但现场施工组装工作量大。预制构件的加工设备大，采用先进的数控机床。目前，国内大部分木结构企业引进了国外先进木结构加工设备和成熟技术，具备了一定的木结构构件预制能力。

(2)板块式预制。板块式预制是将整栋建筑分解成几个板块，在工厂预制完成后运输到现场吊装组合而成的。预制板块的大小根据建筑物体量、跨度、进深、结构形式和运输条件确定。一般来说，每面墙体、楼板和每侧楼盖构成单独的板块。

预制板块根据开口情况可分为开放式和封闭式两种。开放式板块是指墙面没有封闭的板块，保持一面或两门外露，便于后续各板块之间的现场组装、设备安装与管线系统的现场检查。开放式板块继承了结构层、保温层、防潮层、防水层、外围护墙板和内墙板，一面外露的板块一般为外侧是完工表面、内侧墙板未安装。封闭式板块内外侧均为完工表面，且完成了设施布线和安装，仅各板块连接部分保持开放。这种建造技术主要适用于轻型木结构建筑，可以大大缩短施工工期。

(3)模块化预制。模块化预制以单个房间作为一个模块在建筑设计场所进行预制，并可在工厂对模块内部空间进行布置与监控系统，然后运输到现场通过建筑结构将模块可靠地连接为木结构建筑整体，模块化预制体系预制比例高，可节约人力、物力，减少工期，绿色环保。模块化木结构可用于建造单层或多层木结构建筑。模块化木结构会设置临时钢结构支撑体系以满足运输、吊装的强度和刚度要求，吊装完成后撤出。模块化木结构最大限度地实现了工厂预制，又可实现自由组合，在发达国家得到广泛应用，在国内还处于探索阶段，是装配式木结构建筑发展的重要方向。

(4)移动木结构。移动木结构是整座建筑完全在工厂预制装配的木结构建筑，其在工厂不仅完成了所有结构，还完成了所有内外装修，管道、电气、机械系统和厨卫家具都安装到位。房屋运输到建筑现场吊装安放在预先建造好的基础上，接驳上水、电、燃气后，就可以交付使用。由于移动木结构建造工艺全部在厂房生产制作，体量较大，直接运输到现场，对道路要求和运输设备限制，目前只适用于单层小户型住宅或景区小体量景观建筑。

4.4.2 木构件制作工艺与生产线

木结构构件为工程木产品，是经过加工的木材产品和构件，比传统的结构用木材有更广泛的用途，加工长度更长、更坚固，适用于跨度较大的木结构。木结构构件制作工厂如图 4-63 所示。

图 4-63　木结构构件制作工厂

1. 轻型木结构房屋构件的生产

制作工艺流程：将木料切割成特定规格及长度的规格材，经过小型框架构件组合，墙体整体框架组合，结构覆面板安装，在多功能工作桥进行上钉铆、切割，在门窗的位置开孔，打磨，翻转墙体敷设保温材料、蒸汽阻隔、石膏板等，进行门窗安装，最后是外墙饰面安装。

车间生产线的流向：锯木台→小型框架构件工作台→框架工作台→覆面板安装台→多功能桥(上铆钉、切割、开孔、打磨)→翻转墙体台→直立存放。

2. 胶合木构件的生产

胶合木应由专业制作企业按设计文件规定的胶合木的设计强度等级、规格尺寸、构件截面组坯标准及使用环境在工厂加工制作。胶合木分为异等组合与同等组合两类。异等组合又分为对称组合与非对称组合。受弯构件和压弯构件宜采用异等组合，轴心受力构件和当受弯构件的荷载作用方向与层板窄边垂直时，应采用同等组合。制作流程如下：

(1)组坯。以目测分级和机械分级胶合木构件组坯为例。目测分级层板材质 4 个等级的材质等级标准应符合表 4-4、表 4-5 的规定。当目测分级层板作为对称异等组合的外侧层板或非对称异等组合的抗拉侧层板，以及同等组合的层板时，表 4-4、表 4-5 中 I_d、II_d 和III_d 三个等级的层板还应根据不同的树种级别满足下列规定的性能指标：对于长度方向无指接的层板，其弹性模量(包括平均值和 5%的分位值)应满足表 4-4、表 4-5 规定的性能指标；对于长度方向有指接的层板，其抗弯强度或抗拉强度(包括平均值和 5%的分位值)应满足表 4-4、表 4-5 规定的性能指标。

表 4-4　目测分级层板强度和弹性模量的性能指标　　N/mm^2

项次	缺陷名称		材质等级			
			I_d	II_d	III_d	IV_d
1	腐朽		不允许			
2	木节	在构件任一面任何 150 mm 长度上所有木节尺寸的总和，不得大于所在面宽的	1/5	1/3	2/5	1/2
		边节尺寸不得大于宽面的	1/6	1/4	1/3	1/2
3	斜纹 任何 1 m 材长上平均倾斜高度不得大于		60 mm	70 mm	80 mm	125 mm
4	髓心		不允许			
5	裂缝		允许极其微小裂缝，在层板长度≥3 m 时，裂纹长度不超 0.5 m			
6	轮裂		不允许	不允许	小于板材宽度的 25%。但与边部距离不可小于宽度的 25%	
7	平均年轮宽度		≤6 mm	≤6 mm	—	
8	虫蛀		允许有表面虫沟，不得有虫眼			
9	涡纹 在木板指接及其两端各 100 mm 范围内		不允许			
10	其他缺陷		非常不明显			

表 4-5　目测分级层板强度和弹性模量的性能指标　N/mm²

树种级别及目测等级				弹性模量		抗弯强度		抗拉强度	
SZ1	SZ2	SZ3	SZ4	平均值	5%分位值	平均值	5%分位值	平均值	5%分位值
$Ⅰ_d$	—	—	—	14 000	11 500	54.0	40.5	32.0	24.0
$Ⅱ_d$	$Ⅰ_d$	—	—	12 500	10 500	48.5	36.0	28.0	21.5
$Ⅲ_d$	$Ⅱ_d$	$Ⅰ_d$	—	11 000	9 500	45.5	34.0	26.5	20.0
—	$Ⅲ_d$	$Ⅱ_d$	$Ⅰ_d$	10 000	8 500	42.0	31.5	24.5	18.5
—	—	$Ⅲ_d$	$Ⅱ_d$	9 000	7 500	39.0	29.5	23.5	17.5
—	—	—	$Ⅲ_d$	8 000	6 500	36.0	27.0	21.5	16.0

目测分级和机械分级胶合木构件采用的层板树种分类见表 4-6。

表 4-6　胶合木适用树种分级表

树种级别	适用树种及树种组合名称
SZ1	南方松、花旗松、落叶松、欧洲落叶松以及其他符合本强度等级的树种
SZ2	欧洲云杉、东北落叶松以及其他符合本强度等级的树种
SZ3	阿拉斯加黄扁柏、铁-冷杉、西部铁杉、欧洲赤松、樟子松以及其他符合本强度等级的树种
SZ4	鱼鳞云杉、云杉-松-冷杉以及其他符合本强度等级的树种

以对称异等组合为例，胶合木强度设计值及弹性模量应符合表 4-7 的要求。

表 4-7　对称异等组合胶合木的强度设计值和弹性模量　N/mm²

强度等级	抗弯 f_m	顺纹抗压 f_c	顺纹抗拉 f_t	弹性模量 E
TCyD30	30	25	20	14 000
TCyD27	27	23	18	12 500
TCyD24	24	21	15	11 000
TCyD21	21	18	13	9 500
TCyD18	18	15	11	8 000
注：当荷载的作用方向与层板窄边垂直时，抗弯强度设计值 f_m 应乘以 0.7 的系数，弹性模量 E 应乘以 0.9 的系数。				

目测分级和机械分级胶合木构件组坯时，异等组合胶合木的层板分为表面层板、外侧层板、内侧层板和中间层板(图 4-64)。异等组合胶合木组坯应符合表 4-8 的规定(以 4 层和 5～8 层层板为例)。

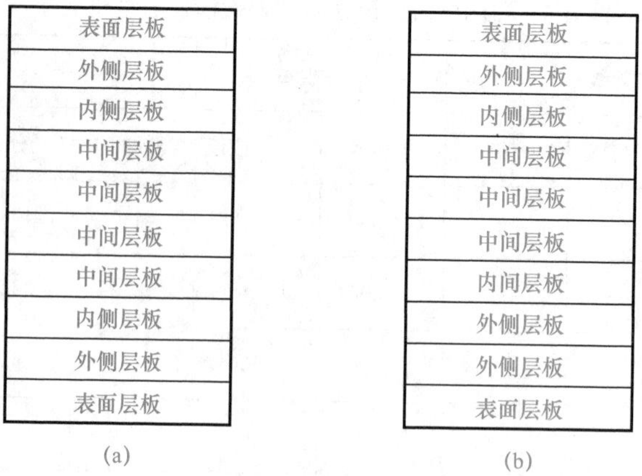

(a)	(b)
表面层板	表面层板
外侧层板	外侧层板
内侧层板	内侧层板
中间层板	中间层板
中间层板	中间层板
中间层板	中间层板
中间层板	内间层板
内侧层板	外侧层板
外侧层板	外侧层板
表面层板	表面层板

图 4-64　胶合木不同部位层板的名称

(a)对称布置；(b)非对称布置

表 4-8　异等组合胶合木组坯

层板总层数	层板组坯名称	层板组坯数量
4	表面抗压层板	1
	中间层板	2
	表面抗拉层板	1
5～8	表面抗压层板	1
	内侧抗压层板	1
	中间层板	1～4
	内侧抗拉层板	1
	表面抗拉层板	1

对称异等组合胶合木的组坯应按表 4-9 的要求进行配置。

表 4-9　对称异等组合胶合木的组坯级别配置标准

组坯级别	层板材料要求	表面层板	外侧层板	内侧层板	中间层板
Ard 级	目测分级层板等级	不可使用	不可使用	不可使用	$\geq \text{III}_d$
	机械分级层板等级	M_E	$\geq M_E-\Delta_1 M_E$	$\geq M_g-\Delta_2 M_g$	$\geq M_g-\Delta_4 M_g$
	宽面材边节子比率	1/6	1/6	1/4	1/3

续表

组坯级别	层板材料要求	表面层板	外侧层板	内侧层板	中间层板
Brd 级	目测分级层板等级	不可使用	不可使用	$\geq \mathrm{III}_d$	$\geq \mathrm{IV}_d$
	机械分级层板等级	M_E	$\geq M_E-\Delta_1 M_g$	$\geq M_g-\Delta_2 M_g$	$\geq M_g-\Delta 4M_g$
	宽面材边节子比率	1/6	1/4	1/3	1/2
Crd 级	目测分级层板等级	不可使用	$\geq \mathrm{II}_d$	$\geq \mathrm{III}_d$	$\geq \mathrm{IV}_d$
	机械分级层板等级	M_E	$\geq M_E-\Delta_1 M_E$	$\geq M_g-\Delta_2 M_g$	$\geq M_g-\Delta_4 M_g$
	宽面材边节子比率	1/5	1/4	1/3	1/2
Drd 级	目测分级层板等级	不可使用	$\geq \mathrm{III}_d$	$\geq \mathrm{III}_d$	$\geq \mathrm{IV}_d$
	机械分级层板等级	M_g	$\geq M_E-\Delta_1 M_E$	$\geq M_E-\Delta_2 M_E$	$\geq M_g-\Delta_4 M_g$
	宽面材边节子比率	1/4	1/3	1/3	1/2

通常，胶合前板材含水率应为 8%～15%。相邻板材的含水率差率不超过 5%；反之，胶合木的含水率达到平衡时，内部产生不均匀的收缩，产生应力，该应力使木材开裂。

(2)构件制作。用于制作胶合木构件的层板厚度在沿板宽方向上的厚度偏差不超过±0.2 mm，在沿板长方向上的厚度偏差不超过±0.3 mm。制作胶合木构件的生产区的室温应大于 15 ℃，空气相对湿度宜为 40%～80%。在构件固化过程中，生产区的室温和空气相对湿度应符合胶粘剂的要求。

制作的流程：层板指接接长→层板拼宽→刨光→涂胶→施压胶合→压刨后成型。

1)接长和拼宽。层板指接接头在切割后应保持指形切面的清洁，并应在 24 h 内进行粘合。指接接头涂胶时，所有指形表面应全部涂抹。固化加压时端压力应根据采用树种和指长，控制在 2～10 N/mm^2 的范围内，加压时间不得低于 2 s。指接层板应在接头胶粘剂完全固化后，再开展下一步的加工制作。当胶合木构件的截面超过单板宽时，需在横向拼宽；当荷载作用方向与层板面宽方向平行，或构件受剪力大于 50%的设计承载力时，层板横向拼宽方向需要胶合。层板的横向拼宽可采用平接，上下相邻两层木板平接线水平距离不应小于 40 mm，以保证胶合木的接缝不同时在同一截面上。

2)刨光和涂胶。层板胶合前表面应光滑，无灰尘，无杂质，无污染物和其他渗出物质。各层木板木纹应平行于构件长度方向。层板涂胶后应在所用胶粘剂规定的时间要求内进行加压胶合，胶合前不得污染胶合面。胶合木的胶缝应均匀，胶缝厚度应为 0.1～0.3 mm。厚度超过 0.3 mm 的胶缝的连续长度不应大于 300 mm，且胶缝厚度不得超过 1 mm。在承受平行于胶缝平面的剪力时，构件受剪部位漏胶长度不应大于 75 mm，其他部位不大于 150 mm。在室外使用环境条件下，层板宽度方向的平接头和层板板底开槽的槽内均应填满胶。结构用胶一般要求胶缝的强度应不低于被胶合木材顺纹抗剪和根纹抗拉的强度。并且有良好的抗菌性和耐久性。

3)施压胶合。层板胶合时应确保夹具在胶层上均匀加压，所施加的压力应符合胶粘剂使用说明书的规定。对于厚度不大于 35 mm 的层板，胶合时施加压力应不小于 0.6 N/mm²；对于弯曲的构件和厚度大于 35 mm 的层板，胶合时应施加更大的压力。

胶合木构件加工现场应有防止构件损坏，以及防雨、防日晒和防止胶合木含水率发生变化的措施。当设计对胶合木构件有外观要求时，构件的外观质量应满足现行国家标准《木结构工程施工质量验收规范》(GB 50206—2012)的有关规定。

(3)正交胶合木的生产。正交胶合木(Cross-laminated timber，CLT)是欧洲研发的工程木质产品，它将横纹与竖纹正交排布的规格木材胶合成层积板材，从而达到最佳的强度。CLT 构造应满足垂直正交原则、奇数层原则和对称性原则。

CLT 常用 3 层或 5 层层板胶合而成，板材选用针叶材或落叶材。每一层的层板与相邻层的层板正交布置(图 4-65)。层板强度等级、宽厚比和尺寸见表 4-10，CLT 板尺寸规格见表 4-11。

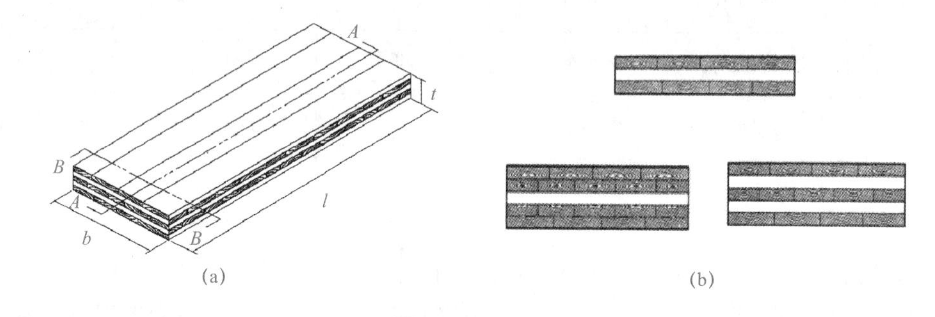

图 4-65　CLT 板

(a)5 层层板 CLT 立体图；(b)3 层和 5 层层板 CLT 断面图

表 4-10　用于制造 CLT 的层板强度等级、宽厚比和尺寸

参数	常见规格	可达规格
厚度，t/mm	20～45	20～60
宽度，b/mm	80～200	40～300
强度等级	C14～C30	—
宽厚比	4∶1	—

表 4-11　CLT 板尺寸规格

参数	常见规格	可达规格
厚度，t/mm	80～300	60～500
宽度，b/mm	1 200～3 000	最宽 4 800
长度，l/m	16	最长 30
层数	3、5、7、9	最多 25

制作 CLT 的多数层板可按标准 SS-EN 14081-1 强度定级，应在锯木厂干燥。胶合前层板的含水率同胶合木。组合原理同胶合木，CLT 沿主要受力方向层板的强度等级一般相同。强度高的层板通常置于截面的表层和主要受力方向。

制作 CLT 的关键步骤：指接接长层板→(指接处的胶硬化)宽面刨平→施胶→运送批量层板至胶合处，成形大的板坯→板坯压紧养护→成品加工。

一般生产工序如下：

1)锯材干燥、平衡。保证含水率为 12%±2%，相邻层含水率差别小于 5%。

2)四面刨光，以使表面光滑，从而发现缺陷。

3)进行强度分等级。

4)优选木材，进行表面质量分等级，并剔除不良木材。

5)将不同木材进行铣齿、涂胶和接长。

6)板条定长、养生。

7)板条四面刨光，以获得符合质量的胶合面。

8)侧面施胶、拼板、裁切。

9)校准砂光。

10)淋胶组坯。

11)拼压。

12)成品加工，完成后送至储藏区。

CLT 的养护时间由胶的类型及胶合车间的温度和湿度决定，可采用真空加压和液压。液压包括冷压和热压两种方式。成品加工是指进行切割、齐边、门窗开孔、(为连接件和管线等准备)开槽开孔、CLT 板外表面抛光和产品目测检查并加盖产品标识等。CLT 的生产流程示意如图 4-66 所示。

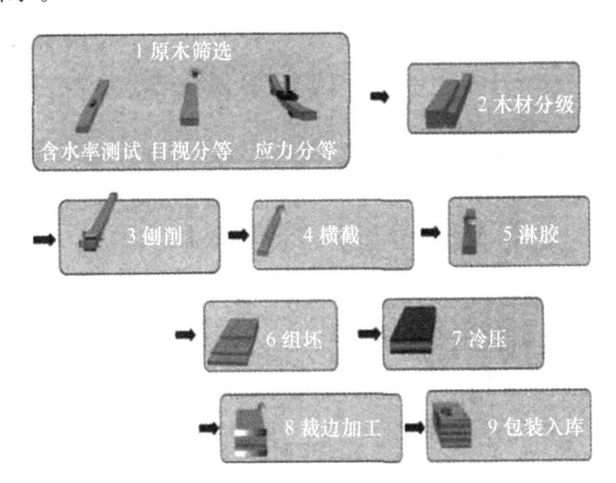

图 4-66　CLT 的生产流程示意

产品质量由标准 SS-EN 16351 规定的生产基本要求(如指接的质量、备胶和施胶、加压和持压时间等)来保证。其中，胶合是保证 CLT 质量和强度的关键因素。

4.4.3　木构件储存与运输

1. 预制木结构组件和部品的储存

预制木结构组件和部品的储存应符合以下规定：

(1)胶合木构件加工与堆放现场应有防止构件损坏，以及防雨、防日晒和防止胶合木含水率发生变化的措施。组件应存放在通风良好的仓库或防雨、通风良好的有顶场所内，场地应平整坚实，并应具备良好的排水设施。空气温度和相对湿度应进行连续监测。

(2)经防腐处理的胶合木构件应保证在运输和存放过程中防护层不被损坏。经防腐处理的胶合木或构件需重新开口或钻孔时，需用喷涂法修补防护层。

(3)施工现场堆放的构件，宜按安装顺序分类堆放，堆垛宜布置在起重机工作范围内，且不受其他工序施工作业影响的区域。

(4)采用叠层平放方式堆放时，应采取防止构件变形的措施。

(5)吊件应朝上起吊，标志朝向堆垛件的通道。

(6)支座垫应坚实稳定，垫块在构件下的位置宜与起吊位置一致。

(7)重叠堆放构件时，每层构件的垫块应上下对齐，对多层数应按垫块承载力确定，并应采取防止堆垛倾覆的措施。

(8)采用靠架堆放时，靠架应具有足够的承载力和刚度，与地面倾斜角度宜大于 80°。

(9)堆放形状特殊构件时，应按构件形状采取相应的支设保护措施。

(10)对在现场不能及时进行安装的建筑模块，应采取保护措施。

2. 预制木结构组件和部品的运输

预制木结构组件和部品的运输应符合以下规定：

(1)对预制木结构组件和部品的运输与储存应制订实施方案，实施方案可包括运输时间、次序、堆放场地、运输路线、固定要求、堆放支垫及成品保护措施等项目。

(2)装卸时，应采取保证车体平衡的措施；运输时，应采取防止组件移动、倾倒、变形等的固定措施。

(3)预制木结构组件存包装运输应采取使其达到要求含水率的措施，并应有保护层包装，边角部位宜设置保护衬垫。

(4)预制木结构墙体宜采用直立插放架运输和储存，插放架应有足够的承载力和刚度，并应支垫稳固。

(5)预制木结构组件水平运输时，应将组件整齐地堆放在车厢内。梁、柱等预制木组件可分层分隔堆放，上、下分隔层垫块应竖向对齐，悬臂长度不宜大于组件长度的 1/4。板材和规格材应纵向平行堆垛、顶部压重存放。

(6)预制木桁架整体水平运输时，宜竖向放置，支承点应设置在桁架两端节点支座处，下弦杆的其他位置不得有支承物；在上弦中央节点处的两侧应设置斜撑，应与车厢牢固连接；应按桁架的跨度大小设置若干对斜撑。数榀桁架并排竖向放置运输时，应在上弦节点处用绳索将各桁架彼此系牢。

4.4.4 木结构构件质量控制要点

1. 原材料检验及控制

木材的力学性能指标、材质要求、材质等级等应符合现行国家标准《木结构设计标准》(GB 50005—2017)和《胶合木结构技术规范》(GB/T 50708—2012)的有关规定。对木材缺陷应重点检查，木材的材质等级主要按缺陷程度分类，缺陷类型有腐朽、木节、斜纹、髓心、裂缝、虫蛀等，针对规格材材质分等的缺陷还有漏刨、劈裂、扭曲、横弯和顺弯等；层板胶合木的制作应符合现行国家标准《胶合木结构技术规范》(GB/T 50708—2012)的规定。制作完成的层板胶合木应有产品质量合格证书和产品标识，使用时应有满足产品标准规定的胶缝完整性检验和层板指接强度检验合格证书。工业化木构件中使用钢材的品种、规格应符合设计文件的规定，并应具有抗拉强度、伸长率、屈服强度、冲击韧性指标，以及碳、硫、磷等化学成分的合格证明。结构用胶粘剂应能保证其胶合部位强度要求，并应符合现行行业标准《环境标志产品技术要求 胶粘剂》(HJ 2541—2016)的规定。胶粘剂防水性、耐久性应满足结构的使用条件和设计使用年限要求。承重结构用胶应符合现行国家标准《胶合木结构技术规范》(GB/T 50708—2012)的规定。

2. 制作过程质量检验及控制

(1)轻型木结构房屋构件。轻型木结构板式构件的制作偏差不应超过表 4-12 的规定。

表 4-12 轻型木结构板式构件的制作偏差

项次	项目			允许偏差/mm
1	墙体	墙骨柱	间距	±20
2			长度	±2
3			垂直度	±1/500
4			单根墙骨柱的出平面偏差	±1
5		顶梁板、底梁板	顶梁板、底梁板的平直度	±1/200
6			顶梁板作为弦杆传递荷载时的搭接长度	±6
7		覆面板	板缝隙	±1.5
8			局部平整度	±1/200
9		墙体垂直度		±1/250
10		墙体水平度		±1/200
11		墙体角度偏差		±1/300
12	楼盖（屋盖）	格栅	间距	±20
13			截面高度	±2
14			格栅支承长度	−6
15			任意三根格栅顶面间的高差	±1
16		檩条	间距	±20
17			截面高度	±2
18			任三根檩条间顶面高差	±1
19		齿板桁架	桁架间距	±20
20			桁架垂直度	±1/200
21			齿板安装位置	±4
22			弦杆、腹杆、支撑	10
23			桁架高度	6
24		覆面板	板缝隙	±1.5
25			整体水平度	±1/250
26			局部平整度	±1/200

管线在轻型木结构板式构件墙体、楼盖与顶棚平面中穿越时，应预留孔洞，孔洞的尺寸和位置应符合设计文件的规定，并应满足下列要求：

1)管壁与孔洞四壁的间隙应不小于 1 mm；

2)承重墙墙骨柱开孔后的剩余截面高度不应小于原高度的 2/3，非承重墙剩余高度不应小于 40 mm；

3)墙体顶梁板和底梁板开孔后剩余宽度不应小于 50 mm；

4)楼盖格栅、顶棚格栅和椽条等木构件腹部开孔时，孔洞直径或边长不应大于 1/4 截面高度，且构件边缘的剩余高度不应小于 50 mm；楼盖格栅和不受拉力的顶棚格栅支座端上部开槽口时，槽口深度不应大于格栅截面高度的 1/3，槽口末端与支座边的距离不应大于格栅截面高度的 1/2；在距支座 1/3 跨度范围内的格栅顶部开槽口时，槽口深度不应大于格栅高度的 1/6。

(2)胶合木构件。胶合木构件和桁架的制作允许偏差应符合表 4-13 的规定。

表 4-13　胶合木构件和桁架的制作允许偏差

<table>
<tr><th>项次</th><th colspan="3">项目</th><th>允许偏差/mm</th><th>检验方法</th></tr>
<tr><td rowspan="3">1</td><td rowspan="3">构件
截面尺寸</td><td colspan="2">截面宽度</td><td>±2</td><td rowspan="3">钢尺量</td></tr>
<tr><td rowspan="2">截面高度</td><td>$h \leqslant 400$ mm</td><td>±2</td></tr>
<tr><td>$h > 400$ mm</td><td>$\pm 0.005h$</td></tr>
<tr><td rowspan="3">2</td><td rowspan="3">构件长度</td><td colspan="2">$l \leqslant 4$ m</td><td>±2</td><td rowspan="3">钢尺量构件全长</td></tr>
<tr><td colspan="2">4 m$< l \leqslant$20 m</td><td>$\pm 0.0005l$</td></tr>
<tr><td colspan="2">$l > 20$ m</td><td>±10</td></tr>
<tr><td>3</td><td colspan="3">受压或压弯构件纵向弯曲</td><td>$l/500$</td><td>拉线钢尺量</td></tr>
<tr><td rowspan="2">4</td><td rowspan="2">桁架高度</td><td colspan="2">跨度不大于 15 m</td><td>±10</td><td rowspan="2">钢尺量脊节点中心
与下弦中心距离</td></tr>
<tr><td colspan="2">跨度大于 15 m</td><td>±15</td></tr>
<tr><td>5</td><td colspan="3">弦杆节点间距</td><td>±3</td><td rowspan="3">钢尺量</td></tr>
<tr><td rowspan="2">6</td><td rowspan="2">桁架起拱</td><td colspan="2">长度</td><td>±20</td></tr>
<tr><td colspan="2">高度</td><td>−10</td></tr>
</table>

胶合木弧形构件、拱及需起拱的胶合木梁和桁架等构件放样时，其各部位的曲率及起拱量应符合设计文件的要求。弧形构件的矢高及梁式构件起拱的允许偏差，跨度在 6 m 以内时不应超过±5 mm；跨度每增加 6 m，允许偏差可增大±2 mm，但总偏差不应超过 16 mm。构件需要开槽时，宜采用铣刀开槽。槽的深度允许误差为 0～5 mm，宽度允许误差为 0～1.5 mm。加工完成的构件保存时，端部与切口处均应采取密封措施。

第5章　装配化施工

我国传统现浇建筑施工现场具有湿作业多、施工精度差、工序复杂、建造周期长、施工质量难以保障等问题。装配化施工通过工业化方法把工厂制造的构件等各种部品部件，在施工现场用机械化、信息化等工程技术手段按不同要求进行组合和安装，建成特定建筑产品的建造方式。装配化施工采用干作业施工工艺，可实现高精度、高效率和高品质，同时，也是建筑企业面对人口红利消失、促进传统建筑工人向产业化工人转型的实现方式。装配化施工主要包括主体结构安装、外围护系统安装、内装修和集成式部品安装、设备管线系统安装等。装配化施工根据建筑的不同结构形式，可分为装配式混凝土结构建筑施工、钢结构建筑施工、木结构建筑施工。

5.1　装配式混凝土建筑结构施工

5.1.1　施工准备

1. 深化设计图准备

深化设计的目的是实现设计者的最终意图，让设计方案具有更好的可实施性，满足预制构件在生产、吊装、安装等方面的需求。预制构件的深化设计图应包括但不限于下列内容：

(1)预制构件模板图、配筋图、预埋吊件及各种预埋件的细部构造图等；

(2)夹芯保温外墙板，应绘制内外叶墙板拉结件布置图及保温板排板图；

(3)水、电线、管、盒预埋预设布置图；

(4)预制构件与现浇节点模板连接的构造设计；

(5)预制构件的吊装工具或配件的设计和验算；

(6)预制构件的支撑体系受力验算；

(7)大型机械及工具式脚手架与结构的连接固定点的设计及受力验算；

(8)构件各种工况的安装施工验算。

(9)对带饰面砖或饰面板的构件，应绘制排砖图或排板图。

2. 图纸会审

建筑设计图纸是施工企业进行施工活动的主要依据，图纸会审是技术管理的一个重要方面，熟悉图纸，掌握图纸内容，明确工程特点和各项技术要求，理解设计意图，是确保工程质量和工程顺利进行的重要前提。

图纸会审是由设计、施工、监理单位及有关部门参加的图纸审查会。其目的有两个方面：一方面是使施工单位和各参建单位熟悉设计图纸，了解工程特点和设计意图，找出需要解决的技术难题，并制订解决方案；另一方面是解决图纸中存在的问题，减少图纸的差错，使设计达到经济合理、符合实际，以利于施工顺利进行。对于装配式结构的图纸会审要重点关注以下几个方面：

(1)装配式结构体系的选择和创新应该得到专家论证，深化设计图应该符合专家论证的结论；

(2)对于装配整体式结构与常规结构的转换层，其固定墙部分需与预制墙板灌浆套筒对接的预埋钢筋的长度和位置；

(3)墙板间边缘构件竖缝主筋的连接和箍筋的封闭，后浇混凝土部位粗糙面和键槽；

(4)预制墙板之间上部叠合梁对接节点部位的钢筋(包括锚固板)搭接是否存在矛盾；

(5)外挂墙板的外挂节点做法、板缝防水和封闭做法；

(6)水、电线管盒的预埋、预留，预制墙板内预埋管线与现浇楼板的预埋管线的衔接。

3. 施工组织设计、专项方案与交底

(1)施工组织设计。工程项目明确后，即应该认真编写专项施工组织设计，编写要突出装配式结构安装的特点，从施工组织及部署的科学性、施工工序的合理性、施工方法选用的技术性、经济性和实现的可能性方面进行科学论证；能够达到科学合理地指导现场组织调动人、机、料、具等资源完成装配式安装的总体要求；针对一些技术难点提出解决问题的方法。专项施工组织设计的基本内容如下：

1)编制依据：包括文件名称、项目特征、施工合同、工程地质勘察报告、经审批的施工图、主要的现行国家和地方标准等。

2)工程概况：包括工程的建设情况、设计概况、施工范围、构件生产厂商、现场条件、工程施工特点等，同时针对工程重点、难点提出解决措施。要着重分析预制深化设计、加工制作运输、现场吊装、测量、连接等施工技术。

3)工程目标：工期目标、质量目标、安全目标、文明施工及环保目标、科技目标等，对各项目标进行内部责任分解。

4)施工组织与部署：项目组织机构和责任分工、工程施工区段划分、施工顺序及主要技术措施等。

5)施工场地布置：首先根据起重机械选型进行施工场地布局和场内道路规划。分阶段说明施工现场平面布置内容包括操作区、办公区、施工通道、材料堆场的布置。并结合构件运输过程中车辆载重、错车和转弯半径设置道路，结合构件吊装机械吊运半径等设置构件堆场。

6)构件安装工艺：构件堆放方案、吊装方案、灌浆方案、模板及支撑方案、外防护方案进行详细叙述。

另外，还包括施工安全管理、质量管理、绿色施工与环境保护措施等。

(2)专项方案。专项方案中应包含针对施工重点难点的解决方案及管理措施，明确技术方法。装配式建筑除常规要求的专项方案外，还应单独编制吊装工程专项方案、灌浆工程专项方案、预制构件存放架专项方案等有针对性的专项施工方案。

(3)技术交底。技术交底的内容包括图纸交底、施工组织设计交底、设计变更交底、分项工程技术交底。技术交底采用三级制，即项目技术负责人→施工员→班组长。项目技术负责人向施工员进行交底，要求细致齐全，并要结合具体操作部位、关键部位的质量要求、操作要点及安全注意事项等进行交底。施工员接受交底后，应反复、细致地向操作班组进行交底，除口头和文字交底外，必要时要进行图表、样板、示范操作等方法的交底。班组长在接受交底后，应组织工人进行认真讨论，保证明确施工意图。

对于现场施工人员，要坚持每日班前会制度，在安排的同时进行安全教育和安全交底。

4. 人员准备

根据装配式混凝土结构工程的管理和施工技术特点，对管理人员及作业人员进行专项培训，严禁未培训上岗及培训不合格上岗；要建立完善的内部教育和考核制度，通过定期考核和劳动竞赛等形式提高职工素质。对于长期从事装配式混凝土结构施工的企业，应逐步建立专业化施工队伍。

钢筋套筒灌浆作业是装配式结构的关键工序，是有别于常规建筑的新工艺。因此，施工前应对工人进行专门的灌浆作业技能培训，模拟现场灌浆施工作业流程，提高注浆工人的质量意识和业务技能，确保构件灌浆作业的施工质量。

5. 预制构件的进场验收和存放

(1)构件存放场地及存放计划。根据装配式混凝土结构专项施工方案制订预制构件场内运输与存放计划。预制构件的场内运输与存放计划包括进场时间、次序、存放场地、运输线路、固定要求、码放支垫及成品保护措施等内容，对于超高、超宽、形状特殊的大型构件的运输和码放应采取专项质量安全保证措施。

1)施工现场内道路应按照构件运输车辆的要求合理设置转弯半径及道路坡度。

2)现场运输道路和存放堆场应坚实平整，并有排水措施。运输车辆进入施工现场的道路，应满足预制构件的运输要求。预制构件装卸、吊装工作范围内不应有障碍物，并应有满足预制构件周转使用的场地。

3)预制构件装卸时应考虑车体平衡，采取绑扎固定措施；预制构件边角部或与紧固用绳索接触部位，宜采用垫衬加以保护。

4)预制构件运送到现场后，应按规格、品种、使用部位、吊装顺序分别设置存放场地。存放场地应设置在起重机的有效吊重覆盖范围半径内，并设置通道。

5)预制墙板宜对称插放或靠放存放，支架应有足够的刚度，并支垫稳固。当采用靠放时，预制外墙板宜对称靠放、饰面朝外，且与地面倾斜角度不宜小于80°。采用插放于墙板专用堆放架上时，堆放架应满足强度、刚度和稳定性要求，保证构件堆放有序、存放合理，确保构件起吊方便，如图5-1(a)所示。

6)预制板类构件可采用叠放方式存放，构件层与层之间应垫平、垫实，每层构件之间的垫木或垫块应在同一垂直线上。一般中小跨构件叠放层数不超过5层为宜，大跨和特殊构件叠放层数和支垫位置，应根据构件施工验算确定，如图5-1(b)所示。

(2)预应力带肋混凝土叠合楼板的存放。预应力带肋混凝土叠合楼板的堆放场地应该进行平整夯实，堆放场地应安排在起重机的覆盖区域内。堆放或运输时，PK板不得倒置，最底层板下部应设置垫块，垫块的设置要求：当板跨度为$L \leqslant 6.0$ m时，应设置2道垫块；当板跨度为$6.0\ \text{m} < L \leqslant 8.7$ m时，应设置4道垫块。垫块上应放置垫木，再将PK板堆放其上。各层PK板间须设置垫木，且垫木应上下对齐。每跺堆放层数不大于7层，不同板号应分别堆放。具体堆放如图5-2所示。

(3)构件进场验收。预制构件进入现场后由项目部材料部门组织有关人员进行验收，对

(a)

(b)

图 5-1　构件施工现场堆放示意

(a)预制墙体现场堆放；(b)叠合板堆放

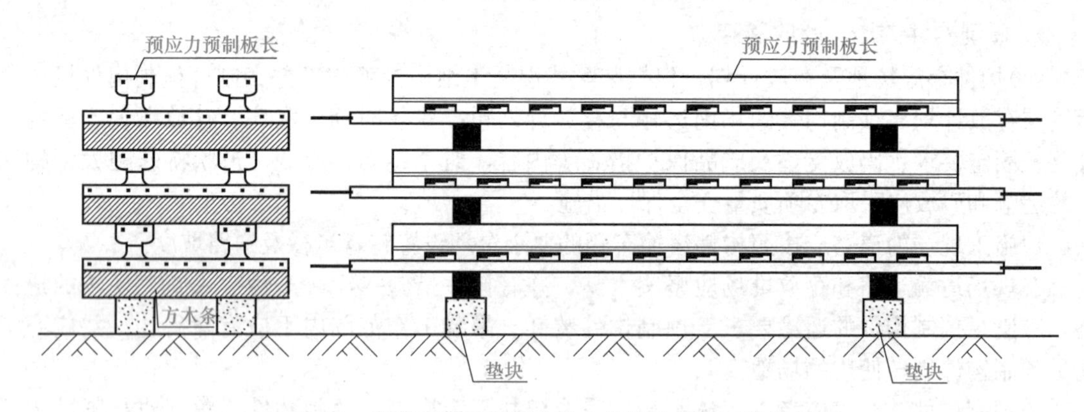

图 5-2　预应力带肋混凝土叠合楼板施工现场堆放示意

预制混凝土构件的标识、外观质量、尺寸偏差以及钢筋灌浆套筒的预留位置、套筒内杂质、注浆孔通透性等进行检查，同时应核查并留存预制构件出厂合格证、出厂检验用同条件养护试块强度检验报告、灌浆套筒型式检验报告、连接接头抗拉强度检验报告、拉接件抗拔性能检验报告、预制构件性能检验报告等技术资料，未经验收或验收不合格的构件不得使用。构件进场验收如图 5-3 所示。

5.1.2　预制构件吊装施工

预制混凝土构件卸货时一般堆放在可直接吊装的区域，这样不仅能降低机械使用费用，同时，也减少预制混凝土构件在二次搬运过程中出现的破损情况。如果因为场地条件限制，无法一次性堆放到位，可根据现场实际情况，选择塔式起重机或汽车式起重机进行二次搬运。

1. 构件吊装前楼面准备工作的主要控制点

(1)预制构件安装位置的混凝土面层需提前清理干净，避免杂质影响构件之间连接性能。

(2)测设楼层平面控制轴线、预制构件位置线及控制线，以保证预制构件安装位置准确。

图 5-3　构件入场实测检验

(a)检查进场构件表观质量；(b)检查进场叠合板尺寸；(c)检查叠合板预埋件；
(d)检查预留孔预留尺寸；(e)外墙吊点检查；(f)PCF 板吊点检查；(g)外观尺寸检查；(h)外观尺寸检查

(3)测设楼面预制构件高程控制垫片，以此来控制预制构件标高。

(4)楼面预制构件外侧边缘预先固定弹性密封材料，用于封堵水平接缝外侧，为后续灌浆施工作业做准备。

2. 主要测量仪器、吊装用具

(1)主要测量仪器，如图 5-4 所示。

(2)主要吊装用具。吊具的选择应根据预制构件外形尺寸、吊点位置、受力特点等因素进行综合考虑，叠合板、梁、楼梯等水平预制构件吊索与预制构件的夹角不宜小于 60°，不

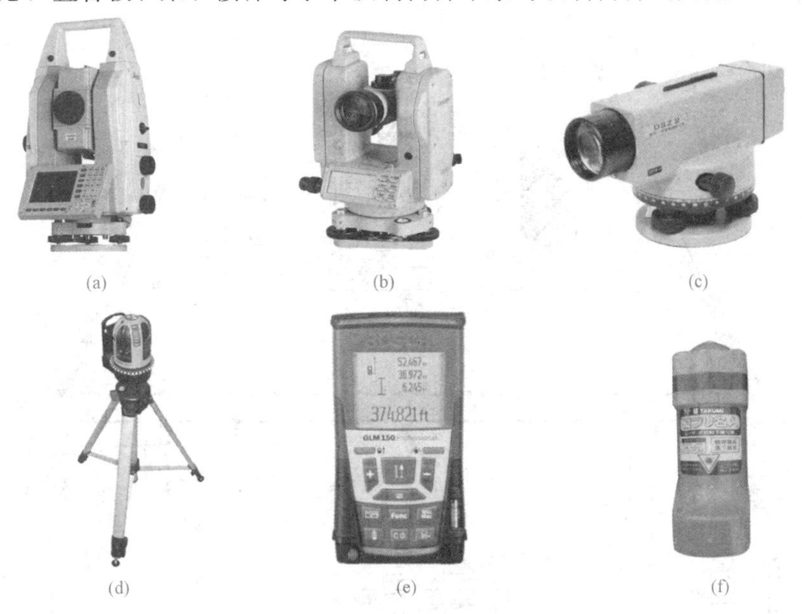

图 5-4　主要测量仪器

(a)全站仪；(b)经纬仪；(c)水准仪；(d)激光水平仪；(e)测距仪(50 m)；(f)激光垂直仪

应小于 45°。通过吊具、吊点位置的设置，保证预制构件起吊时处于平稳状态，减少吊索对预制构件长度方向的附加力。吊具应在施工前确认，提前加工，避免影响进度。

吊具的适用范围：扁担梁式吊具一般适用于预制墙板、预制楼梯、叠合板、预制阳台板等；矩形框型吊具一般适用于叠合板、预制楼梯、预制阳台板等。

1)扁担梁式吊具。为避免在吊装过程中构件的应力集中及可能的水平分力导致的构件旋转问题，吊装时尽量保证连接吊环或者高强度螺栓的钢丝绳处于竖直状态。扁担梁式吊具作为吊钩与构件之间的连接吊具，可以改变钢丝绳吊装时的受力方向，从而确保预制构件吊装时钢丝绳处于最佳受力状态。

扁担梁式吊具应根据预制构件尺寸定制，在预制构件吊点设计中尽量选择同尺寸或同模数关系的吊点位置，以便现场施工。不同构件对应钢梁上不同孔位进行吊装。

扁担梁式吊具由国标槽钢、钢丝绳、滑轮、重型卡扣、缀板、钢板、单孔吊板等组成(具体规格及型号应根据构件质量确定)，如图 5-5 所示。

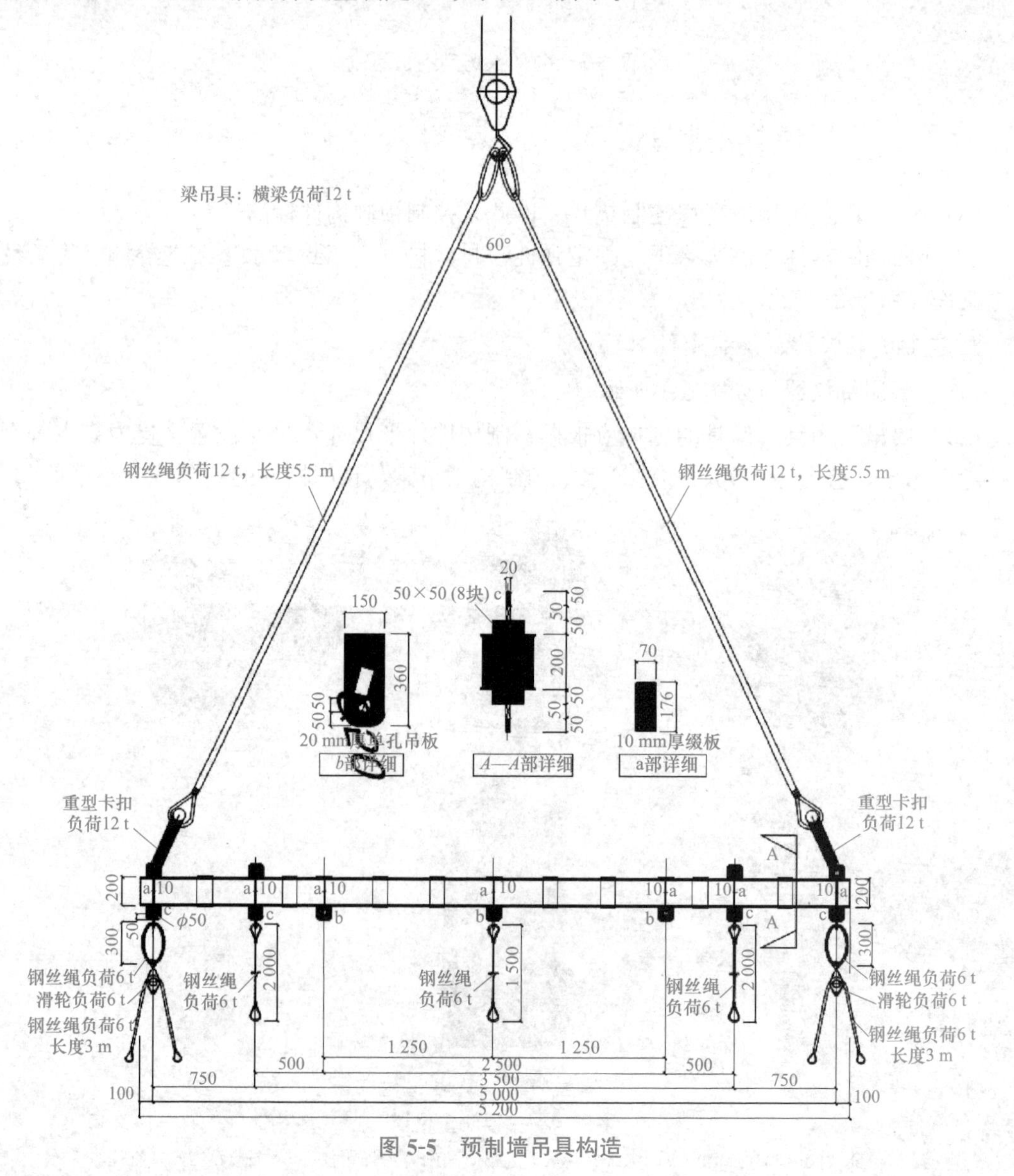

图 5-5　预制墙吊具构造

2)矩形框型吊具。矩形框型吊具的支撑面为平面，支撑架上设置吊点位置，连接结构固定在吊点位置处，设置的吊点位置可保证在吊装过程中通过各吊点的作用使得支撑架保持平衡。

矩形框型吊具可避免直接采用钢丝绳吊装时钢丝绳竖直夹角过大而导致的构件受力不均和水平应力过大的问题，使吊装过程更加安全合理，能有效保护构件在吊运过程中不发生拉裂等受损情况。

矩形框型吊具由槽钢、双孔吊板、钢丝绳吊索、滑轮、钢板等组成(具体规格及型号应根据构件质量确定)，如图 5-6 所示。

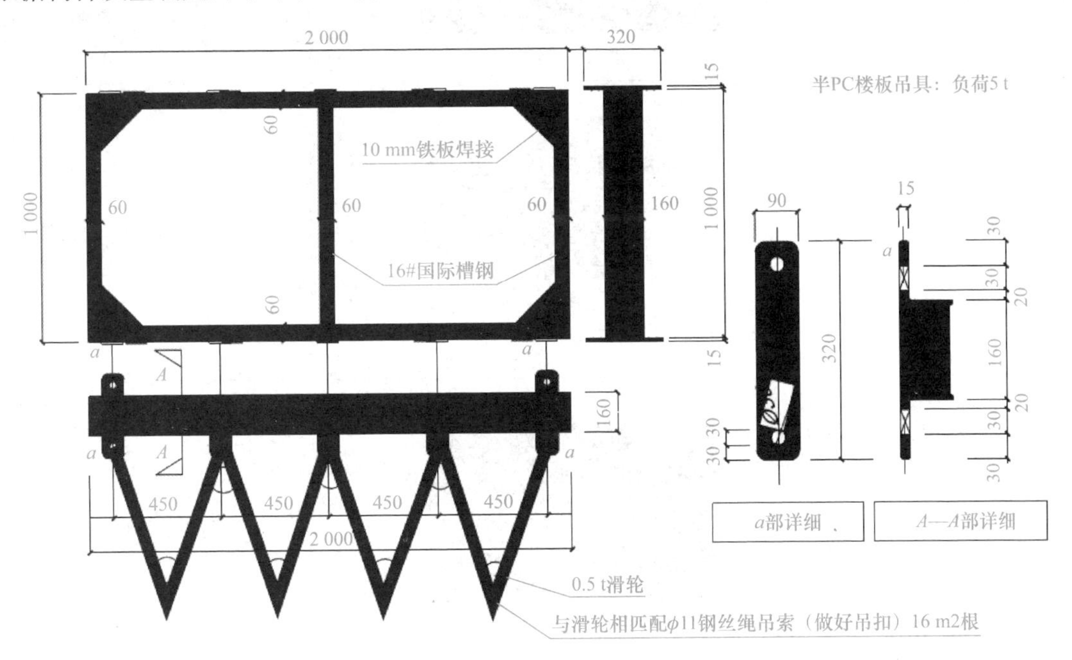

图 5-6　叠合板、预制楼梯吊具构造图

吊具图例及型号选择见表 5-1。

表 5-1　吊具图例及型号选择

名称	图例	备注
叠合板吊具		根据具体图纸制作加工图

续表

名称	图例	备注
PC 楼梯吊具		根据具体图纸制作加工图
柱吊具		根据具体图纸制作加工图
梁吊具		根据具体图纸制作加工图
用于调节构件水平度的葫芦		根据构件自重选择葫芦荷重
连接构件和吊具的吊钩(PC 柱、梁)		根据构件自重选择吊钩荷重

续表

名称	图例	备注
连接构件和吊具的吊钩(叠合板)		根据构件自重选择吊钩荷重
连接构件和吊具的旋转吊环(PC楼梯)		根据构件自重选择吊环荷重
钢丝绳及卡环		根据构件自重选择钢丝绳直径

3. 构件安装标准层施工流程

构件安装标准层施工流程如图 5-7 和图 5-8 所示。

图 5-7 装配式框架结构施工吊装总体吊装流程

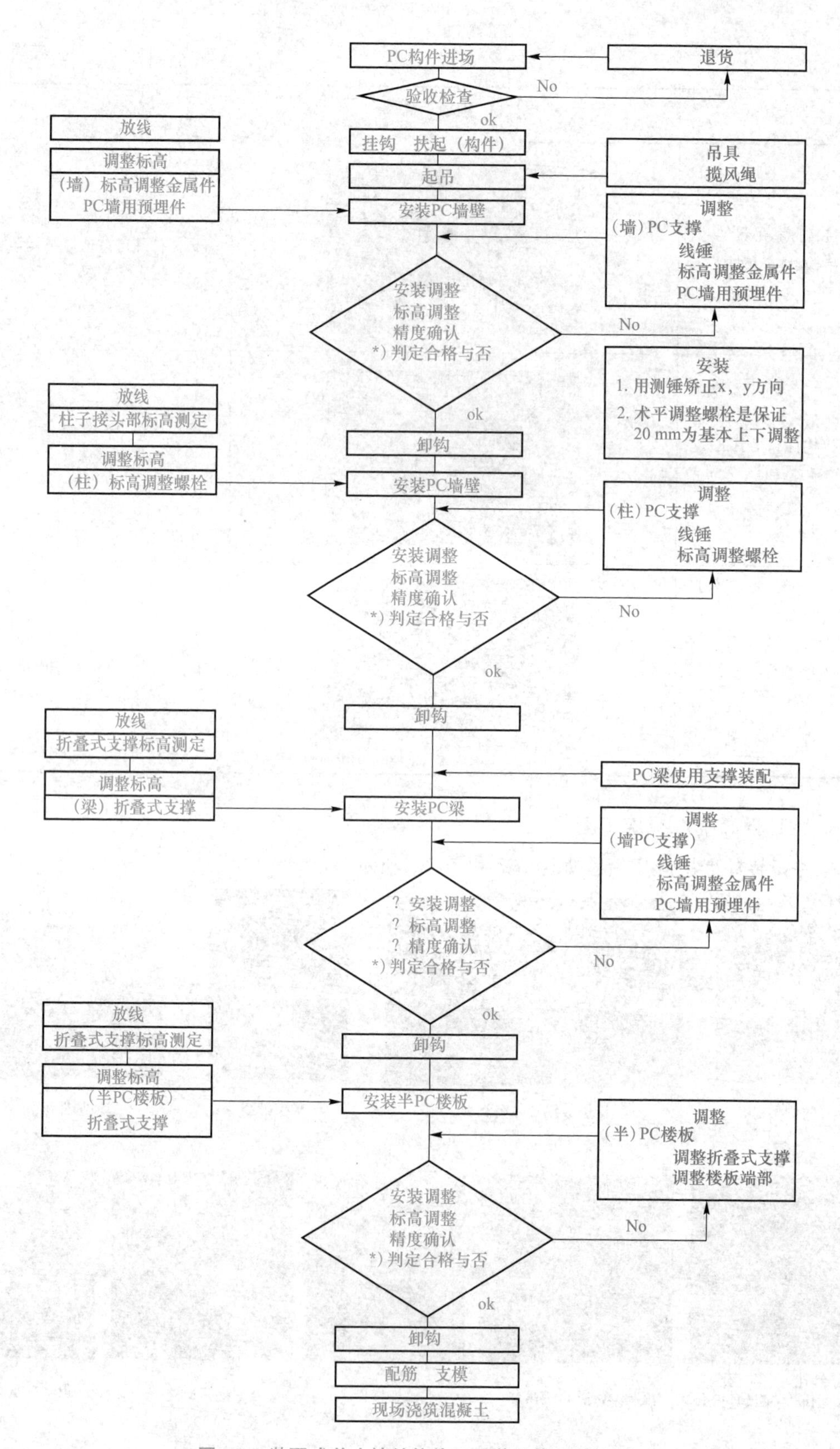

图 5-8　装配式剪力墙结构施工吊装总体吊装流程

(1)预制柱吊装。矫正柱头钢筋垂直度、底部高程以垫片垫平、起吊安装、斜支撑固定，将斜支撑与楼板连接一端固定牢固、拆除水平运输吊耳，如图 5-9 所示。

图 5-9　预制柱吊装施工工艺流程

(2)预制梁安装。支撑架体搭设、构件吊装就位、安装斜支撑、调整复测，如图 5-10 所示。

图 5-10　预制梁吊装施工工艺流程

(3)叠合板安装。搭设板底独立支撑、叠合板起吊、叠合板就位、叠合板校正定位，如图 5-11 所示。

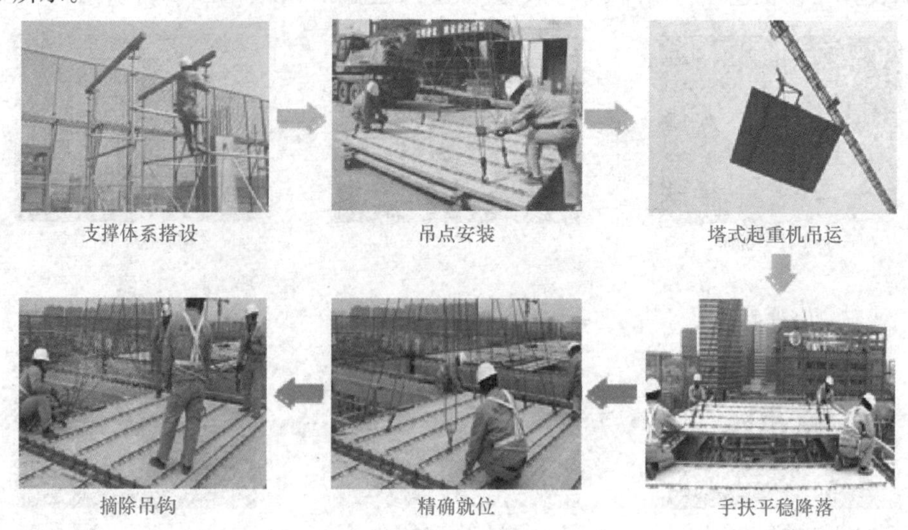

图 5-11　叠合板吊装施工工艺流程

(4)预制楼梯吊装。垫片及坐浆料施工、预制楼梯起吊、预制楼梯校正、预制楼梯固定，如图 5-12 所示。

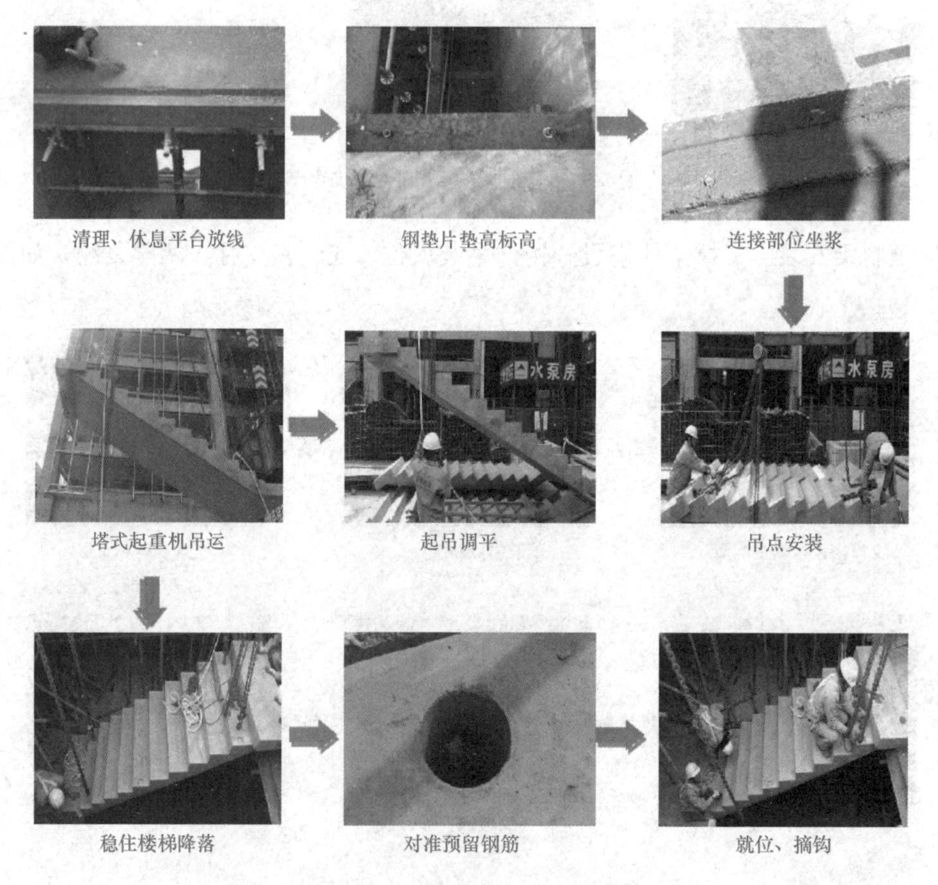

图 5-12　楼梯吊装施工工艺流程

(5)外墙挂板吊装。预埋连接件复检、预制外挂板起吊、就位、安装临时承重铁件及斜支撑、调整预制外挂墙板位置、标高、垂直度、安装永久连接件。

(6)预制剪力墙外墙吊装。钢筋校正、钢垫片调整标高、固定弹性密封材料、分仓、构件吊装就位、斜支撑安装、调整墙体垂直度、斜支撑固定到位，如图 5-13 所示。

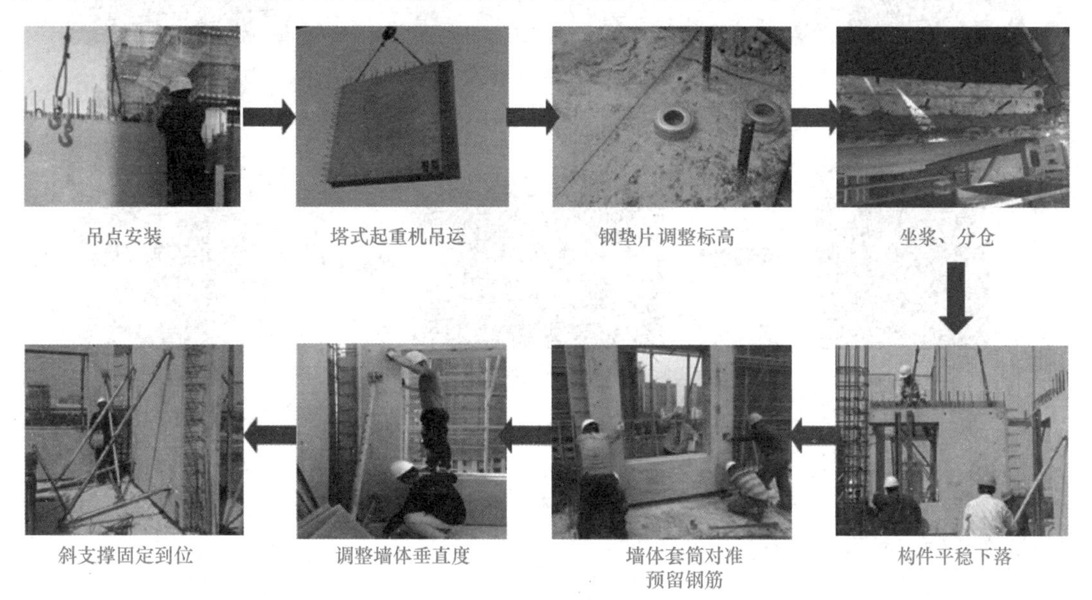

图 5-13　剪力墙外墙吊装施工工艺流程

(7)预制剪力墙内墙吊装。钢筋校正、钢垫片调整标高、分仓、构件吊装就位、斜支撑安装、调整墙体垂直度、斜支撑固定到位，如图 5-14 所示。

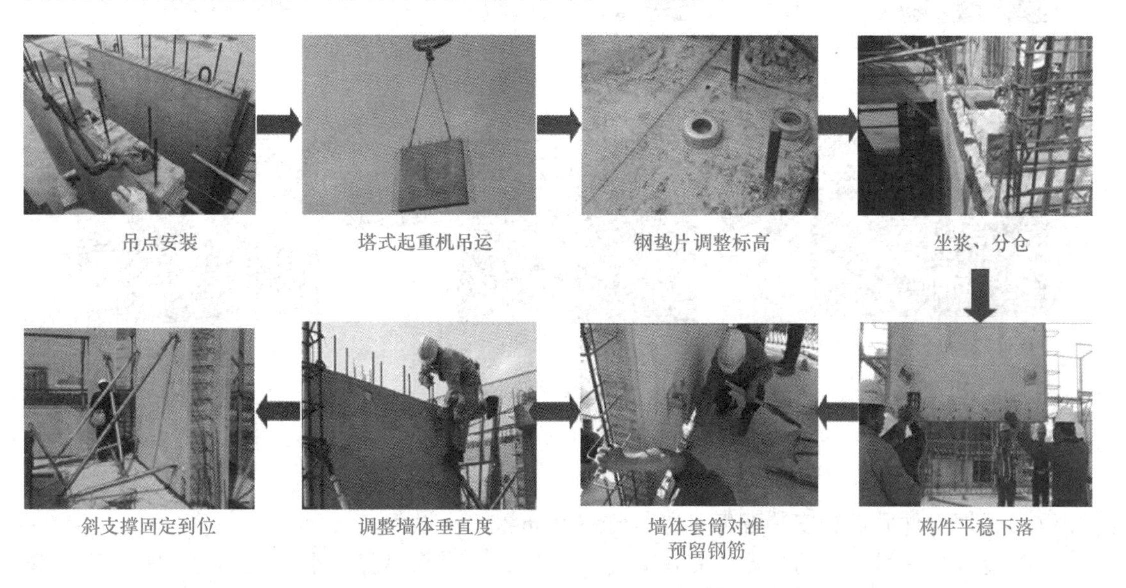

图 5-14　剪力墙内墙吊装施工工艺流程

(8)PCF 板吊装。吊点安装、构件底部垫置软垫、塔式起重机吊运、PCF 板安装、与已吊装外墙固定牢靠、后塞 A 级保温板，如图 5-15 所示。

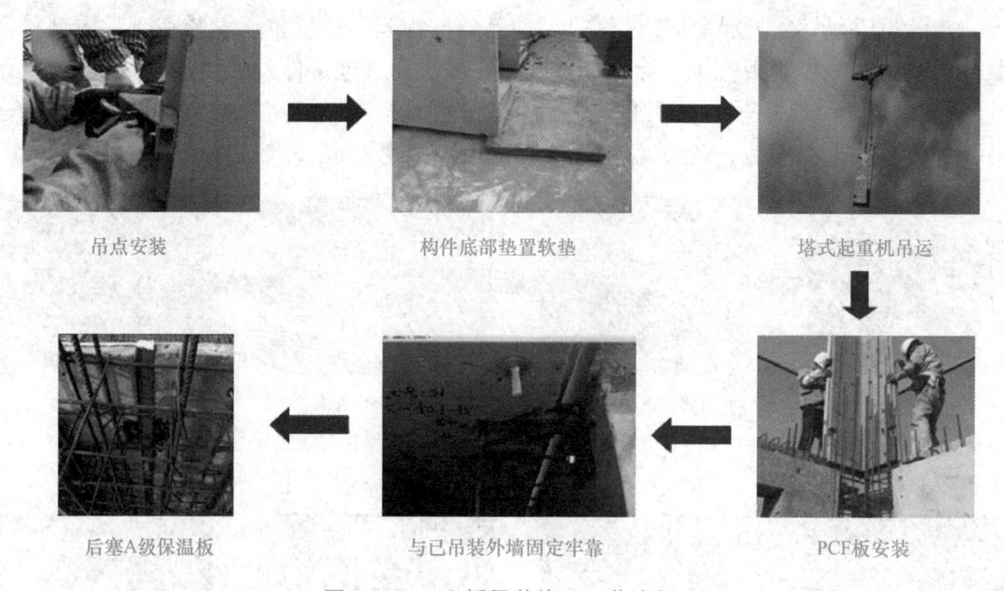

图 5-15　PCF 板吊装施工工艺流程

(9)预制阳台吊装。支撑搭设完成、吊点安装、构件起吊安装、构件平稳下落、初步就位、精确就位，如图 5-16 所示。

图 5-16　预制阳台吊装施工工艺流程

4. 构件吊装过程质量控制

(1)根据构件质量和安装幅度半径，选择和布置起重设备。

(2)设计吊索吊具，吊具有点式吊具(图 5-17)、一字形吊具、平面吊具(图 5-18)和特殊吊具。

(3)检查构件安装部位混凝土和准备吊装的构件的质量。

(4)水平构件吊装前架设支撑，竖直构件吊装后架设支撑。

(5)构件吊装前须放线，并做好标高调整。

(6)按照操作规程进行吊装，保证构件位置和垂直度的偏差在允许范围内。

(7)水平构件安装后，检查支撑体系受力状态，进行微调。

(8)竖直构件和没有横向支撑的梁吊装后架立斜支撑，调节斜支撑长度保证构件垂直度。

(9)进行安装质量验收。

图 5-17　构件安装单点起吊

图 5-18　平面吊具

5.1.3 装配式混凝土结构连接施工

装配式混凝土结构的连接包括湿连接和干连接，如图 5-19 所示。

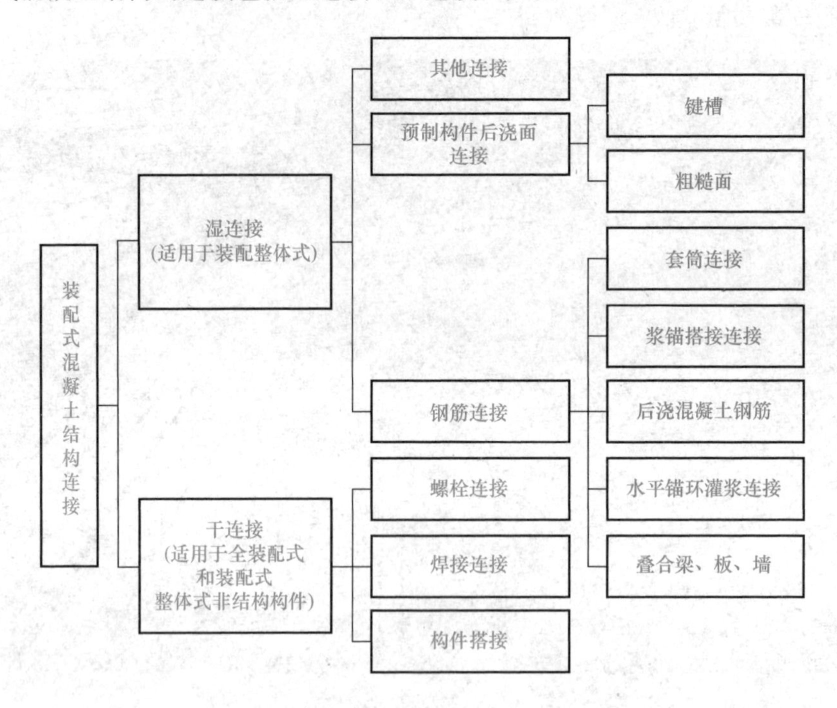

图 5-19 装配式混凝土结构连接方式

1. 钢筋连接技术

连接技术是装配式混凝土建筑的核心技术，是结构安全最基本的保障。在装配式混凝土结构项目中，预制构件主要采取的连接技术有钢筋套筒灌浆连接、钢筋浆锚搭接连接、后浇混凝土钢筋连接、水平锚环灌浆连接等，其中钢筋套筒灌浆连接为主要连接方式。

(1)钢筋套筒灌浆连接。钢筋套筒灌浆连接是指在预制混凝土构件内预埋的金属套筒中插入钢筋，并灌注水泥基灌浆料而实现的钢筋连接方式。

1)连接套筒。连接套筒分为全灌浆套筒和半灌浆套筒两种形式。

①全灌浆套筒：两端均采用灌浆方式与钢筋连接，如图 5-20 所示。

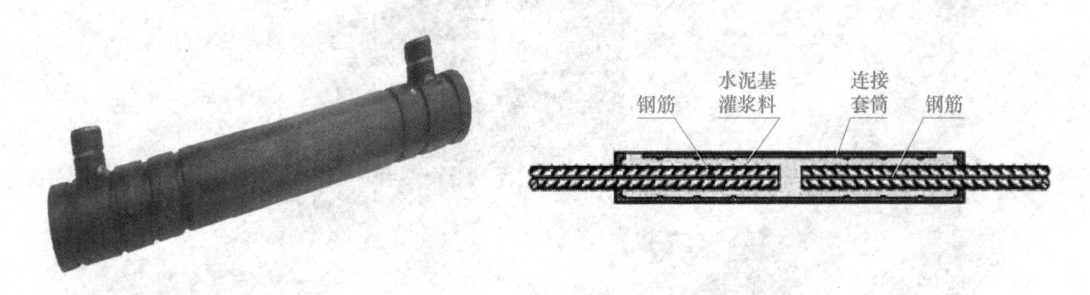

图 5-20 全灌浆套筒

②半灌浆套筒：一端采用灌浆方式与钢筋连接，而另一端采用半灌浆套筒上部内侧车丝，连接钢筋套丝，钢筋与套筒通过丝扣连接，如图 5-21 所示。

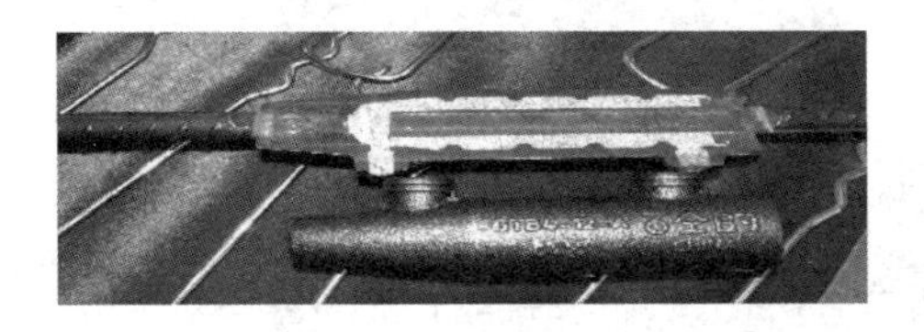

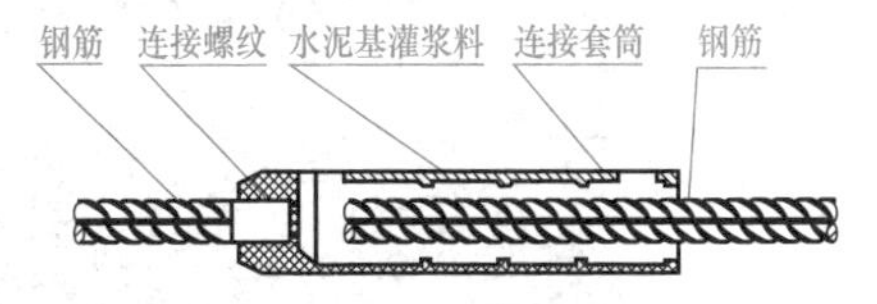

图 5-21　半灌浆套筒

灌浆套筒连接实例如图 5-22 所示。

图 5-22　灌浆套筒连接实例

2)灌浆施工工艺流程，如图 5-23 所示。

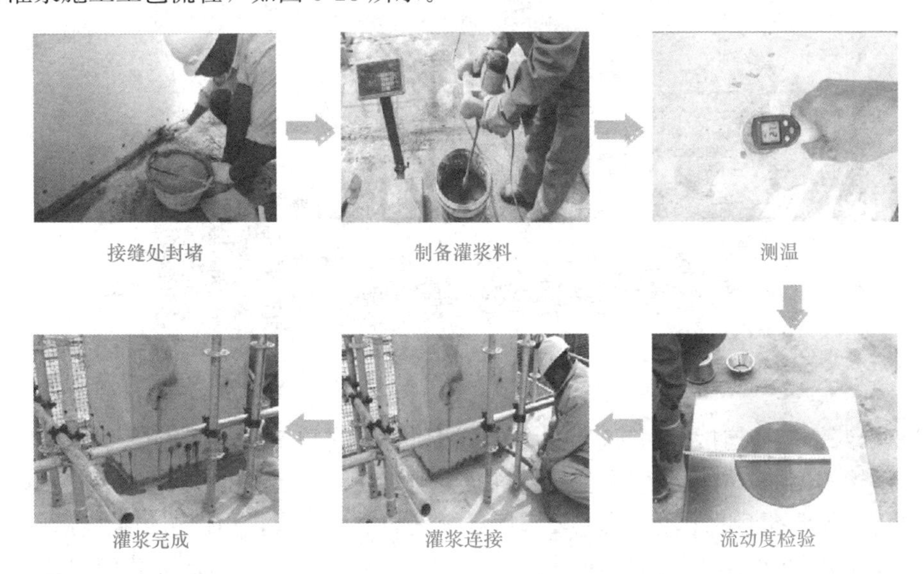

图 5-23　灌浆施工工艺流程

①纵向钢筋连接接头灌浆施工工艺流程。拆除构件上灌浆排浆管封堵→灌浆施工准备→制备灌浆料→灌浆料检验→逐个或分批向套筒、连接空腔灌浆→套筒排浆管孔流出水泥砂浆后，立即封堵灌浆孔和排浆管孔→检查构件各个接头灌浆情况。纵向灌浆机灌浆如图 5-24 所示。

图 5-24　纵向灌浆机灌浆

②横向钢筋连接接头灌浆施工工艺流程。制作钢筋插入标记→套筒位置固定→套筒固定位置检查→灌浆施工准备→制备灌浆料→灌浆料检验→逐个向套筒灌浆→套筒排浆管孔流出水泥砂浆后，立即封堵灌浆孔和排浆管孔→检查构件各个接头灌浆情况。横向胶枪灌浆如图 5-25 所示。

图 5-25　横向胶枪灌浆

(2)钢筋浆锚搭接连接。钢筋浆锚搭接连接是指在预制混凝土构件中预留孔道，在孔道内插入需搭接的钢筋，并灌注水泥基灌浆料而实现的钢筋搭接连接方式，如图 5-26 所示。

浆锚搭接预留孔洞的成型方式主要有埋置螺旋的金属内模，构件达到强度后旋出内模；预埋金属波纹管做内模，完成后不抽出。采用金属内膜旋出时容易造成孔壁损坏，也比较费工，因此金属波纹管方式可靠简单。国内应用较多的主要有钢筋约束浆锚搭接连接和金属波纹管浆锚搭接连接技术。在预制构件中有螺旋箍筋约束的孔道中进行搭接的技术，称为钢筋约束浆锚搭接连接。墙板主要受力钢筋采用插入一定长度的钢套筒或预留金属波纹管孔洞，灌入高性能灌浆料形成的钢筋搭接连接技术，称为金属波纹管浆锚搭接连接。金属波纹浆锚管采用镀锌钢带卷制形成的单波或双波形咬边扣压制成的预埋于预制钢筋混凝土构件中用于竖向钢筋浆锚接的金属波纹管。预制内墙板间、外墙间竖向钢筋的金属波纹管浆锚搭接连接，如图 5-27、图 5-28所示。

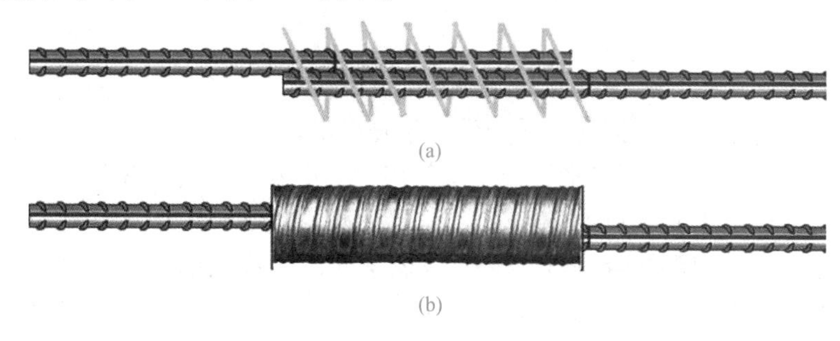

图 5-26　浆锚搭接连接

(a)钢筋螺旋浆锚搭接；(b)金属波纹管浆锚搭接

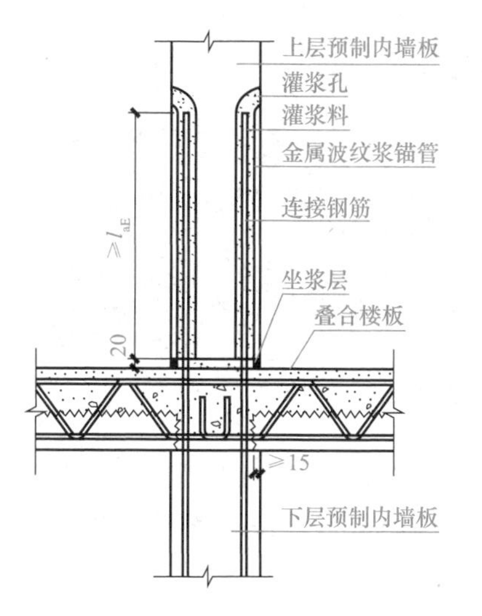

图 5-27　预制内墙板间竖向钢筋的金属波纹管浆锚搭接连接

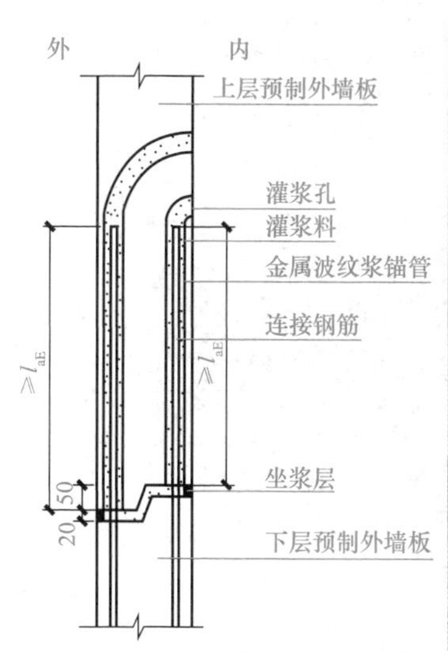

图 5-28　预制外墙板间竖向钢筋的金属波纹管浆锚搭接连接

(3)水平锚环灌浆连接。水平锚环灌浆连接是指同一楼层预制墙板拼接处设置后浇段，预制墙板侧边甩出钢筋锚环并在后浇段内相互交叠而实现的预制墙板竖缝连接方式。

2. 接缝处混凝土的连接

与预制构件接缝处的现浇混凝土通常是指与装配层衔接的转换层。该层的现浇混凝土质量控制是否合格及预留钢筋插筋等预埋件定位是否准确将直接影响装配层能否顺利施工。

(1)伸出钢筋定位方法。保证现浇混凝土伸出钢筋准确性的通常做法是使用钢筋定位模板的方式。首先，根据不同部位的钢筋直径、间距及位置编制设计钢筋定位模板方案，方案中要根据工程特点和现场实际情况，充分考虑钢筋定位模板的安装、校正和固定方式是否有效，是否牢固可靠，是否能够确保定位钢筋的精度要求。方案经审核无误后，需交专业厂家根据方案要求的材质、规格尺寸及数量进行钢筋定位模板加工制造，加工过程中要确保加工制作精度，如图 5-29 和图 5-30 所示。

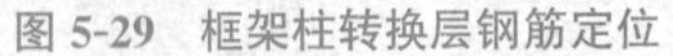

图 5-29　框架柱转换层钢筋定位

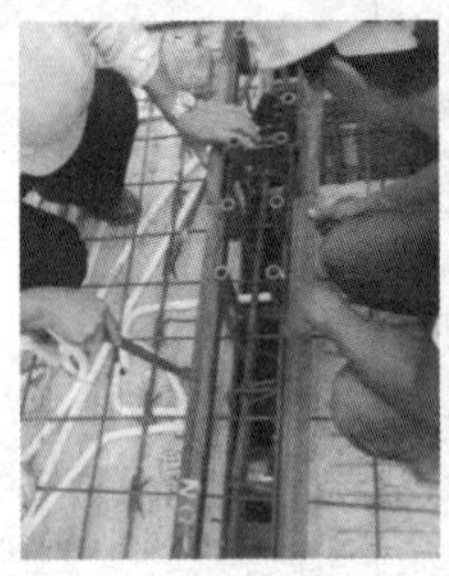

图 5-30　剪力墙转换层钢筋定位

钢筋定位模板在安装过程中，要根据楼层施工控制线进行安装、校正和固定，其标高、位置必须保证准确，固定要牢固，才能保证现浇混凝土伸出钢筋位置定位准确，长度误差在允许范围内，有效地保证预制构件的顺利安装，如图 5-31 所示。

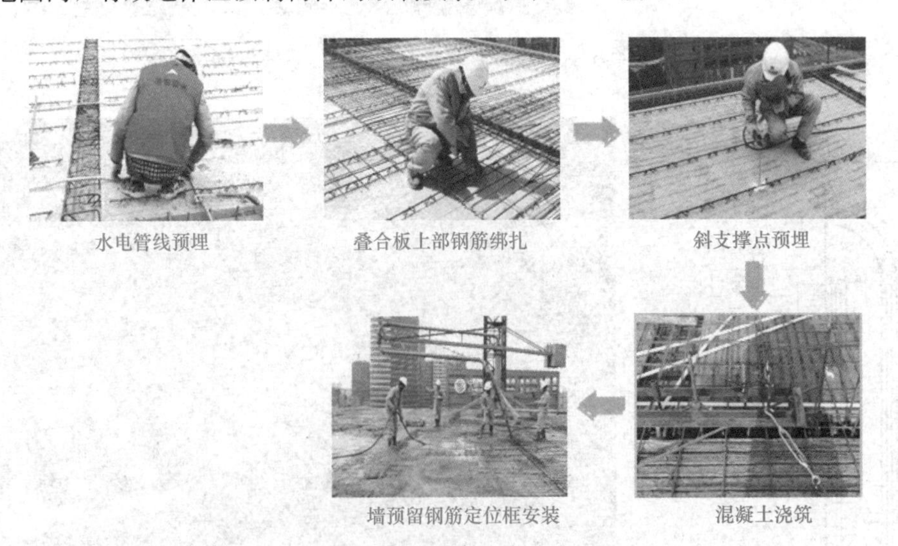

图 5-31　叠合层现浇施工工艺流程

(2)浇筑混凝土注意事项。在混凝土浇筑前，应提前做好隐蔽工程检查。浇筑施工时应注意以下几个方面：

1)浇筑混凝土前，应当将混凝土浇筑部位内垃圾、钢筋上的油污等杂物清除干净，并浇水湿润；

2)对于安装构件所用的斜支撑预埋锚固件(或锚环)，在浇筑混凝土前必须按照设计位置进行准确定位，并与楼板内的钢筋连接在一起；

3)浇筑混凝土时应分段分层连续进行，每层浇筑高度应根据结构特点、钢筋疏密程度决定；

4)浇筑混凝土时，应经常观察预制构件、现浇部位模板、预留钢筋、预留孔洞、预埋件、预埋水电管线、插筋及钢筋定位模板等有无移动和变形，如发现问题应立即停止浇筑，并应在已浇筑的混凝土初凝前处理完毕，方可继续施工。

5.1.4 施工质量控制

装配整体式混凝土结构工程施工质量控制就是控制好各建设阶段的工作质量及施工阶段各工序质量，从而确保工程实体能满足相关标准规定和合同约定要求。装配整体式混凝土建筑施工安装环节的质量控制的内容如下：

(1)钢筋连接用灌浆套筒连接接头工艺检验。在确认钢筋套筒接头和套筒产品的检测报告符合要求后，需进行接头拉伸试验确认其实际连接质量。在施工同等条件下，模拟现场连接工况，制作钢筋接头，灌浆连接可按现场极限情况钢筋在套筒内贴壁安装，灌浆连接后密封，在室温条件下养护 28 d 后，进行拉伸试验，试件强度应达到设计指标。

(2)钢筋和套筒连接的定位准确。采用专业的模板，配备专用的钢筋、套筒固定件，按照《钢筋机械连接技术规程》(JGJ 107—2016)的相关要求，将模板上加工的钢筋和套筒定位孔位置偏差控制在允许范围内。

(3)构件安装节点质量控制。构件连接点钢筋交错密集，注意钢筋检查避让情况，吊装方案要按拆分设计考虑吊装顺序，吊装式则必须严格按吊装方案控制顺序。

(4)灌浆作业质量控制。构件连接面处理干净，保证灌浆通道通畅；灌浆料现场拌制时按产品规定的强度、流动性、搅拌时间等要求进行操作；灌浆作业时需按正确工艺执行，检查接头灌浆锚固长度等质量合格。

5.2 装配式钢结构施工

钢结构施工包括基础施工、钢结构主体结构安装、外围护结构安装等。不同钢结构施工工艺流程有所不同，下面以轻型钢结构为例介绍。

5.2.1 施工准备

1. 轻型钢结构施工准备工作

钢柱基础施工时，应做好地脚螺栓定位和保护工作，控制基础和地脚螺栓顶面标高。基础施工后应按以下内容进行检查验收：

(1)各行列轴线位置是否正确；

(2)各跨跨距是否符合设计要求；

(3)基础顶标高是否符合设计要求；

(4)地脚螺栓的位置及标高是否符合设计及规范要求。

构件在吊装前应根据《钢结构工程施工质量验收标准》(GB 50205—2020)中的有关规定，检验构件的外形和截面几何尺寸，其偏差不允许超出规范规定值；构件应依据设计图纸要求进行编号，弹出安装中心标记。钢柱应弹出两个方向的中心标记和标高标记；标出绑扎点位置；丈量柱长，其长度误差应详细记录，并用油笔写在柱子下部中心标记旁的平面上，以备在基础顶面标高二次灌浆层中调整。

2. 钢构件质量资料检查及构件堆放

构件进入施工现场，须有质量保证书及详细的验收记录；应按构件的种类、型号及安装顺序在指定区域堆放。构件地层垫木要有足够的支撑面，以防止支点下沉；相同型号的构件叠层时，每层构件的支点要在同一直线上；对变形的构件应及时矫正，检查合格后方可安装。

3. 轻钢结构安装机械选择

轻钢结构的构件相对自重轻，安装高度不大，因而，构件安装所选择的起重机械多以行走灵活的自行式(履带式)起重机和塔式起重机为主。所选择的塔式起重机的臂杆长度应具有足够的覆盖面，要有足够的起重能力，能满足不同部位构件起吊要求。多机工作时，臂杆要有足够的高度，有能不碰撞的安全转运空间。

对有些质量比较轻的小型构件，如檩条、彩钢板等，也可以直接由人力吊升安装。起重机的数量，可根据工程规模、安装工程大小及工期要求合理确定。

5.2.2 钢结构安装施工

1. 结构安装方法

轻钢结构安装可采用综合吊装法或分件吊装法。采用综合吊装法，先吊装一个单元(一般为一个柱间)的钢柱(4～6 根)，立即校正固定后吊装屋面梁、屋面檩条等，等一个单元构件吊装、校正、固定结束后，依次进行下一单元。屋面彩钢板可在轻钢结构框架全部或部分安装完成后进行。

分件吊装法是将全部的钢柱吊装完毕后，再安装屋面梁、屋面(墙面)檩条和彩钢板。分件吊装法的缺点是行机路线较长。

2. 构件的吊装工艺

(1)钢柱的吊装。钢柱起吊前应搭好上柱顶的直爬梯；钢柱可采用单点绑扎吊装，绑扎点宜选择在距柱顶 1/3 柱长处，绑扎点处应设置软垫，以免吊装时损伤钢柱表面。当柱长比较大时，可采用双点绑扎吊装。

钢柱宜采用旋转法吊升，吊升时宜在柱脚底部拴好拉绳并垫以垫木防止钢柱起吊时柱脚拖地和碰坏地脚螺栓。

钢柱对位时，一定要使柱子中心线对准基础顶面安装中心线，并使地脚螺栓对孔，注意钢柱垂直度，拧上四角地脚螺栓临时固定后，方可使起重机脱钩。钢柱校正后，应将地脚螺栓紧固，并将垫板与预埋板及柱脚底板焊接固定。

(2)屋面梁的吊装。屋面梁在地面拼装并用高强度螺栓连接紧固。屋面梁宜采用两点对称绑扎吊装，绑扎点要设置软垫，以免损伤构件表面。

(3)屋面檩条、墙梁的安装。薄壁轻钢檩条，由于质量轻，安装时可用起重机或人力吊升。当安装完一个单元的钢柱、屋面梁后，即可进行屋面檩条和墙梁的安装(图 5-32)。

图 5-32　钢屋面檩条、墙梁吊装

(4)屋面和墙面彩钢板安装。屋面檩条、墙梁安装完毕，就可进行屋面、墙面彩钢板的安装。一般是先安装墙面彩钢板，后安装屋面彩钢板，以便于檐口部位的连接。

(5)补漆。轻钢结构安装完工后，需进行节点补漆和最后一遍涂装，涂装所用材料同基层上的涂材料。由于轻钢结构构件比较单薄，安装时构件稳定性差，需采用必要的措施，防止吊装变形。

5.2.3　施工质量控制

1. 原材料及成品进场验收

钢结构各分项工程实施现场的主要材料、零(部)件、成品件、标准件等产品的进场验收。检验批进场验收原则上应与各分项工程检验批一致，也可以根据工程规模及进料实际情况划分检验批。

2. 钢结构各分项工程的质量验收标准

钢结构各分项工程的质量验收标准应符合《钢结构工程施工质量验收标准》(GB 50205—2020)的要求。

3. 钢结构分部工程竣工验收

根据《建筑工程施工质量验收统一标准》(GB 50300—2013)的规定，钢结构作为主体结构之一应按子分部工程竣工验收；当主体结构均为钢结构时应按分部工程竣工验收。

根据《钢结构工程施工质量验收标准》(GB 50205—2020)的规定，钢结构分部(子分部)工程合格质量标准应符合下列规定：

(1)各分项工程合格质量标准；

(2)质量控制资料和文件应完整；

(3)有关安全及功能的检验和见证检测结果应符合规范相应合格质量标准的要求；
(4)有关观感质量应符合规范相应合格质量标准的要求。

4. 钢结构工程竣工验收提供的文件和记录

钢结构工程竣工验收时应提供下列文件和记录：
(1)钢结构工程竣工图纸及相关设计文件；
(2)施工现场质量管理检查记录；
(3)有关安全及功能的检验和见证检测项目检查记录；
(4)有关观感质量检验项目检查记录；
(5)分部工程所含各分项目工程质量验收记录；
(6)分项工程所含各检验批质量验收记录；
(7)强制性条文检验项目检查记录及证明文件；
(8)隐蔽工程检验项目检查验收记录；
(9)原材料、成品质量合格证明文件、中文标志及性能检测报告；
(10)不合格项的处理记录及验收记录；
(11)重大质量、技术问题实施及验收记录；
(12)其他有关文件和记录。

5.3 装配式木结构施工

5.3.1 施工准备

(1)装配式木结构施工前应编制施工组织设计，典型独立式轻木建筑的施工进度和步骤如图 5-33 所示。

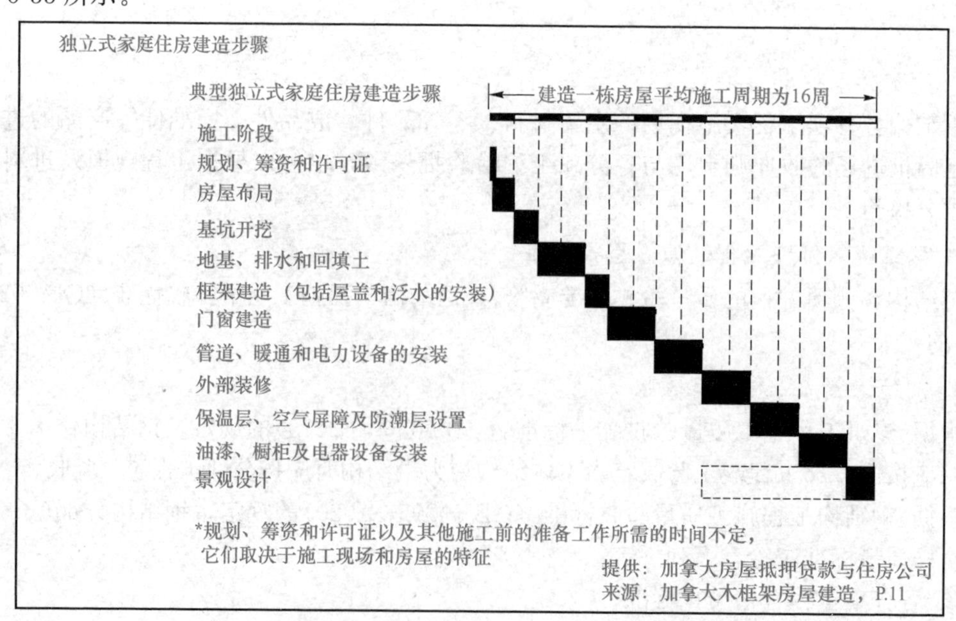

图 5-33 典型独立式轻木建筑的施工进度和步骤

(2)施工前应制订专项施工方案。专项施工方案的内容应包括安装及连接方案、安装的质量管理及安全措施等项目。

(3)安装人员应培训合格后上岗，特别是大型起重机械设备的操作培训。

(4)起重设备、吊索吊具的配置与设计。

(5)吊装。

(6)临时堆放与安装场地准备，或在楼层平面进行上一层楼的部品组装。

(7)对于安装工序要求负责的组件，宜选择有代表性的单元进行试安装，并根据试安装结构，对方案进行调整。

(8)施工安装前，应检验混凝土基础部分是否满足木结构施工安装精度要求；检查安装用材料及配件是否符合设计和国家标准与规范的要求；检查预制构件外观质量、尺寸偏差、材料强度和预留连接位置等；检验预留管线、线盒、连接件及其他配件的型号、数量和位置与固定措施。

(9)测量放线等。

5.3.2 木结构安装施工

1. 吊点设计

吊点设计由设计方给出，应符合以下要求：

(1)对于已拼装构件，应根据结构形式和跨度确定吊点，施工方需进行试吊，证明结构具有足够的刚度后方可开始吊装。

(2)杆件吊装宜采用两点起吊，长度较大的构件可采取多点吊装。

(3)长细杆件应复核吊装过程中的变形及平面外稳定；板件类、模块化构件应采用多点吊装，组件上应由明显的吊点标识。

2. 吊装要求

(1)对刚度差的构件，应根据其在提升时的受力情况用附加构件进行加固。

(2)吊装过程应平稳，构件吊装就位时，应使其拼装部位对准预设部位垂直落下。

(3)正交胶合木墙板吊装时，宜采用专用吊绳和固定装置，移动时采用锁扣扣紧。

(4)竖向组件和部件应符合以下规定：底层构件安装前，应复核结合面标高，并安装防潮垫或其他防潮措施；其他层构件安装前，应复核已安装构件的轴线位置、标高；柱安装应先调整标高，再调整水平位移，最后调整垂直偏差，都应符合设计要求；调整柱垂直度的缆风绳应在柱起吊前在地面绑扎好；校正构件安装轴线位置后，初步校正构件垂直度并紧固连接节点，同时采取临时固定措施。

(5)水平组件安装应复核支撑位置连接件的坐标，与金属、砖、混凝土等的结合部位采取相应的防潮、防腐措施。

(6)安装柱与柱之间的主梁构件时，应对柱的垂直度进行检测。

(7)当采用逐榀吊装时，按间距要求在地面用永久性或临时性支撑组合成数榀后一起吊装。

3. 临时支撑

构件安装后应设置防止失稳或倾覆的临时支撑，可通过临时支撑对构件的位置和垂直度进行调整。水平临时支撑不宜少于两道，预制柱、墙的临时支撑，支撑点距离底部不宜小于高度的2/3，且不应小于高度的1/2。吊装就位的桁架，应设置临时支撑保证其安全和垂直度。当采用逐榀吊装时，第一榀桁架的临时支撑应有足够的能力防止后续桁架的倾覆，位置应与被制成桁架的上弦杆的水平支撑点一致，支撑的一端应可靠地锚固在地面或内侧楼板上。

4. 连接施工

木结构的连接形式很多，本节主要讨论常用的螺栓连接和植筋连接。

(1)木结构螺栓连接，应符合下列规定：

1)竹木结构的各构件结合处应密合，未贴紧的局部间隙不得超过 5 mm，不得有通透缝隙，不得用木楔、金属板等塞填接头的不密合处。

2)用竹木夹板连接的接头钻孔时应将各部分定位并临时固定一次钻通。当采用铜夹板不能一次钻通时应采取措施，保证各部件对应孔的位置大小一致。

3)除设计文件规定外，螺栓垫板的厚度不应小于螺栓直径的 30%，方形垫板边长或膜垫板直径不应小于螺栓直径的 3.5 倍，拧紧螺母后螺杆外露长度不应小于螺栓直径的 80%。

4)螺栓中心位置在进孔处的偏差不应大于螺栓直径的 20%，出孔处平行木纹方向偏差不应大于螺栓直径的 1.0 倍，垂直木纹方向偏差不应大于螺栓直径的 50%，且不应大于连接板宽度的 1/25，螺母拧紧后各构件应紧密结合，局部缝隙不应大于 1 mm。

5)钻头直径应与螺杆或拉杆的直径配套，受剪螺栓的孔径不应大于螺栓直径 1 mm，不受剪螺栓的孔径可较螺栓大 2 mm。

6)混凝土结构与竹木结构之间宜采用金属连接件过渡连接，施工时，混凝土中宜预埋定位螺杆便于安装位置调整。

(2)木结构植筋连接，应符合下列规定：

1)植筋用钢筋或螺杆应进行除锈处理，除锈时不得使螺牙或者钢筋肋受损。

2)构件植筋孔宜比钢筋或螺杆大 4～6 mm，注胶时植筋孔内不应有气泡。

3)植筋锚固长度不宜小于 $20d$(d 为植筋直径)。

剪板连接所用的剪板规格应符合设计文件的规定，螺栓或螺钉孔的直径与剪板螺栓孔之差不应大于 1.5 mm。

所有木构件安装完毕，并对结构验收合格后，对木构件进行现场的二次涂刷，涂刷应采用与构件制作相同的涂料和相同的涂刷工艺。管线穿越木构件时，开洞应在防护处理前完成：防护处理后必须开孔洞时，开孔洞后应用喷涂法补做防护处理。层板胶合木构开孔后应立即用防水材料密封。木构件与砌体、混凝土的接触处及支座垫木应做防腐处理。

5. 木框架-剪力墙结构施工

木框架-剪力墙体系是一种将木剪力墙填充于木框架中的结构体系，木剪力墙承受主要的水平荷载，木框架承受主要的竖向荷载。木框架-剪力墙体系和连接示意如图 5-34 所示。木框架-剪力墙体系采用拼装式施工，各个构件均在工厂中预制完成，现场组装。

(1)木剪力墙拼装的施工流程。木结构构件先在工厂中制作完成进行二次加工，先进行木剪力墙的预拼装。木剪力墙的制作按先单侧墙骨柱框架，再木基结构板，最后双侧墙骨柱框架拼装的顺序进行(图 5-35)。具体拼装：按照设计图纸，先将墙骨柱、顶梁板、底梁板组成墙骨柱框架，墙骨柱框架之间采用钉连接；再将木基结构板通过长为 70～90 mm 的钉固定于一侧墙骨柱框架上；最后在木基结构板的另一侧固定墙骨柱框架，形成中间木基结构板两侧墙骨柱框架的木剪力墙。墙体柱间距宜为 400～600 mm，钉间距应小于或等于 200 mm，面板边缘钉间距宜适当加密。

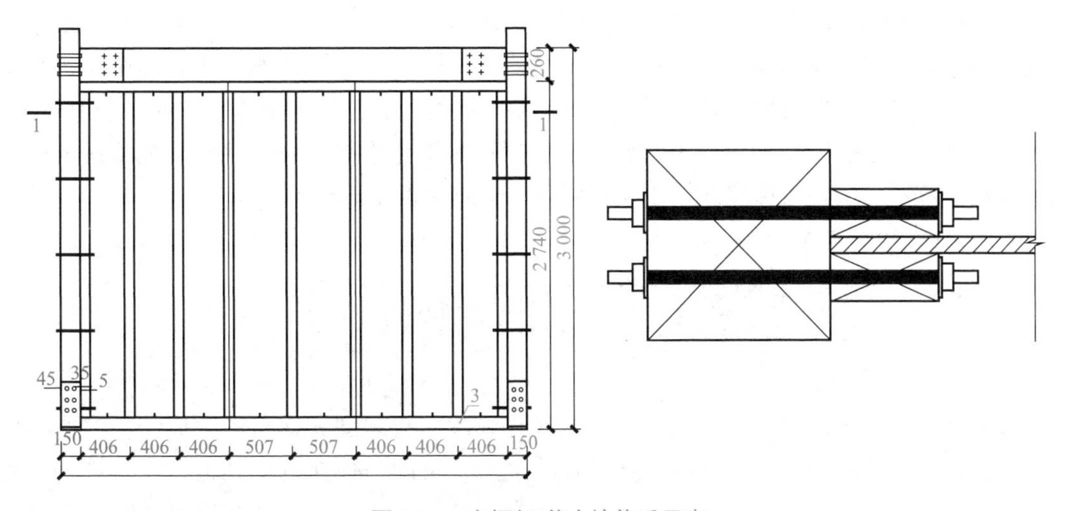

图 5-34　木框架-剪力墙体系示意

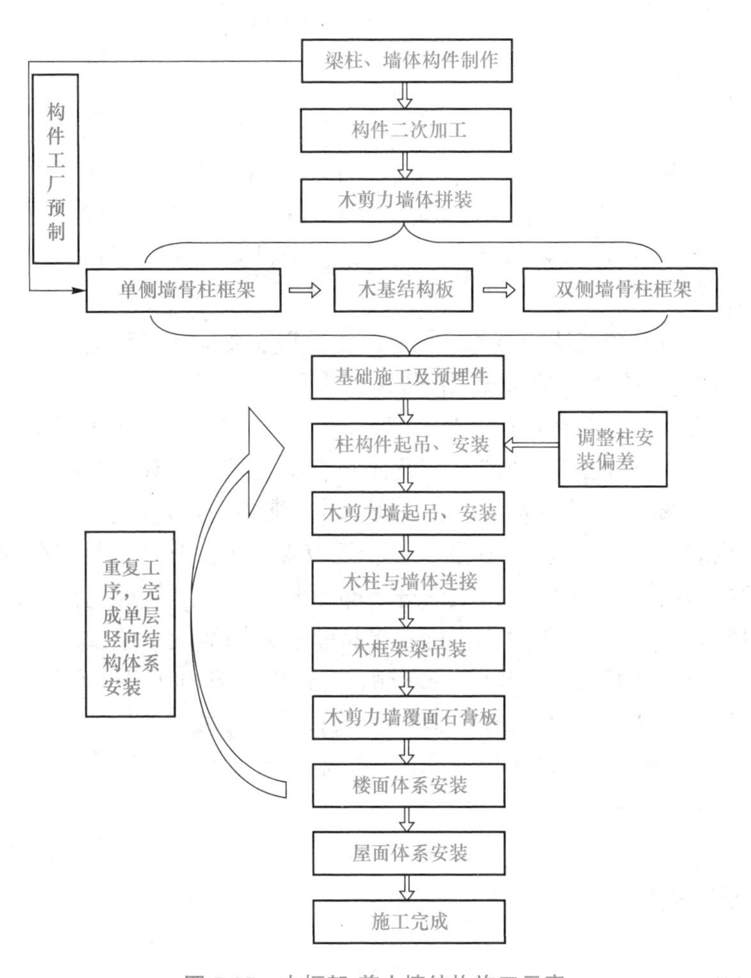

图 5-35　木框架-剪力墙结构施工示意

(2)竖向结构体系安装的施工流程。先进行柱构件的起吊安装，然后依次是木剪力墙的起吊安装、木柱与墙体连接、木框架的吊装、木剪力墙覆面石膏板。

(3)楼屋面体系安装的施工流程。在竖向结构体系安装后进行楼屋面体系安装。重复单层的安装步骤直至完成整层，最后进行屋面体系的安装。木结构的基础工程施工时，与基础直连的柱和墙应设置防水、防潮层；安放在基础墙的顶部并锚固的木地梁应经防腐处理；常采用基础上预埋螺栓或后植筋来达到锚固作用；为防止木材发生霉变和腐烂，在通风不良的湿热条件下，木结构房屋底层楼盖宜架空，架空层高度常取 60 cm。

5.4 装配式装修施工

作为装配式建筑的重要组成部分，装配式装修需要与装配式建筑的主体结构、外围护系统、设备管线系统相协调，且应遵守设计、生产、装配一体化的原则进行整体策划，明确各分项工程的施工界面、施工顺序与避让原则，总承包单位应对装配式内装修施工进行精细化管理及动态管理。

5.4.1 施工准备

(1)装配式装修施工前，应进行设计交底工作，编制专项施工方案。专业施工方案主要内容应包括工程概况、编制依据、施工准备、主要施工方法及工艺要求、施工场地布置、部品构件运输与存放、进度计划(含配套计划)及保障措施、质量要求、安全文施措施、成品保护措施及其他要求等。

(2)装配式装修各分项工程安装施工前，根据工程需要应核对已施工完成的建筑主体的外观质量和尺寸偏差，确认设备与管线预留预埋符合设计文件的要求。

(3)内装部品部件进场时间应遵循施工组织设计及专项施工方案的规定，且应进行进场检验，其品种、规格、性能和外观应符合设计要求及现行国家有关标准的规定，并应形成相应的验收记录。主要部品应提供产品合格证书或性能检测报告。

(4)装配式内装修部品存放时，应按安装位置及安装顺序分类存放，存放区域宜实行分区管理和信息化台账管理。装配式内装修进场部品的靠(插)放架或托盘应具有足够的承载力和刚度，并应采取保持支架稳固的措施。部品的堆放场地应平整、坚实，并应按部品的保管技术要求采取相应的防雨、防潮、防暴晒、防污染、防相互摩擦等措施。

(5)施工单位应对装配式内装修的现场施工人员进行相关专业的培训。装配式内装修培训应依据施工特点，制定各工种培训标准，进行施工入场安全培训、岗前专业技术培训及施工现场管理培训有效结合。

5.4.2 部品安装

1. 地面安装

基层清理→放线定位模块标高线→排板组装首模块→摆放地脚组件→安装模块→铺设地暖管→放置平衡层→调平→模块拼缝封闭→安装分集水器→室内地暖系统打压→铺设板块地板，如图 5-36 所示。

图 5-36　地面安装示意

2. 墙面安装

弹线、分档→固定天地龙骨→固定边框龙骨→安装竖向龙骨→安装固定件→水电管路敷设→填充岩棉板→安装墙面板→接缝及护角处理，如图 5-37 所示。

图 5-37　墙面安装示意

3. 吊顶安装

沿包覆板上安装边龙骨→吊顶内水电管线隐检→铺设起始吊顶板→安装横龙骨→铺板及龙骨→灯具等设备安装收口→吊顶板调整→收边清理，如图 5-38 所示。

图 5-38　吊顶安装示意

4. 内门窗安装

立框安装→上框安装→门扇安装→泡沫填充→五金安装→门顶安装→打胶收口。

5. 集成厨房安装

对与墙体结构连接的吊柜、电器、燃气表等部品前置安装加固板或预埋件、安装墙板、安装顶板、安装门、窗、安装橱柜；台面与墙面连接处打胶，如图 5-39 所示。

6. 集成式卫生间安装

确定安装位置和防水盘标高→安装防水盘→连接排水管→安装壁板→沿壁板外侧连接

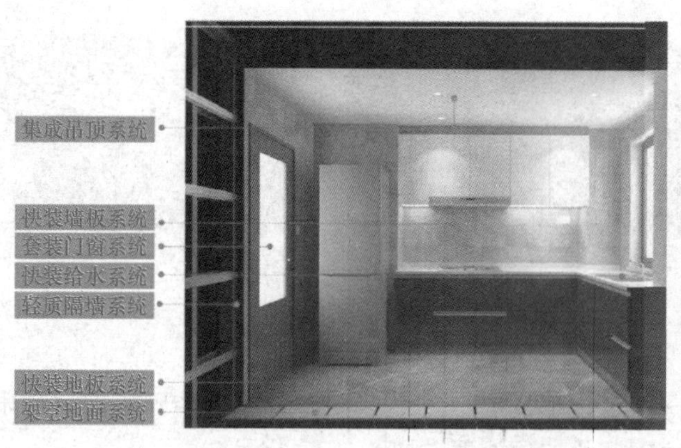

图 5-39　集成厨房安装示意

给水管→安装顶板→连接顶板上电气设备→安装卫生间门、窗→安装卫生间内洁具，如图 5-40 所示。

图 5-40　集成式卫生间安装示意

5.4.3　施工质量控制

(1)装配式内装修工程施工，具备并行施工条件时可提前分项验收。

(2)装配式内装修工程中使用的部品应按进场批次进行检验。抽样样本应随机抽取，满足分布均匀、具有代表性的要求。

(3)装配式内装修工程中使用的部品应包装完好，具备产品出厂合格证、中文产品说明书、性能检测报告等；单一材质部品应具备主材检测报告，复杂材质部品应具备型式检验报告。

(4)装配式内装修工程验收工作应先检验基层质量和部品质量，然后检验隐蔽工程和各分项工程，最终形成全部验收文件。

(5)当装配式内装修工程中采用了首次使用的新技术、新工艺、新材料和新设备时，应具备相应的评审报告。

(6)装配式内装修工程应在工程完工 7 天后，工程交付使用前进行室内环境质量验收。

第6章 一体化装修

一体化装修是装配式建筑的主要特征之一，《关于大力发展装配式建筑的指导意见》要求“推进建筑全装修。实行装配式建筑装饰装修与主体结构、机电设备协同施工。积极推广标准化、集成化、模块化的装修模式，促进整体厨卫、轻质隔墙等材料、产品和设备管线集成化技术的应用，提高装配化装修水平。倡导菜单式全装修，满足消费者个性化需求。”一体化装修将“建筑”作为一个完整的“产品”来思考，建筑结构与内装修同步一体交付，装修作为建筑产品中一个必不可少的环节。

6.1 全装修

装配式建筑要求推进建筑全装修，推广应用标准化、集成化、模块化的装修部品系统，提高装配化装修水平。装配式建筑结构与装修的一体化设计是实现一体化装修的关键，一体化设计，一方面可以避免传统装修因环节滞后导致材料浪费、尺寸不匹配或施工时对建筑主体结构的破坏等情况，从而减少浪费并有效提高建筑的使用寿命；另一方面通过装修前置，提高主体结构、机电设备与装修的兼容性和适应性，有利于模数协调，提高装修部品的出材率，提高资源配置效率。

6.1.1 全装修的概念

全装修是指在交付前，住宅建筑内部墙面、顶面、地面全部完成，门窗、固定家具、设备管线、开关插座及厨房、卫生间固定设施安装到位；公共建筑公共区域的固定面全部完成，水、暖、电、通风等基本设备全部安装到位[①]。全装修成品住宅的建设实现了土建工程和室内装修的设计施工一体化，从设计阶段就要和主体结构、机电设备统筹考虑，多专业协同，在施工安装中与主体结构可以整体安排、穿插进行，可大幅度减少建筑垃圾、粉尘和噪声污染。

以全装修房屋交付模式取代传统的毛坯房交付模式，有利于满足人民对美好生活的向往；有利于提升城市环境品质，减少建筑垃圾和扬尘；有利于推动建筑节能减排和绿色发展；有利于优化住宅产品结构，促进建筑业、房地产业转型升级。

---

① 来源：《绿色建筑评价标准》(GB/T 50378—2019)。

6.1.2 全装修的分类

全装修强调装修的范围与交付成果，强调给购房者的交付方式是成品房交付。

全装修按照交付的效果不同可分为“精装修”与“简装修”。“精装修”更侧重装修的档次，多采用知名品牌的部品部件，地面通常采用地板、石材等高档材料，墙面和顶面有石膏边等装饰，厨房和卫生间采用知名品牌橱柜、洁具等，购房者可以拎包入住；“简装修”与之相对应，更侧重交付的实用性、经济性。“简装修”与“精装修”是根据用户的购买能力和居住需求所提供的不同类型的全装修成品房。

装修按照施工的工艺不同，可分为传统湿作业装修和装配化装修。传统湿作业装修以手工湿作业为主，现场采用水泥、砂浆等湿作业为主；装配化装修以工厂生产为主，现场部品进行组装，过程为干法作业，是目前新兴的装修方式。装配化装修室内工程主要包括吊顶、墙体墙面、地面装饰、收纳、设备管线等；装配化装修室外工程主要包括外墙体装饰、散水及附属工程等。由于篇幅所限，装配化装修室外工程下文不予详述。

6.2 装配化装修

6.2.1 装配化装修的概念

装配化装修是指采用干式工法，将工厂生产的装修部品部件、设备和管线等在现场进行组合安装的一种装修方式。装配化装修基于CSI理念发展起来的，2010年10月，住房和城乡建设部住宅产业化促进中心主编的《CSI住宅建设技术导则(试行)》出版。CSI住宅是指我国特色的支撑体住宅技术体系，在吸收开放建筑理论基础之上，借鉴日本KSI住宅建设经验、结合我国国情而建立的新型住宅建筑体系。S是指支撑体(Skeleton)，建筑主体结构追求长寿命，设计使用年限按百年进行设计；I就是填充物(Infill)，包括除主体结构外建筑装饰材料、机电设备、管线等。装配化装修实现了建筑支撑体与填充物分离，强调管线与结构体分离、装修与结构体分离。CSI住宅从技术体系和产品体系的角度系统性地为质量通病提供了解决方案，提高了住宅使用寿命和工业化水平，减少了建筑垃圾。同时，它还促进了建筑业的结构调整：从工地到工厂，拉长了住宅产业链，成为我国改变增长方式的新着力点，促进建筑业的转型升级。

装配化装修综合考虑结构系统、外围护系统、设备与管线系统等进行一体化设计。装配化装修的所有部品部件标准化设计，定制化生产，现场干式工法作业，提高施工效率，优化建筑功能，减少浪费，降低成本(图6-1)。

图6-1 装配化装修施工

装配化装修区别于传统现场湿作业的装修方

式。在装配式建筑的建造过程中，装配化装修与装配式建筑的主体结构、机电设备等系统进行一体化设计与同步施工。

装配化装修是装配式建筑的重要环节和组成部分，具有工程质量易控，提升工效、节能减排、易于维护的优点，充分体现了装配式建造方式的优势。

6.2.2 传统湿作业装修的弊端

当前我国装饰装修市场仍以传统湿作业装修模式为主，在"碳达峰　碳中和"的背景下，传统装饰装修的弊端更加明显。

(1)分散的手工作坊式施工。大部分装饰装修项目按照现场条件"量身裁衣"，现场利用小型加工机具进行加工安装，主要依靠体力及手工进行施工，是典型的劳动密集型产业，装饰施工单位及其从业人员社会地位低下，社会认同度较低。

(2)工程质量呈下降趋势。手工作坊式作业决定了装饰装修工程的施工质量更多取决于工人的手工水平，施工质量难以得到保证。因人口红利的淡去和新一代职业选择的偏好，装修施工作业人员越来越少，工人手工水平下降明显，导致大部分装修施工质量下降。

(3)施工材料浪费严重。由于现场切割多，施工质量无法保证等多种不确定因素的存在，传统湿作业装修模式的材料浪费高达5%～10%，浪费严重。

(4)施工现场环境较差。现场加工、现场安装的方式使得施工现场管理较为混乱，特别是工期较紧的项目更为严重，现场加工余料及水泥、砂等辅助材料杂乱，施工垃圾众多，文明施工及环境保护无法得到充分保证，尤其油漆的现场施工对室内的空调管线及室内空气质量影响较大。

(5)技术含量低，行业竞争混乱。装修施工行业技术含量低，行业竞争混乱，施工队伍素质参差不齐，施工人员流动性大，行业恶行竞争问题突出。

6.2.3 装配化装修的优势

相对于传统湿作业装修，装配化装修的优势主要有以下几个方面：

(1)提高装饰工程质量。主要部品部件均在工厂内加工完成，产品质量稳定，确保装修施工质量的稳定性。

(2)缩短装修施工工期。主要工作量在工厂完成，对现场环境要求较低，现场安装工作量小，安装时间较少，能大大缩短装配式建筑施工工期。

(3)改善现场施工环境。所有部品部件加工在工厂内完成，现场不会产生施工垃圾，将大大改善施工环境；由于饰面已在工厂完成，有害物质在现场挥发大幅度下降，因此施工现场环境友好，为文明施工创造了条件。

(4)提高技术水平。装配化装修对精确测量、深化设计、工厂化定尺加工、现场安装设备等都提出较高的要求，随着装配化装修的发展，将大大提高装修施工技术水平。

(5)提升行业及企业社会形象。随着装配化装修的稳步推进和施工技术水平的提高，装饰装修行业将告别工人衣着脏乱、神情疲惫地进行手工制作加工状态，改善工地充满噪声、粉尘的恶劣现场环境，告别现场管理人员大声喊叫的传统工作场景，转变为现场少量安装工人在整洁的施工现场有条不紊作业的场景。

6.3 装配化装修部品部件

装配化装修将我国的装修模式从施工现场直接用各种材料湿作业装修为主转变为大量部品部件工厂生产、现场装配安装的新模式，催生了我国装修部品部件制造业的发展。

6.3.1 部品的概念

“部品”一词源于日本，20 世纪 90 年代在研究借鉴日本住宅产业化经验中引入我国。结合日本住宅工业化建设、住宅产业化的经验和我国实际情况，在 2009 年颁布的国家标准《住宅部品术语》(GB/T 22633—2008)中，将住宅部品定义为：有一定的边界条件和配套技术制约，由两个或两个以上的单一产品或复合产品集成，构成住宅某一部位中的一个功能单元，能够满足该部位一项或几项功能要求的产品。在《装配式混凝土建筑技术标准》(GB/T 51231—2016)中，将部品定义为：由工厂生产，构成外围护系统、设备与管线系统、内装系统的建筑单一产品或复合产品组装而成的功能单元的统称。

6.3.2 装配化装修部品部件的特征

装配化装修部品部件是工业化生产的产物，具有标准化、通用化、系列化、规模化和集成化的工业化产品特征。

(1)标准化。装配化装修部品部件具有专门性，是专门为住宅建筑某部位设计和生产的符合该部位要求的部品部件，这与汽车部件是专门根据汽车的特性进行设计和制造类似。装配化装修部品部件的工厂化生产需要依据一定的标准，标准化的生产促进了规模化效益的实现，并保证了施工安装的高效性。要保证部品的标准化需要有专门的部品部件设计标准依据。

(2)通用化。部品部件的通用化是指在标准化的基础上，同一类型不同企业生产的、用途相同、构造相近似的部件。通用化的部品部件可以彼此互换，部品部件的种类和数目控制在合理的范围内，有利于形成规模化的工厂生产。部品部件生产厂商都把各自独立的生产线上生产的部品部件列在目录上组成通用体系，根据各厂商提供的同类部品部件的互换性，一个建设单位可以购进多个厂商生产的部品部件。

(3)系列化。部品系列化是指一组住宅部品具有相同功能、相同的原理方案、基本相同的加工工艺和不同的尺寸特点，便于住宅设计建造中的多样化选择。部品的系列化是工业住宅部品的重要特征，也是丰富产品体系、满足人民美好生活的实现方式。

(4)规模化。工业化住宅部品是工厂大规模生产的产品，与施工现场手工、半手工建造的不同，工厂制作的半成品，需要运输至施工现场再进行简单组装实现应有功能。规模化生产降低工业制造的成本，批量化的产品满足大规模住宅建设的需求。工厂化生产是住宅部品形成标准化安装接口的基础。

(5)集成化。部品集成化建立在部品部件标准化、模数化、模块化之上，将内装与结构分离。部品设计的最小单元是可以工厂生产的装配化装修部品部件。住宅部品是应用技术的载体，通过将空间和机能上密切相关的部分进行集成或以材料为中心、以工种为中心进行集约，以使部品具有满足个性化需求的附加值。部品集成使得原来不能成为单独部品部件或材料可以集成为部品，并进行工厂化的生产，也使得现场组装的部品数量减少，方便施工管理。

6.4 装配化装修部品部件系统集成

装配化装修部品部件系统集成是将住宅部品部件体系优化集成为具有一定规模的大系统的过程。这个大系统不是各个住宅部品的简单堆积，而是借助自动化系统和综合布线网络系统把现有分离的设备、功能、信息组合到一个相互关联的、统一的、协调的系统，从而能够把先进的高技术成果巧妙运用到现有的集成部品，以充分发挥其更大的作用和潜力。

部品系统集成的方式可分为以下两类：

(1)在工厂中将功能匹配的部品集合在一起进行加工制造，离开工厂之前形成功能整合的成品，具有相对独立的使用功能，可运送到施工工地进行组装，这样既有原来组成部分部品的功能，又同时具有新的整体性能，如整体厨房、整体卫生间等。

(2)施工集成是在现场将设计阶段完成的接口进行协调、配合，按照完整的施工方案将部品进行组合安装。装配化装修就是这类集成方式，它在设计阶段已经考虑了所有部品的优化组合和相互配合协调，在现场只需要对批量生产的部品进行安装即可。施工集成可由建设单位委托施工单位统一施工，从而保证建筑的品质和施工的质量。

装配化装修部品部件系统集成将不同的部品部件集合成具有某种功能的集成技术体系，从而提高装配精度、装配速度，并实现绿色装配。装配化装修部品系统包括装配式隔墙系统、装配式楼地面系统、装配式顶棚系统、集成式厨房系统等。

6.4.1 装配式隔墙系统

装配式隔墙系统是指采用工厂预制部品部件进行现场组装的自承重隔墙体系，应选用非砌筑免抹灰的轻质隔墙，目前常见的有龙骨隔墙(图 6-2)、条板隔墙等。新兴的模块化隔墙(图 6-3)是一种集成化、模块化程度更高的轻质隔墙体，在工厂完成墙体预制，现场进行模块化隔墙的快速连接。

图 6-2 装配式钢制墙体系统

图 6-3 模块化隔墙

装配式隔墙系统是标准化、模块化、高精度的墙体系统，可结合声学、防火、隔声、智能应用等功能性设计，具有绿色环保、拆装便捷高效、可重复使用等特点。

6.4.2 装配式楼地面系统

装配式楼地面系统是指采用工厂化预制部品部件进行现场组装，将管线与楼地面分离架空的楼地面系统，主要有架空模块和装饰面层。架空层考虑管线空腔设计，可以敷设给水管、采暖管、强电管、弱电管及通风和智能家居等(图 6-4)。

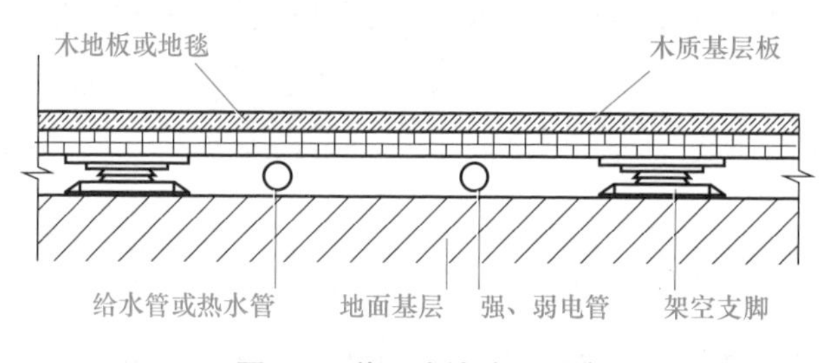

图 6-4 装配式楼地面系统

装配式楼地面可分为条形龙骨架空地面(图 6-5)和点龙骨架空地面(图 6-6)。装配式楼地面系统具备易装配和拆除、绿色、耐久、防火防水、易于维护等优点。

图 6-5 条形龙骨架空地面

图 6-6 点龙骨架空地面

6.4.3 装配式顶棚系统

现代房屋的结构，内装顶棚可以起到遮掩梁柱、管线，隔热、隔声等作用。除这些基础功能以外，内装顶棚的装饰功能也逐渐被重视。

装配式顶棚系统按使用空间可分为厨卫空间顶棚、居室空间顶棚、工业空间顶棚。

装顶棚按主要材料可分为石膏板顶棚、铝扣板顶棚、PVC 板顶棚、木质材料顶棚及其他材料顶棚。

装配式顶棚系统一般由龙骨结构模块、装饰模块、功能模块等构成；龙骨结构模块安装在顶板与吊顶饰面层之间，是起到连接、支撑装饰模块和功能模块作用的结构框架系统；装饰模块是指提供装饰及隔离隐蔽工程功能的单元；功能模块是彼此独立可分别提供如取暖、换气、照明等使用功能的单元。

装配式顶棚系统安装技术有轻钢龙骨石膏板(矿棉板)吊顶技术(图 6-7)、金属集成吊顶技术(图 6-8)和条扣板吊顶技术等。

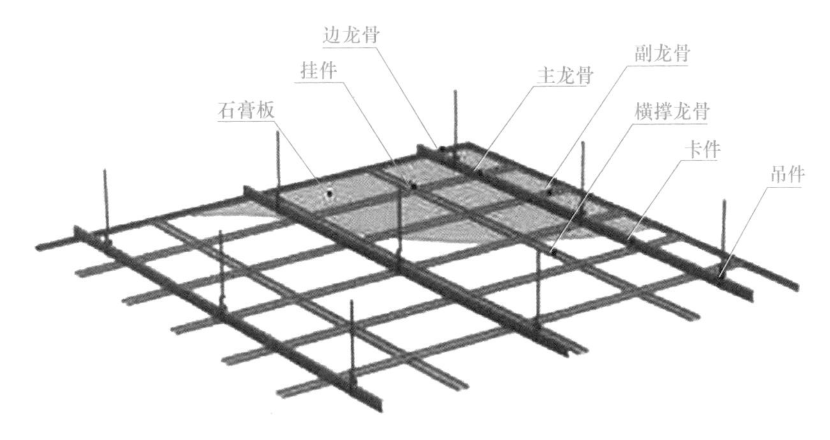

图 6-7　石膏板吊顶的功能构造

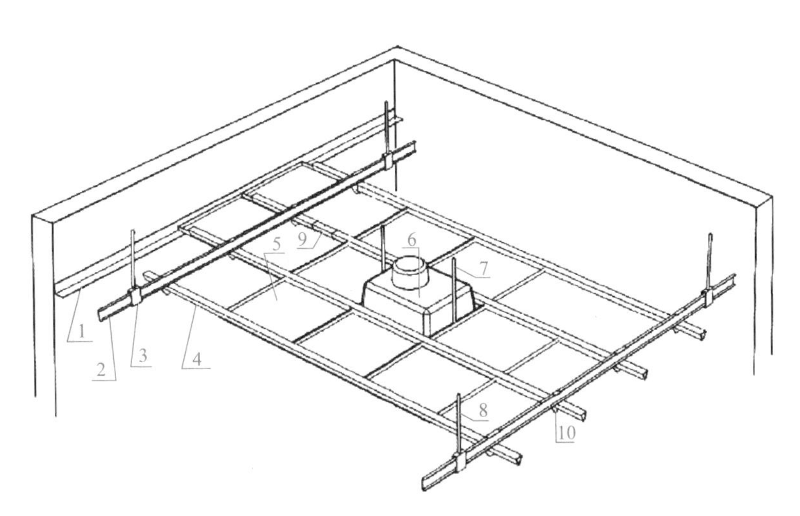

图 6-8　集成板吊顶的功能构造

1—收边龙骨；2—主龙骨；3—龙骨吊件；4—辅龙骨；5—吊顶模块；
6—功能模块；7—加密吊杆；8—主吊杆；9—连接线；10—挂件

6.4.4 集成式厨房系统

集成式厨房是通过集成化的设计将建筑结构、设备管线、装修、橱柜、电器等各种厨房部品进行复合，形成模块，与住宅系统紧密结合(图 6-9、图 6-10)。集成式橱柜是厨房空间的主要部品，橱柜集合了厨房设备的组织、厨房操作的台面、厨房物品的储存三项功能。

图 6-9　集成式厨房系统

图 6-10　集成式厨房的功能构造

厨房空间的合理布局、橱柜与设备的集成化设计、部品规格与空间尺寸的模数协调是集成式厨房设计的重要内容。具体的设计要求如下：

(1)厨房空间及各功能空间应满足基本功能尺寸要求。

(2)厨房空间净尺寸、各功能空间及主要部品与产品规格，均应符合模数协调的标准要求。

(3)为节约空间，有条件的厨房均应采用同层排放技术，排油烟机设备的选型应满足规范对同层排放标准的技术要求。

(4)橱柜应采用模块化设计方法，在空间尺寸协调的同时，应考虑部件的通用性，充分利用功能模块的互换性和易维护性。

厨房的功能设计是部品集成的前提条件，设备的选型、管线的综合布局和接口技术是部品集成的重点，集成式橱柜是厨房部品集成的主要形式。集成式厨房在我国目前住宅产业化进程中有不可替代性，可以提高住宅产业化的整体水平。

6.4.5 集成式卫生间系统

卫生间是住宅中部品集成度最高、使用最频繁的空间(图 6-11)。其设计合理与否对整个住宅的性能品质有至关重要的影响，是住宅设计的重点。集成式卫生间由工厂生产的楼地面、吊顶、墙面（板)和洁具设备及管线等集成并主要采用干式工法装配而成的卫生间。集成式卫生间的开发是建筑部品集成化的典范，需要综合考虑住宅平面布局、面积尺寸、设备管道等因素，实现不同档次的定型化、标准化生产和集成化施工。

图 6-11　集成式卫生间

整体卫生间也称为“整体卫浴”，是由防水底盘、壁板、顶板及支撑龙骨构成主体框架，并与各种洁具及功能配件组合而成的具有一定规格尺寸的独立卫生间模块化产品。在几平方米到十几平方米的空间内要容纳坐便器、洗面器、浴缸等设备部件，以及通风换气设备等。同时，还要将冷水、热水、排水、电气线路等管线综合排布，并与各洁具和卫生间的围护结构完美结合，达到整体防渗漏的性能。这其中各个环节需建筑、结构、水、电、通风等各专业设计人员及各类产品设备的开发人员共同参与。整体卫生间集成化、模块化程度更高，但是在一定程度上受到生产模具制约，规格尺寸有限，与现场的空间契合度相对较低。而常用的集成式卫生间由于是各种装配式部品的现场组装，对空间的适应性更强，更能充分利用空间。

整体卫浴是一种较为成熟的整体卫生间集成产品，在日本等国家有广泛的应用。整体卫浴用一体化防水底盘、墙板、顶板构成的整体框架，配上各种功能洁具形成独立的空间单元。其采用工厂化预制、部件化安装的模式，大幅提高施工效率，降低建造成本。但是，整体卫浴引进我国 30 多年间并没有得到普遍的推广应用。

随着房地产行业暴利模式终结，人工成本、原材料等生产要素价格上涨，以及政府大力推动节能减排等因素的叠加，更多企业投入装配式部品系统和技术工艺的创新，集成式卫生间产品正逐渐脱胎换骨，再次呈现出良好的市场发展前景。

6.5 装配化装修施工

6.5.1 装配化装修的施工条件和要求

1. 隔墙及墙面工程

(1)隔墙。隔墙一般由基层龙骨、基层填充物、基层板及面层板组成，根据现场测量放线结果及墙体结构，将墙体进行分解，在工厂内将连接部件、连接孔位、部品等在工厂内加工完成，现场进行组装(图 6-12)。目前，墙面木作造型、玻璃隔墙、轻质隔墙已经基本实现装配式施工。

(2)无机板墙面、PVC 墙面。通过在硅钙板等无机板材、竹木纤维板、木塑板等 PVC 墙面侧边开槽，利用铝型材等连接件进行连接，完成现场干法快速拼装。其中，无机板墙面和竹木纤维板墙板在工厂完成不同的饰面效果(图 6-13)。

(3)木作饰面板及造型。木作饰面板成品加工已经有较为成熟的应用，而木作造型在工厂内加工生产能减少施工现场的限制，只要解决造型饰面加工的合理分割及运输问题即可。

(4)石材及金属板块墙面。目前，室内石材墙面的结构形式更为简单，受力也较小，而室内

图 6-12　轻钢龙骨集成隔墙施工

墙面由于有吊顶的存在，给石材板块的吊装也留下了一定的安装空间，所以，只需要对外墙单元式石材幕墙的安装技术稍做改进，即可应用于室内石材墙面的施工安装。

图 6-13　无机板墙面

(5)瓷砖墙面。墙面砖装配式施工的关键在于瓷砖之间的干法连接构造，同时精确的现场测量和有效的排板设计，以及合理的施工程序设计也十分重要。通过专用连接件及瓷砖背面复合基层板的方式，结合测量精确、排板合理有效、施工程序设计得当，墙砖饰面已经可以实现预制装配式施工。

(6)玻璃、玻璃镜、软包饰面。由于玻璃、软包等饰面均安装了基层板，在工厂内将基层板与饰面组装成一个整体运送至现场安装是可行的办法。目前，这类饰面施工已基本采用预制装配式。不足之处在于，某些局部未采取现场精确测量、排板设计，造成少量部件需要在现场加工。

2. 吊顶工程

(1)纸面石膏板吊顶。将副龙骨与面层石膏板基层及面层加工成一个整体吊装板块，通过现场精确测量、制作排板图、进行边端收头深化设计，即使是角部端头部位吊顶，也完全有可能进行总成装配施工。

(2)矿棉板、硅钙板、饰面板施工。吊顶饰面板施工的大部分工作是骨架安装和饰面板安装，骨架片安装已有专业供应商成套供应，整体装配式施工时可以考虑增加基层板，将基层板、基层龙骨及饰面板制作成单元板块一起进行吊装(图 6-14)。

图 6-14　硅钙板吊顶安装

(3)金属饰面吊顶。由于面层饰面板强度较高，特别适合单元板块的加工制作，将金属饰面板块与基层龙骨在工厂内加工制作成一个整体，在现场进行吊装非常容易实现。

(4)格栅类吊顶。格栅类吊顶的安装方式历来采用半成品的安装方式，现场组装完成后进行吊装。由于已有较为成熟的技术积累，现阶段只要稍做改进，将现场组装改为工厂化分块组装即可实现(图 6-15)。

(5)异形吊顶。随着 GRG 等新型材料的发展，吊顶造型线条、灯槽的成品加工、现场安装方式越来越普遍。而对于普通夹板基层板配合面层饰面板加工成的造型吊顶，通过深化设计，将整个吊顶分成多个组件在工厂生产完成，现场组装。在异形吊顶的施工过程中，

图 6-15　格栅类吊顶施工

深化设计的关键是组件的连接部位必须是隐形连接；否则，现场会发生二次油漆修补，造成不必要的污染。

3. 楼地面工程

楼地面工程装配化施工通过安装调整地脚螺栓，架空模块，铺保温隔声材料、平衡板，快装地板四道工序完成架空地面施工，采用干法施工，所有部件均工厂化生产，现场组合安装。采用架空地脚支撑定制模块，地脚螺栓调平，可以用可拆卸的高密度平衡板进行保护，再按项目方的要求在上面铺设地板(图 6-16)。

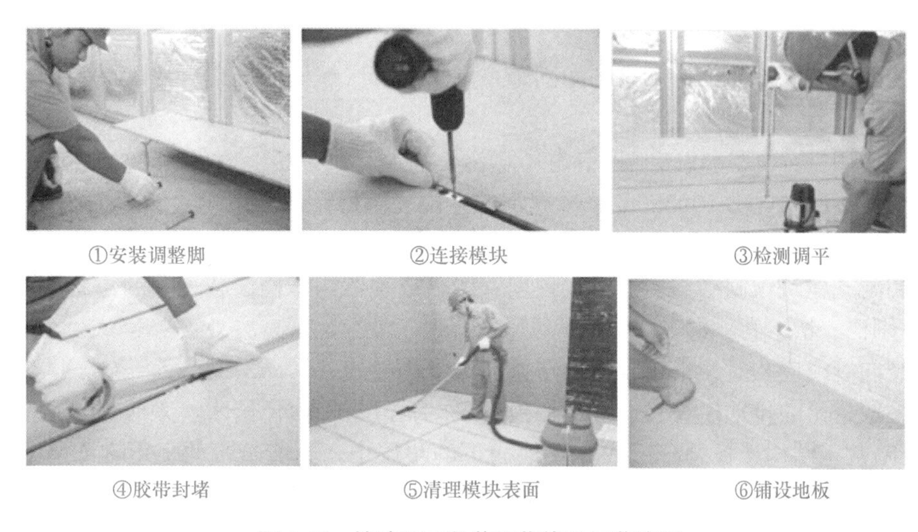

图 6-16　楼地面工程装配化施工工艺流程

(1)复合地板、抗静电地板：由于材料特性，本身采用成品装配，只要加强事先现场测量和排板，完全能够做到彻底的预制装配总成施工。

(2)石材饰面、地砖饰面：可以考虑参考架空地板的安装方式，通过对石材板块的加工处理，在石材端面加工安装槽，配合基层龙骨上的安装卡件进行安装；通过调节龙骨的支座连接件调整龙骨的平整度，从而控制地面的平整度；通过基层龙骨上的安装卡件控制板块的水平位置；通过深化设计及加工工艺的改进，能够实现石材地面的预制装配。需要注意的是地面砖、地面石材的强度问题。

(3)实木地板饰面：随着新型膨胀螺栓固定“基层龙骨”技术的出现，通过对地面基层龙骨工厂预制，基本上能实现预制装配施工。同时，随着各种不同形式的无膨胀螺栓固定“预制拼装龙骨”的出现，以及大量高强度的漆板面板的成熟应用，为实木地板预制装配施工创造了良好条件。

(4)地面涂料饰面：地面涂料饰面受材料特性限制，涂料地面和塑胶地面比较难以预制装配，但是通过增加防潮防水基层板，将涂料及塑胶地板与基层板加工成一个整体，进行现场安装，最后进行接缝处的防水、防潮处理。考虑到地面使用的特性，对防水性、耐用性、耐磨性等要求较高，在使用过程中受力较为频繁，对于有防水要求的房间，实现装配式地面施工的难度较大。

6.5.2 装配化装修工程的实施要点

为了提高施工质量，装配化装修工程的实施要点如下：

(1)推广SI体系，装配化装修宜全面采用标准化的部品部件来组装，实现室内装修(填充体)和管道设备与主体结构(支撑体)的分离，以延长建筑的使用寿命。

(2)装配化装修的主要部品部件宜以工厂化加工为主，部分非标准或特殊的部品部件可由现场安装时统一处理。

(3)装配化装修所采用的部品部件、饰面材料，应结合本地条件及房间使用功能要求采用耐久、防水、防火、防腐及不易污染的材料与做法，体现装配式建筑和装配化装修的特色。

(4)装配化装修部品部件和设备的固定，宜采用膨胀螺栓固接或钉接，或采用粘结等固定法。

(5)应选用符合《民用建筑工程室内环境污染控制标准》(GB 50325—2020)和《建筑内部装修设计防火规范》(GB 50222—2017)规定的室内装修材料。

(6)装配式建筑结构与装配化装修的设备管线应进行一体化综合设计。

(7)装配式建筑预制结构构件中宜预埋管线，或预留沟、槽、孔、洞的位置，不应在装修阶段凿剔沟、槽、孔、洞。

(8)竖向管线应相对集中布置，且布置在现浇楼板处。

(9)一般建筑的排水横管宜设置在楼板下(称为异层排水)。给水、采暖、空调、电气水平管线宜暗敷于结构楼板叠合层或本层地面下的垫层中，不能暗敷的也可在布置在本层顶板下吊顶内。集成式卫生间宜优先采用同层排水方式(排水横管布置在本层套内)。

(10)竖向电气管线宜统一设置在预制板内或装修墙面内。竖向电气管线布置应保持安全间距，避免电气设备短路。

(11)电气开关、接线盒等埋设的位置应与结构配合。装配式住宅分户墙两侧对应位布置暗装电气设备。当分户墙与分室墙板预留有电气设备时，应满足结构、隔声及防火要求。

(12)穿楼板的设备管线，应采取防水、防火、隔声密封措施。

(13)应在预制构件允许范围内安装管卡等受力件，可采用膨胀螺栓、自攻螺钉、钉接、粘结等固定法。

(14)对采用地面辐射供暖的装配式住宅，地面和楼板的做法应满足《辐射供暖供冷技术规程》(JGJ 142—2012)的规定。

第7章　信息化管理和智能化应用

建筑业作为我国国民经济支柱产业之一，迫切需要通过加快推动智能建造与建筑工业化协同发展，集成5G、人工智能、物联网、云计算等新技术，形成涵盖科研、设计、生产加工、施工装配、运营维护等全产业链融合一体的智能建造产业体系，走出一条内涵集约式高质量发展新路。信息化管理和智能化应用是装配式建筑的第五、六个特征，高度概括了我国进入数字经济时代建筑业转型升级的两个发展维度，且这两个特征具有较大的相关性和交互性，故本书合并为一章进行阐述。

7.1　信息化管理

信息化是培养和发展以计算机为代表的新生产力，并造福社会的历史过程。装配式建筑的信息化管理，可分为装配式建筑行业级信息化管理、装配式建筑企业级信息化管理、装配式建筑项目级信息化管理等。BIM(Building Information Modeling)是装配式建筑项目贯穿信息化管理和智能化应用的核心技术，是一种应用于工程设计、建造、管理的数据化工具，通过对建筑的数据化、信息化模型整合，在项目策划、运行和维护的全生命周期过程中进行共享和传递，使工程技术人员对各种建筑信息做出正确理解和高效应对，为设计团队及包括建筑、运营单位在内的各方建设主体提供协同工作的基础，在提高生产效率、节约成本和缩短工期方面发挥重要的作用。装配式建筑产业可采取云部署的方式，提高信息资源的利用率，降低信息资源的使用成本，并具备与相关信息系统集成的能力。

7.1.1　装配式建筑行业级信息化管理

《中华人民共和国国民经济和社会发展第十四个五年规划和二〇三五年远景目标纲要》，明确提出实施城市更新行动，发展智能建造，推广绿色建材、装配式建筑和钢结构住宅。住房和城乡建设部联合国家发展和改革委员会、科学技术部、工业和信息化部等13部门，于2020年7月3日联合印发《关于推动智能建造与建筑工业化协同发展的指导意见》，明确提出要创新行业监管与服务模式，推动各地加快研发适用政府服务和决策的信息系统，探索建立大数据辅助科学决策和市场监管的机制，完善数字化成果交付、审查和存档管理体系。住房和城乡建设部、教育部、科技部、工业和信息化部等9部门，于2020年08月28日联合印发《关于加快新型建筑工业化发展的若干意见》，明确提出大力推广建筑信息模型(BIM)技术。加快推进BIM技术在新型建筑工业化全生命期的一体化集成应用。充分利用社会资源，共同建立、维护基于BIM技术的标准化部品部件库，实现设计、采购、生产、建造、交付、运行维护等阶段的信息互联互通和交互共享。试点推进BIM报建审批和施工图 BIM 审图模式，推进与城市信息模型（CIM）平台的融通联动，提高信息化监管能力，提高建筑行业全产业链资源配置效率。

在装配式建筑行业的发展过程中，需加大建筑信息模型（BIM）、互联网、物联网、大数据、云计算、移动通信、人工智能、区块链等信息技术与装配式建筑行业的融合与创新应用。随着装配式建筑的大力发展，装配式建筑行业级的信息化管理也在逐步推进，一些省市或龙头企业都在尝试建设建筑产业互联网平台，本书以住房和城乡建设部科技与产业化发展中心牵头研发的装配式建筑产业信息服务平台（简称"装建云"）为例进行简要介绍。其包括 6 大行业管理类系统、6 大产业链企业类系统和 6 大数据库，各系统的主要功能如下。

1. 行业管理类系统

（1）行业管理类系统之一：装配式建筑统计信息系统。该系统主要采集各地装配式建筑政策信息、标准发布、产业链企业信息、装配式建筑项目信息、构件生产企业信息、部品部件设计产能和实际产量等，对装配式建筑项目和产业链发展相关数据深度整合、挖掘，形成统一的数据视图，并可进行多维度数据查询，为决策提供数字化、系统化的数据支撑。

（2）行业管理类系统之二：装配式建筑动态监测系统。该系统服务地方装配式建筑相关行业管理主管部门及协会、联盟等，为其提供实时监测辖区内装配式建筑发展情况的高效工具。其包括本地装配式建筑项目动态监测、本地装配式建筑企业信息动态监测、装配率和预制率计算、碳排放概算、项目审批、产业链追溯、月度报告自动生成、构件生产企业自评价和第三方测评、服务与互动等功能，可自动生成部品部件供需情况，自动生成分析报表，通过宏观、中观、微观数据穿透，为政府决策、行业管理和企业投资布局提供数据支撑。

（3）行业管理类系统之三：质量追溯监督系统。该系统以装配式建筑项目全过程及其产业链主体行为为主线，利用无线射频 RFID 芯片或二维码信息技术，采集装配式建筑设计、原材料入库检验、部品部件生产、检验、运输、装配、监理和验收全过程质量数据，采用视频、照片、语音、文字、标签库等方式，实现物与人、物与物的互联，并结合质量监督监管要点，设置系统功能，形成管理闭环。可自动生成报告和汇报 PPT、报表，达到质量追溯和监督的目的。

（4）行业管理类系统之四：政策模拟评估系统。该系统基于系统动力学原理建模，通过研究需求引导政策、土地支持政策、规划支持政策、财政支持政策、金融支持政策、税收支持政策、建设环节支持政策、技术支持政策、绿色理念引导政策 9 类政策影响机理，进行多方面、多维度的政策实施效果评估，构建装配式建筑政策变量因果关系回路图、存量流量图，构建涵盖国家经济形势、国家政策、技术投入与市场环境的装配式建筑政策分析模型，模拟国家及地方政策对相关企业（成本、效益等方面）、行业（建筑产业结构、装配式建筑技术水平、人均动力装备率、装配率等方面）、国民经济（固定资产投资增量、GDP 增量经济总量）、资源环境的影响，便于政策研究者开展基于模型的政策模拟与评价，为相关政策的制定提供数据支撑。

（5）行业管理类系统之五：培训考测系统。培训考测系统主要为装配式建筑从业人员提供在线学习、在线考试功能，主要包括音频课程、视频课程、课件、动画、模拟练习、在线考试、题库管理等，还设置"课后"复习模式，实时记录每位学员的学习程度和强度，实现信息交互、实训教学、人员培训、考试测验、班课化学习、证书申请等服务功能。线上课程涵盖设计、生产、施工、部品、管理等，涵盖装配式混凝土建筑、钢结构建筑、木结构建筑、装配化装修、拆装式建筑及模块化建筑的技术体系、关键技术和操作要点。

(6)行业管理类系统之六：人力资源共享系统。其内容主要有智能建造和装配式建筑专家库的信息查询与汇总；装配式建筑相关企业人力资源管理；人力资源信息查询。申请使用该系统的企业，可设置本公司人力资源组织架构图和电子档案，进行人员入职、试用期转正、合同签订、职位薪资调整、离职等人事变动业务，并实现在线考勤、自动进行假期加班等管理，每月可直接生成本公司工资报表。员工工作内容以任务量或订单方式可视化体现，集成化管理，直观可视，提高管理效率。可将装建云设计协同系统、生产管理系统、项目管理系统、培训考测系统中的人力资源信息进行整合，主要进行培训考测记录、参与装配式建筑项目建设记录、简历管理、人才信息搜索、企业人力资源诊断、绘制人员画像等工作。

2. 产业链企业类系统

(1)产业链企业类系统之一：装配式混凝土建筑设计协同系统。该系统基于自主知识产权的造型内核及三维约束求解研发，是基于标准化部品部件 BIM 模型库构建的多专业设计协同系统，具有建模工具、装配工具、碳排放概算等模块。系统使用浏览器作为前端设计界面，后台进行造型及计算，解决了设计软件设备配置要求高、数据分散存储的问题。同时，该系统与生产管理、项目管理等一体化协同，该系统兼容市场常见的三维模型格式，为基于云端的数字设计解决方案。

(2)产业链企业类系统之二：部品部件生产管理系统。该系统采用 ERP＋MES 模式，打通了软件系统与硬件设备之间的数据壁垒，实现生产数据自动采集、实时共享。从订单开始，根据产能、物料供应、堆场等制订排产计划，解决企业跨部门的协调沟通问题，满足交货需求，有效解决了生产过量、多项目横向发货等难题。对整个生产运输过程进行信息化集成，形成生产管理“驾驶舱”，为决策提供科学的数据支撑。

(3)产业链企业类系统之三：装配式混凝土建筑项目管理系统。针对装配式建筑特点，将装配式建筑相关标准内置于系统中，以流程化、标准化的方法实现建筑模型与数据库信息交互，通过将 BIM 模型与施工计划、实施进度、质量管理等相连接，减少实施中的不确定性和不可控性，提高信息传递效率，降低出错概率，实现项目上下游参与方全过程 BIM 应用、信息共享互通。系统功能包括投标管理、项目立项、计划管理、资金管理、进度管理、生产管理、物流管理、施工管理、质量管理、设备管理、安全管理、材料管理、人员管理、合同管理、分包管理、文档管理、问题管理、增值税管理、环境管理等模块。

(4)产业链企业类系统之四：钢结构建筑智能建造系统。该系统实现钢结构建筑全过程全专业的数字化、智能化，包含基于 BIM 的钢结构建筑数字设计、钢构件生产 ERP＋MES 模式、钢结构建筑项目管理等。钢结构构件生产 ERP＋MES 模式，对接钢构件深化 BIM 模型，与智能套料软件、生产统计软件集成，实现工序线上派单、报工，通过构件 BOM 清单排产，排产后通过生产统计软件计算所需零配件规格及数量并配产移交。通过二维码标识，实现生产过程的信息协同、生产计划灵活制定和配件齐套性检验，通过构件的扫码入库、装车，实现构件堆场实时监测。钢结构项目管理模块包括投标管理、项目立项、计划管理、资金管理、进度管理、生产管理、物流管理、施工管理、质量管理、设备管理、安全管理、材料管理、人员管理、合同管理、分包管理、文档管理、问题管理、增值税管理、环境管理等功能模块，通过项目管理中 BIM 全过程深化应用，对工地管理“人、机、料、法、环”数字化、精细化管理，实现钢结构建筑虚拟与现实的数字孪生智能建造。

(5)产业链企业类系统之五：装配化装修智能建造系统。具有精细化构造设计、精益化定制生产、精练化装配施工等模块。在全系列功能单元的装配化装修部品三维模型的构造样板库基础上，通过AI技术配置于目标空间，智能配置目标户型自适应快速解决方案，通过上传BIM云计算中台实现快速报价，快速生成BOM清单，无缝对接智能生产设备，部品下线自带编码及安装位置信息，项目收货后可通过移动设备扫码，准确地进行部品安装，完成后报工验收更新施工BIM模型，实现装配化装修虚拟与现实的数字孪生智能建造。

(6)产业链企业类系统之六：一户一码住区服务系统。通过住区服务系统为每栋房屋、每一户配置唯一标识“数字身份证”，实现一小区一码、一楼一码、一户一码。基于该码可为业主提供电子版房屋信息或BIM模型，主要包括建筑档案、项目基本信息、设备和部品部件、参建方信息、房屋施工图纸、房屋管线布置图纸、交房验收报告、远程抄表、能源管理、室外环境监测、室内环境监测、维修服务等，为住宅小区的服务与管理提供高技术的智能化手段，提供安全、舒适的智慧社区环境。

装配式建筑行业级信息化管理，要提供建筑产业互联网所需要的在线监管与服务平台解决方案，让信息多跑路、企业少跑腿，深化放管结合、优化政务服务，凸显“数字化政务服务”的改革创新新价值；也要为企业和项目提供信息化管理的标准化或个性化服务，尤其要为广大中小建筑企业创造更好的营商环境和数字化应用环境，促进建筑行业数字化转型升级。

7.1.2 装配式建筑企业级信息化管理

装配式建筑相关企业的信息化管理，是建筑业企业转型升级的主要内容。建筑业企业需要把握数字化、网络化、智能化融合发展的契机，推进互联网、大数据、人工智能同实体经济深度融合，实现建筑业转型升级。

信息化管理发展较好的建筑业企业，能够紧紧抓住建筑工业化和智能建造协同发展的战略机遇。一是业务提升力强，做好领先示范，打造理念先进、运行稳定、使用便捷的智能建造平台，提高建造业务能力，提高建造产品品质。二是行业牵引力强，立足长远，辐射行业，输出智能建造平台产品与标准，引领行业高质量发展与转型升级。三是管理支撑力强，依托信息化平台，融入公司管理理念、管控要求，推动管理向体系化、标准化、在线化、智能化转变，以信息化赋能管理创新，支撑管理不断精益增效。鼓励建筑业企业建立工程总承包项目多方协同智能建造工作平台，强化智能建造上下游协同工作，形成涵盖设计、生产、施工、技术服务的产业链。以企业资源计划(ERP)平台为基础，进一步推动向生产管理系统的延伸，实现工厂生产的信息化管理。

集团型公司可统筹其所属各企业信息化建设实现统一规划、统一架构、统一建设、统一标准、统一投资、统一管理，实现信息化架构一脉相承、信息化实施步骤一体推进、同频共振。同时，鼓励先行企业信息化新技术、新产品应用保持适度先进，要以创新驱动，敢于试错，进行信息化建设与数字化产品研发，勇于突破固有思维、突破管理边界，并充分符合业务管理切实需求。集团型公司应用体系架构一般由集团统建平台，全面贯彻集团管控要求，落实管理标准化要求。其所属公司管理平台重点满足所属公司管理个性化需求与敏态管理需求。并结合业务建设装配式建筑项目级信息化管理平台，支撑公司生产经营活动平稳、高效开展，赋能建造业务提质增效。

7.1.3 装配式建筑项目级信息化管理

装配式建筑项目级信息化管理，是对装配式建筑项目信息的收集、加工、整理、存储、传递与应用等一系列工作的总称。装配式建筑项目级信息化管理的目的，就是通过对各项工作和各种数据的管理，使工程项目信息能方便和有效地获取、存储、存档、处理与交流，使参与该项目的众多市场主体及决策者能及时、准确获得该项目的相应信息。BIM是20世纪末21世纪初在计算机辅助设计与绘图(CAD)基础上发展起来的建筑信息模型技术，是以三维数字技术为基础、集成工程项目各种相关信息的数据模型，借助基于建筑信息的三维模型，来达成工程设计目标对应的若干施工管理功能等，是信息化的有效分析管理模式。通过融合遥感信息、城市多维地理信息、建筑及地上地下设施的BIM、城市感知信息等多源信息，正在建立表达和管理城市三维空间全要素的城市信息模型(CIM)基础平台。基于BIM技术的装配式建筑项目信息化管理有以下特点。

1. 信息创建的准确性和完整性

信息化管理的前提和基础是有较高的准确性与完整性，装配式建筑的信息创建非常重要。装配式建筑在策划和设计阶段采用BIM技术，进行立体化设计和模拟，可有效提升信息创建的准确性和完整性，可结合BIM模型和相关软件创建设计信息、任务书、招标投标合同等一系列多维数字化信息，信息表达方式还包括文字、图片、表格等形式，不仅可以涵盖各专业的信息，还囊括不同阶段的信息。不但可以避免设计错误和遗漏，而且可以促进装配式建筑全过程、全专业的信息化管理。

2. 全生命周期的信息集成化

装配式建筑BIM模型需具有集成项目多主体多专业信息的特点。集成是指在某一系统下为达到整体优化的目的，各要素实现协调有机工作的动态协作机制。全生命周期信息化管理包括决策阶段的开发管理、实施阶段的项目管理、使用阶段的设施管理及其拆除阶段的回收再利用管理等，是全过程、全要素、全专业的有机整合。首先，要在项目所有参与主体和与项目有关的系统间实现编码标准一致；其次，要实现全过程全专业全要素的信息共享，实现项目所有参与主体的应用交互和有序工作；最后，信息和决策形成良性互动关系。信息是决策的基础，管理者的决策质量，一方面取决于管理者的多方面能力和经验；另一方面，取决于能否及时、全面、准确地获得项目信息。

3. 信息的高效传递和共享

“点对点”作为传统信息的一般传递方式。其信息传递模式具有方向性强的特点，方向性强说明信息很少向反方向流动，造成了项目各参与方只有在自己工作阶段才参与信息管理活动，容易出现“信息断层”，导致信息传递效率较低。BIM技术突破了传统管理技术的瓶颈，以强大的数据和技术支撑，可以使信息传递方式变成“点对面”型，加快传递效率，加深共享程度。不仅有效解决了信息流失问题，还保证了各参与主体能够在项目全生命周期内参与信息创建和管理，有利于项目信息价值的发挥。建设工程各专业不需要再重复录入就可以直接从BIM模型中获取需要的信息和数据，并且其他专业设计中该对象会随该专业数据的修改而自动进行相关数据更新，实现项目各专业之间动态协同。借助BIM能建立单一工程数据源，这一数据源可以被项目各参与方统一使用，采用基于数据的协作方式，从而实现了各参与方之间可以进行准确的信息交流，数据得到共享，确保项目信息的准确性和一致性。项目参与主体可集中于该项目的同一 BIM 平台，使项目的实施方案、设计、建设、实施、使用、拆除全过程的管理中，频繁的信息流动都保持通畅、无阻碍，打破信息孤岛。

4. 实现全过程模拟和数字孪生

BIM 技术提供了模拟和分析协同工作平台，使工作人员能更好地完成在整个项目实施过程中的设计、施工和使用等工作，实现建设前的模拟和全过程数字孪生。如 BIM 不仅可实现工程造价的精准计算，解决了传统项目管理模式下导致的不准确问题，还可通过三维建立工程模型，解决“专业碰撞”，避免传统项目管理模式中的图纸大量更改及其引致的施工难度增加、成本增加、工期增加等问题。在一定程度上实现能源、成本的节约，有效地提高工作效率，加快信息化的发展。

7.2 智能化应用

装配式建筑的智能化应用，涉及智能设计、智能生产、智能施工、智能运维、智能家居等。智能设计是数字设计的高级阶段，其基于计算机视觉技术、建筑设计知识库和生成式强化学习算法(AI)帮助设计师自动完成设计，智能校审。达到智能设计的程度需要很多创新，还需要探索人和人工智能在设计上的协作与分工等一系列问题，故本节暂用数字设计。

7.2.1 数字设计

数字科技与建筑产业有效融合的“数字设计”是建筑产业转型升级的核心引擎。数字技术的有效应用将最大限度地消减设计与实现目标间的差距，使建造生产更容易、周期更短、价格更低，进而促进生活更美好目标的实现。

1. 数字设计发展历程

建筑设计的发展可以总结为三个阶段：手工设计阶段，从北宋的《营造法式》到近代的手工绘图，称为手工阶段，其特点是专业与协作完全依靠个人与组织能力，完全以手工的方式完成整个计算与设计；工业设计阶段，随着计算机的普遍应用使得建筑技术的发展得到一个前所未有的机遇，CAD 软件开始越来越多地成为设计师首选的设计手段，以采用数值计算和 CAD 软件为基础的设计阶段，称为工业设计阶段，与传统的手工绘图相比，CAD 辅助设计具有绘图速度快、精度高、易修改、易交流等优势；数字设计阶段，随着工程设计软件的进一步发展，如 Autodesk 公司、Bentley 公司、AVEVA 公司、COADE 公司等，均研发了 BIM 软件，进入数字设计阶段。BIM 有别于传统的二维 CAD 设计，数字化和三维设计为其核心，且它可以帮助实现建筑信息的集成，从建筑的设计、施工、运行直至建筑全生命周期的终结，各种信息始终整合于一个三维模型信息数据库中，设计团队、施工单位、设施运营部门和业主等各方人员可以基于 BIM 进行协同工作，有效提高工作效率、节省资源、降低成本、以实现可持续发展。该阶段称为数字设计阶段。智能设计是数字设计的高级阶段。

2. 数字设计发展简要情况

2008 年北京奥运会国家体育场(鸟巢)项目因采用特殊膜结构，进而采用三维建模及仿真分析技术进行智能建造；北京“超级工程”中国尊是国内第一个利用 BIM 模型、三维扫描等技术的项目。随后，凤凰卫视传媒中心、梅溪湖国际艺术中心等非线性建筑中也应用了数字设计技术。这些项目中数字设计理念和方法的应用，拉开了数字设计在工程建设领域大范围应用的序幕。时至今日，数字设计政策逐步完善，技术逐步成熟、标准体系日益健全，已经迈入持续健康发展的道路。

基于 BIM 技术的建筑全生命周期的协同平台最早从 2002 年引入工程建设行业。随着我国“十五”科技攻关计划及“十一五”科技支撑计划的开展，开始应用于部分示范工程。近年来，住房和城乡建设部重点推进 BIM 技术的普及应用，BIM 技术与建筑工业化的融合是实现我国建筑工程行业“绿色、环保、低碳”的重要途径。

在 2015 年 6 月发布的《关于推进建筑信息模型应用的指导意见》(以下简称《意见》)中提出“到 2020 年末，建筑行业甲级勘察、设计单位以及特级、一级房屋建筑工程施工企业应掌握并实现 BIM 与企业管理系统和其他信息技术的一体化集成应用。新立项项目勘察设计、施工、运营维护中，集成应用 BIM 的项目比例达到 90%：以国有资金投资为主的大中型建筑；申报绿色建筑的公共建筑和绿色生态示范小区”的发展目标。2017 年 4 月，住房和城乡建设部印发《建筑业发展“十三五”规划》，旨在贯彻落实《意见》、阐明“十三五”时期建筑业发展战略意图、明确发展目标和主要任务，推进建筑业持续健康发展。该规划把推进以 BIM 为核心的信息化技术的开发应用列为行业技术进步三大目标之一，加快推进 BIM 技术在规划、勘察设计、施工和运营维护全过程的集成应用。

上述政策措施进一步促进了云计算、大数据、物联网、移动互联网、人工智能、BIM 等先进信息技术与建造技术的深度融合，打造“智慧工地”等，逐步建立新型智能建造方式，加快传统建筑业转型，助力建筑业的持续健康发展。

3. 数字设计应用场景

数字设计的应用场景简要列举如下：

(1)BIM 技术实现优化规划和调整。BIM 技术在优化规划与调整中发挥了非常关键的作用，通过协调管理及参数预设，解决了传统建筑建设中所产生的较多问题。在选址过程中，对场地进行预设模式，对项目建设定位及整体评估进行综合考虑；其设计方式符合定量需求，在分析管理中，确定构件的尺寸、安装模式、综合属性等，预先建立相应的数据模型，按照模型参数及实际要求，统筹全建设管理过程，实现方案的科学合理分析、图纸设计及立体模型辅助分析；针对不同困难挑战预先进行还原处理。建设过程中一旦缺少设计指标，将会造成成本增多，工期延长，BIM 技术在模型结构建设中，将统计计算、掌握定额信息；同时，将全程把控综合预算架构与实际误差，做好稳定性分析。

(2)自动设计与智能校审。其与计算机辅助设计不同，是基于计算机视觉技术，建筑设计知识库和生成式强化学习算法(AI)，用计算机来自动地、最优地调整设计中所涉及的结构和参量帮助设计师自动完成设计，如智能规划、结构拓扑优化等技术。利用机器强大的学习能力，把多年来沉淀下来的设计缺陷案例、图纸数据和标准规范数据输入机器，让它“持续学习”，结合算法与人工智能，机器就能在模型(图纸)不符合要求时给出提醒，实现智能审图。其具有速度快、准确率高、持续优化等优点。

(3)埋件布置。在装配式建筑设计中，通常会严格按照拆分细则，对预制埋件有较针对性的分析及制定模式。这个流程中包括内嵌族埋件，针对梁板中的钢筋吊钩环，严格按照标准来设计吊钩的形状，提高埋件布置的效率。一般来说，预制柱上的埋件按照需要构建出针对性的预制柱族布置，同时对钢板高度、预制柱墙-柱的连接处的实例参数进行调整，通过对其实施参数化调整，这个过程中需要将参数关联设置成为全局参数，在全局参数的条件之下来设置预制墙板连接件的高度，如此能够同步调整相对应的柱上连接件的高度。梁上吊钩则通过调用以及平移 Dynamo 软件中的点，实现吊钩形状多段线的构建，从而获得吊钩钢筋，有效明确吊钩在梁上的有关位置参数，如此来实现布置梁上吊钩的目的。

(4)BIM 构件的拆分设计。BIM 模型中的墙体、楼板等模型构件都属于一个完整的体系，需要在初步设计中就严格按照要求将连续的模型构件拆分为各工厂可以进行独立生产的构件，根据设计图纸对其加工。在 BIM 技术中，构件拆分及生产需坚持“多组合，少规格”的原则来进行，实现有效控制预制构件种类的目标，达到工厂有效生产的标准，并同步在装配式建筑施工现场对其进行装配工作。在施工图阶段，BIM 模型将建立深化模型，同时对图纸进行复核，将完整的构件严格按照要求拆分为各工厂能够直接进行加工的预制构件，从而良好地实现预制构件连接构造及预制构件配筋设计的工作。依靠三维 BIM 模型实现对构件的拆分设计工作，可以将各个构件之间的连接关系直观地展示出来，不仅可以有效地完善拆分设计，而且能检查出二维图纸设计中出现的盲点，减少设计误差的产生；同时，三维 BIM 技术模型能够有效避免数据丢失，从而保证设计数据得到良好的传送。

(5)BIM 深化图纸生成。完成拆分三维 BIM 模型之后，即能将所包含的多种生产信息的 BIM 构件拆分模型转变为二维的生产加工图纸。因为预制构件规模巨大，深化设计的出图量将得到相应的增加，如使用传统的出图方式，工作量将非常庞大且容易产生失误，利用 BIM 软件的智能出图功能将实现对构件图纸的转化，将自动生产不同构件平面、立体和剖面模型的图纸。同时，因为图纸生产与模型处在动态链接状态，如果模型数据出现改变，图纸将会自动进行更新。值得注意的是，所生成的图纸必须确保包括预制构件生产加工所需要的全部信息。

7.2.2 智能生产和运输

装配式建筑部品部件及构件的生产、运输等信息数字化、智能化，将自动化技术、智能化系统与智能物流相结合，形成我国工业制造向智能制造迭代升级。2020 年住房和城乡建设部等 13 部门联合印发的《住房和城乡建设部等部门关于推动智能建造与建筑工业化协同发展的指导意见》进一步明确指出要推广应用数字化技术、系统集成技术、智能化装备和建筑机器人，实现少人甚至无人工厂。加快人机智能交互、智能物流管理、增材制造等技术和智能装备的应用。以钢筋制作安装、模具安拆、混凝土浇筑、钢构件下料焊接、隔墙板和集成厨卫加工等工厂生产关键工艺环节为重点，推进工艺流程数字化和建筑机器人应用。

1. 数据驱动智能生产

通过云计算技术实现生产厂家与设计院在模型上的实时对接，不仅准确性高，而且缩减了工期。生产厂家将BIM模型进行提取和更新，设计人员的设计意图一目了然地呈现给生产人员，便于机械化的生产和加工。在构件生产流程中，通过BIM与RFID结合，将RFID标签植入构件，构件生产管理子系统从BIM数据库中读取构件相关设计数据；同时，将每个预制构件的生产信息、质量监测信息、存储信息等返回到BIM数据库。由于RFID标签编码的唯一性原则，在精确程度控制方面可以达到毫米级以内，生产构件自由变化的程度也能够以毫米为单位变化，为构件的产品质量提供了强有力的保证。将BIM和三维激光扫描仪对模具和构件扫描后，形成空间点云模型，分别与其标准模型对比，得出模具变形位置和大小，以及构件尺寸偏差。定期用三维激光扫描仪对选取梁、板、墙、梯等模具，以及成品叠合梁、叠合楼板、预制墙板进行扫描测量，并将扫描结果进行云分析，找出易变形的模具、各模具变形较大部位；整理模型分析的云图和表格数据，得出模具变形随使用次数的变化趋势；相对于传统测量以mm为单位的精准度，三维扫描精度可达0.001 mm。利用BIM+3D扫描技术可以有效预测模具的使用寿命，指导预制构件日常生产活动中模具养护和更换，在保证产品合格率的前提下，合理使用模具，降低生产成本。

2. 成套智能化生产设备供应为智能建造奠定基础

自动化和智能化生产线及智能机器人应用于部品部件生产，自动摆模机器人、钢筋笼自动绑扎或焊接智能设备、AGV运输机器人的应用减少了人工的重复劳动，提升了生产效率。已研发我国自主知识产权的PC成套设备解决方案的企业，产品包括PC生产线、PC工业软件、钢筋成套设备、PC专用搅拌站、PC专用运输车、PC专用重型叉车、PC专用重型塔式起重机、ALC生产线、建筑垃圾处理生产线等。有的企业通过引入工业机器人、AGV无轨自动运输车、RFID识别、智能仓储物流、MES系统、ERP系统，自主研制建筑钢结构数字化制造生产线，大幅提升了钢结构制造效率，促进了钢结构工厂互联网协同制造方式升级。在木结构企业的胶合木柔性智能制造机器人深加工生产线中，机械臂用于胶合木构件的加工有其巨大优势，机械臂可每天24 h用于制造木构件，不会懈怠，加工过程中自动抓放刀、自主完成工艺，代替了人工，取代了工人读图和放线的传统生产过程，并且提升了切割、打孔、铣削、开槽效率和准确性，降低了废品率，节约了人工成本和材料成本；同时，产线可以在任意地方进行复制，增加产量，创造效益。经统计，大尺度木结构的加工过程耗时减少40%～60%，单台机器人的产能可替代2～3个熟练技工。

3. 部品部件企业生产管理系统

企业管理方式逐渐步入信息化管理时代。为了降低生产成本、提高工厂管理水平及生产效率，数字化、信息化技术成为解决工厂现存问题的有效手段。生产工厂逐渐进入网络化、数字化、自动化、流水线的生产方式。生产制造企业已经有企业资源计划系统(Enterprise Resource Planning，ERP)、制造执行系统(Manufacturing Execution System，MES)等管理系统。一部分部品部件企业自主开发了一套适合自身企业发展的集物资、生产、库存、项目于一体的信息化管理系统。如某装配化装修龙头企业自主研发了智能墙地板涂装线、智能墙板包覆线、智能裁切生产线，并通过数据中心、BIM系统、MES系统、自动仓储系统及自动化设备的实施，实现了设计研发与生产直接对接，软件系统与硬件系统对接，实现设计文件自动存档管理、生产自动化排程、产品设备程序及文件自动下载、产品质量追溯、产品搬运传输、生产管理过程数据化可视。

4. 智能生产管理应用场景

(1)管理信息平台及协同工作机制。明确协同工作流程和成果交付内容，并建立与之相适应的全过程管理信息平台，实现跨部门、跨阶段的信息共享。全过程管理信息平台能对深化设计、材料管理、生产工序的情况进行集中掌控，能在施工环节中利用生产环节的相关信息对产品生产质量进行监管，并能通过施工预拼装管理提高装配效率。

(2)深化设计。基于深化设计标准，并统一产品编码，依据预制混凝土、钢结构等的设计图纸，结合生产制造要求建立深化设计模型，达到生产要求的设计深度，并将模型交给生产制造环节。

(3)材料管理。基于统一编码标准，利用物联网条码技术对物料进行统一标识，并进行材料“收、发、存、领、用、退”全过程信息化管理，应用物联网条码、RFID 等技术绑定材料和仓库库位，采用扫描枪、手机等移动设备实现现场条码信息的采集，依据材料仓库仿真地图实现材料堆垛可视化管理，通过对材料的生产厂家、尺寸外观、规格型号等多维度信息的管理，实现质量控制的可追溯。

(4)产品制造。统一人员、工序、设备等编码，按产品类型，建立自动化生产线，对设备进行联网管理，能支持到工序层级的设备层面。通过采用 BIM 技术、计算机辅助工艺规划(CAPP)、工艺路线仿真等工具制作工艺文件，将工艺参数传输给对应设备(如将切割程序传输给切割设备)。各工序的生产状态可通过人员报工、条码扫描或设备自动采集等手段进行采集上传，反馈生产状态，实现生产状态的可视化管理。

(5)产品进场管理。应用物联网技术，采用扫描枪、手机等移动设备扫描产品条码、RFID 条码，将产品信息自动传输到管理信息平台，进行产品质量的全过程可追溯，并可以按照施工安装计划在 BIM 模型中直观查看各批次产品的进场状态，对项目进度进行管控，实现可视化管理。

(6)现场堆场管理。应用物联网条码、RFID 条码等技术绑定产品信息和产品库位信息，采用扫描枪、手机等移动设备实现现场条码信息的采集，依据产品仓库仿真地图实现产品堆垛可视化管理，合理组织利用现场堆场空间，实现产品堆垛管理的可视化。

(7)施工预拼装管理。采用 BIM 技术对需要拼装的产品进行虚拟预拼装分析，通过模型或者输出报表等方式查看拼装误差，在地面完成偏差调整，降低预拼装成本，提高装配效率。

(8)运输管理。将 RFID 同 BIM 模型结合，使 BIM 模型与编有物联网条码或预埋 RFID 芯片的实际预制构件一一对应。把移动的车辆纳入运转的信息链，对车辆的运输路线、车辆状况、行驶数据进行集中、科学、合理、高效的管理，提高运输车辆的运输效率。利用 BIM 技术模拟预制构件的实际尺寸，优化预制构件装车堆放，避免预制构件在运输过程中因碰撞而产生的质量伤害，同时提高运输车的空间利用率。达到项目参与各方可以及时掌握预制构件的物流进度信息，同时将信息反馈给构件管理系统，管理人员通过构件管理系统的信息能够及时了解进度与构件库存情况。为尽量避免实际装载过程中出现的问题或突发情况发生，可利用 BIM 技术模拟功能对预制构件的装载运输进行预演。

7.2.3 智能施工

智能施工是智能化与工程建造过程高度融合的创新建造方式，在基于 BIM 的智能化施工管理系统上实现，包括 BIM 技术、物联网技术、3D 打印技术、人工智能技术、云计算等。智能施工的本质是结合设计和管理实现动态配置的建造方式，是对传统施工方式的改造和升级。智能施工使各相关技术之间急速融合发展，应用在建筑行业中设计、生产、施工、管理等环节。

1. 智能施工项目管理系统

智能施工项目管理化管理系统，以 BIM 为载体、以建造领域知识本体为基础，构建规则，对建造过程中涉及的多方、动态的信息进行智能管理。基于浏览器可实现业务处理，集成项目技术信息，模拟施工过程，确定场地平面布置、制订施工方案、确定吊装顺序，进而决定预制构件的生产顺序、运输顺序、构件堆放场地等，实现施工周期的可视化模拟和可视化管理，为各参建方提供一个通畅、直观的协同工作平台，通过将非结构化的流程和文件转换为结构化数据，实现了信息可视化和协同工作。业主可以随时了解、监督施工进度并降低建筑的建造和管理的成本。智能施工管理平台应用流程如图 7-1 所示。

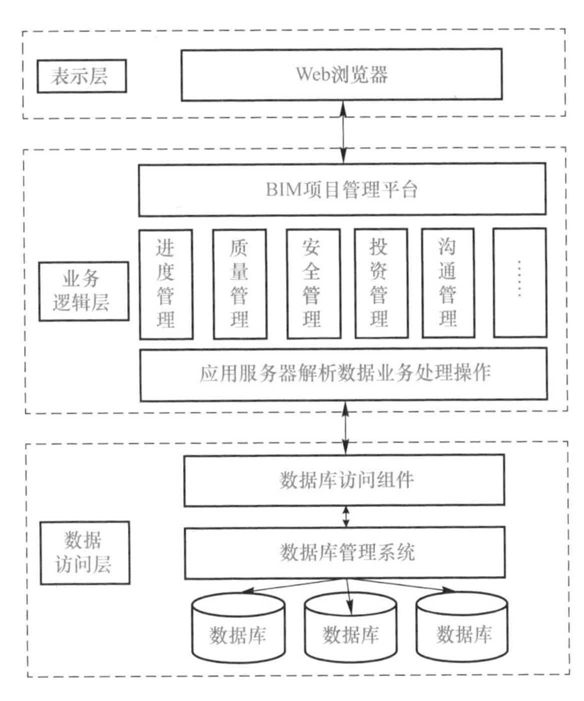

图 7-1　智能施工管理平台应用流程

2. 基于虚拟现实的智能化设计交底

装配式建筑施工图设计成果交付以 BIM 模型为核心，有效实现全生命周期的信息表和信息传递。交付内容包括各专业的 BIM 设计模型，BIM 综合协调模型，检查是否存在设计错误或施工困难、带有工程数据信息的 BIM 浏览模型，BIM 分析模型及分析报告，可视化、可漫游、交互式的室内外效果图设计模型。通过可视化技术交底，工人充分理解设计及安装要求，提高构件安装、连接的正确性及精度。将 BIM 技术工程项目信息管理和 VR 等虚拟现实技术结合，建立工程项目多维信息感知模型。智能化设计交底的好处：第一，可以通过 BIM 与虚拟技术结合应用让项目各市场主体及人员感知到项目多维度信息。第二，通过设计模型文件数据关联和远程更新，建筑信息模型随着设计变更而更新，减少设计师与各参建单位的信息交换时间，实现有效管理。第三，为使建筑项目信息使用者深切感知信息模型三维空间内的事物，并且让使用者有深入其中的体验感，可轻松建立项目特定的工作内容和方式，更容易解决项目管理中的实际问题。第四，可减少不必要的设计变更。在技术的协同方面，施工过程中反复变更会导致工期和成本的增加，而变更管理不善导致进一步的变更，使成本和工期目标处于失控状态。用共享 BIM 模型能够实现对设计变更的有效管理和动态控制。

3. 施工现场平面布置

装配式建筑施工现场作业空间大，且易发生交叉，施工现场规划的科学性与信息化可以优化空间利用效益，合理组织施工机械、材料、人员的布置。以 BIM 空间为载体，集成施工现场各个空间的人流数据，形成人流模拟，检查碰撞，调整布局；设置机械的进场路径，找出进场环节的碰撞点；利用 BIM 参数化模型展现塔式起重机等重型机械的外形，分析其占位及相互影响，模拟作业工程直观分析作业机械对周围已建建筑物和管线的影响。

4. 施工进度、安全、质量、成本等智能化管理

施工过程中可应用多种智能化技术，形成纵向到底横向到边的交互形式，有助于实现对工程安全、质量、进度、成本等的全方位立体式管控，运用完善的数据链、信息流实现设计、施工运营、维护等全生命周期有效监督和智慧管理。

(1)将 BIM 技术与施工进度计划相结合，将空间信息和时间信息整合在一个可视的 BIM 模型中，可以直观、精确地反映整个建筑的施工过程，精确掌握施工进度。

(2)通过三维建模及仿真分析技术，借助 BIM 技术可以对复杂的构件进行三维建模，在此基础上对其受力特征、建造全过程、与周边环境的关系进行仿真模拟。

(3)机械化安装技术。采用计算机控制的机械设备或机器人，根据指定的建造过程，在现场对构件进行高精度的安装。

(4)在施工过程中，在现场将 BIM 模型与施工作业结果进行对比验证，通过模型浏览，让质量问题在各个层面上实现高效流转。

(5)精密测控技术。利用 GPS、三维激光扫描仪等先进的测量仪器，对建造空间进行快速放样定位和实时监测，优化质量检测和控制手段。

(6)优化资源配置。将 BIM 模型和时间、成本等信息集成，能够提取更多种类和更多成本报表，直观确定各施工点的资金需求，模拟并优化资金的使用分配，制定合理的资源计划。建造环境感知技术，是对建造周边环境进行分析识别、确定位置、匹配感知、实时预测与预警的技术。

(7)人员安全与健康监测技术。是对施工人员的生理指标进行监测，对其施工行为进行警示指导，保证其安全健康的技术。

(8)实现施工现场信息的统一存储与管理，形成统一的数据库。建立统一的基础数据管理、应用维护和数据交换子系统，以实现智慧建造的统一数据交互及运营维护。

(9)在造价管理中实施验工计价流程，完成对已施工工程的验收、计量和计价后施工单位只需在平台上传工程量清单，监理单位和建设单位就能进行线上确认，避免传统工作流程中人力、物力和时间成本的消耗。

5. 开放式虚拟现实与增强现实功能

虚拟现实与增强现实功能使现场施工质量检查阶段的提前成为可能，手持设备中的构建、定位、标准等信息，能在工序开始前通过追踪与增强现实操作投射到工地构建位置或工作面上，在工序实施过程中发挥辅助施工功能，在工序末尾实行收尾检查与评价，从而

从工序全过程提高施工精度。同时，现场 AR 的构建与位置追踪标记和附加的材料、机械、临时设施、施工人员等标记，能够整合为追踪体系，以构建全面的智慧工地，实现动态平面布置与资源管理。借助三维扫描技术将工地信息与建筑实体信息反馈给虚拟施工环境，有助于虚拟建造的事前优化、事中调整与事后评价，丰富虚拟建造信息渠道与信息类型，提升虚拟建造中碰撞检测、虚拟演示等具体内容的作用，延长虚拟建造的效用生命周期直到运行维护阶段。

7.2.4 智能运维

运维管理是指建筑在竣工验收完成并投入使用后，整合建筑内人员、设施技术等关键资源，通过运营充分提高建筑物的使用率，降低运营成本，并通过维护尽可能延长建筑的使用期而进行的综合管理。智能运维是让建筑及设施升级为自我管理的生命体，通过大数据驱动下的人工智能，让建筑及设施实现从感知能力到认知能力的升级，实现运行策略的智能判断，进行优化控制和调节建筑内各类设备设施运行状态，使各系统之间进行有机的协同联动，使建筑发挥出最优性价比的运行状态。

基于建筑工业互联网，通过大数据驱动下的人工智能，实现建筑及设施运行策略的智能判断，达到自我优化、自我管理、自我维护的状态；同时，自适应的感知和预测在建筑空间中人的各种服务需求，提供满足个性化需求的舒适健康的各种服务；最终，建筑工业互联网会将成千上万的建筑空间内各种闲置资源相互连接、互动与发展，形成一个巨大的共享经济社会体，驱动新的共享经济模式的产生。

1. 智能化运维管理平台

基于 BIM 运维管理平台是利用 BIM 模型优越的三维可视化空间展现能力，以 BIM 模型为载体，将各种零碎的运维信息进一步集成到运维管理功能中；同时，将设施设备管理、空间管理、能耗管理、安防管理、物业管理、综合管理等功能有机地结合在一起，帮助管理人员提高管控能力，提高工作效率，降低运营成本，如图 7-2 所示。

图 7-2　BIM 运维管理平台

BIM 运维管理平台的功能包括可视化 3D 空间展现、数据可视化、IOT 物联网引擎及多应用场景展示。

(1)可视化 3D 空间展现。3D 可视化/BIM 运维平台支持以空间为单位的项目管理模式，可在系统中按楼层、房间、设备等维度进行界面的自由切换。三维界面高度仿真，真实感更强，模型与数据的相互关联，直观地展示了设备与空间的管理和运营状况。管理人员可以随时利用 BIM 模型，进行建筑设备的实时浏览，如图 7-3 所示。

图 7-3　三维场景展示

(2)数据可视化。系统可集成设备及传感器等的数据，提供常见的数据源接入方式，轻松整合所有业务相关数据，数据信息实时呈现。针对业务运行管理重点，提取运行管理关键数据，进行专题分析并形成综合管理报表，为管理者提供决策依据，如图 7-4 所示。

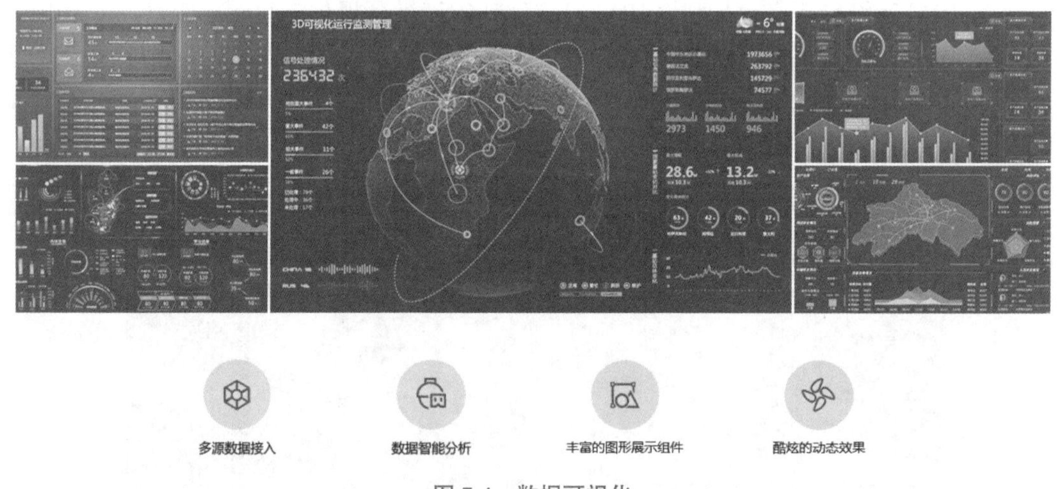

图 7-4　数据可视化

(3)IOT 物联网引擎。IOT 物联网引擎支持各种传感器及设备的技术接入和数据导入。基于 BIM 模型可以进行设备检索、运行和控制功能，当相关设备设施(如阀门、湿式报警阀、各类探测器、智能化设备等)发生异常或报警时，系统会自动显示该设备所在的空间位置；同时，协同摄像头及其他物联网系统，将所有与现场相关的信息全部报送到监控界面。

两者集成应用实现虚拟信息化管理与实体环境硬件之间的有机融合(图 7-5)。

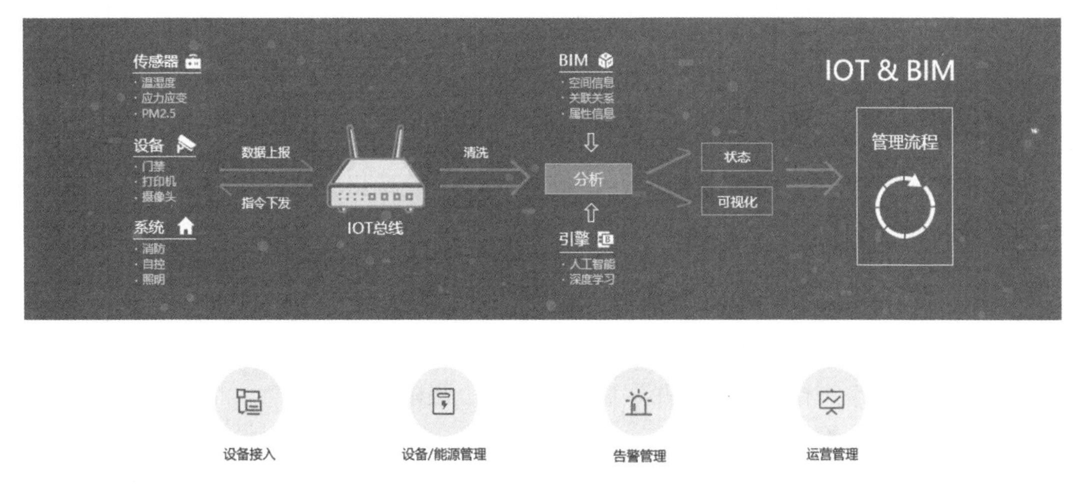

图 7-5　IOT 物联网引擎

(4)多应用场景展示。以 BIM 为载体，用数据创造价值，用个性化定制大屏等表现方式，为业务人员提供高效的移动化办公手段；同时，可通过 AR、VR 扩展完成远程辅导，辅助巡检等多个场景的运用，如智慧管廊、智慧机场、智慧水务、智慧能源、智慧安防、智慧医疗、智慧楼宇等(图 7-6)。

图 7-6　多应用场景展示

2. 智能运维的主要功能

智能运维将数字化、智能化相关技术融入运维系统，以大数据和机器学习为基础，从多种数据源中采集海量数据进行实时或离线分析，通过主动性、人性化和动态可视化，增强运维能力。

(1)健康建筑空间和人性化服务。对建筑物入驻企业、单位的信息进行统筹管理，取代原有的纸质化、平面化办公模式，实现管理人员对建筑设备、设施等更加直观的认识和运维。基于建筑工业互联网对建筑所有静态数据和动态数据的云端存储，通过大数据分析技术将所有系统变成一个整体，通过不断的深度挖掘，对环境、用户体验、运行成本等各方面出现的各类问题进行快速建模，向敏锐感知、深度洞察与实时决策的智能体发展，如员工进入办公区，自动识别其身份，允许其进入相应的办公区域。当员工在办公区域内办公时，依据员工的体感舒适度、衣着、个人习惯等，调节灯光、通风、温度等，满足员工个性化的环境需求，并可进行会议室预订、预约保洁等，提高交互感受，以智能运维实现以人为本的服务理念。

(2)重要设备间巡检。重要设备间巡检等业务方面提高相应的工作效率，节约基础耗材，储备更多有效数据。自动化巡检结合人工巡检的模式，可以减少巡检频次，节约巡检人力，存储的巡检数据可为今后制订更科学、合理的解决方案提供数据基础。

(3)设备维护管理。一是建立设施、设备基本信息库与台账，定义设施、设备保养周期等属性信息，建立设施、设备维护计划。二是可生成设施、设备维护保养计划和内容，对设施、设备运行状态进行巡检管理并生成运行记录、故障记录等信息，根据生成的保养计划自动提示到期需保养的设施、设备，自动下发到相关责任人，确保设备按时按计划进行保养，减少设备事故发生，提高设备使用率。三是对出现故障的设备从维修申请，到派工、维修、完工验收等实现过程化管理。四是工单报修，针对运行中出现的设备故障问题，可自动触发工单指派给相关维修人员手机 App，实时提醒维修进程和要求，提高事件的响应时效，提升处理效率。重要智能化监测设备故障自动提醒，第一时间通知相关责任人，通过智能化运维管理平台可准确定位位置与故障类型，避免设备事故发生。五是基于对设备运行时间、状态、维护维修记录的大数据分析与预测，发起预测性维护计划自动推送给相关人员，使设备保持良好的运行状态和安全运行，实现设备资产的保值与增值。

(4)空间管理。空间管理是针对使用建筑物的机构或企事业单位等各类组织的特点，在空间方面分析其管理需求，更好地响应组织内各部门对于空间分配的请求并高效处理日常相关事务，计算空间相关成本，执行成本分摊等核算，增强企业各部门控制非经营性成本的意识，从而提高企业的收益。一是进行空间分配。根据部门功能和空间分配原则，确定空间场所类型和面积，使用客观的空间分配方法，消除员工对所分配的空间场所的疑虑，同时快速地为新员工分配可用空间。二是进行空间规划。将数据库和 BIM 模型整合在一起，跟踪空间使用情况，提供收集和组织空间信息的灵活方法，根据实际需要、成本分摊比率、配套设施和座位容量等参考信息，使用预定空间，进一步优化空间使用效率；并且，基于人数、功能用途及后勤服务预测空间占用成本，生成报表，制定空间发展规划。

(5)资产管理。资产管理是运用信息化技术增强资产监管力度，降低资产的闲置浪费，减少和避免资产流失。一是日常管理，日常业务主要是对固定资产进行新增或整修、清理、转移、借出、归还、计提固定资产折旧、计算净残值等。二是资产盘点，进行资产盘点并对比盘点数据与数据库中的数据，对正常或异常的数据做出处理，得出资产的实际情况，并可按单位、部门生成盘盈盘亏明细表及附表、盘点汇总表及附表。三是折旧管理，包括按月计提资产折旧额、打印月折旧报表、备份折旧信息及数据，恢复折旧工作，手工录入折旧信息并进行调整。四是报表管理，可对单条或一批资产的情况进行查询，查询条件包括资产卡片、保管情况、有效资产信息、退出资产、转移资产、名称规格、起始及结束日期、使用某项资产的单位或部门。

(6)公共安全和能耗管理。公共安全管理是指应对各种突发事件，建立起应急及长效的技术防范保障系统。其中包括火灾自动报警系统、安全技术防范系统和应急联动系统。能耗管理主要由数据采集、处理和发送等功能组成。主要内容是：一是数据采集，提供各计量装置静态信息人工录入等功能，设置各计量装置与各分类、分项能耗的关系，在线监测系统内各计量装置和传输设备的通信状况。具有故障报警提示功能，灵活设置系统内各采集设备数据和采集周期。二是数据分析，将除水耗量外各分类能耗换算成标准煤量，并计算总能耗；实时监测以自动方式采集的各分类、分项总能耗运行参数，然后对采集的数据进行记录。三是报警管理，负责报警及事件的传送、报警确认处理及报警记录存档；报警信息可通过不同方式传送至用户。

(7)租赁管理。利用 BIM 技术对空间进行规划，分析空间使用状态、收益、成本及租赁情况，判断影响不动产财务状况的周期性变化及发展趋势，帮助提高空间的投资回报率，这样就能最好地利用出现的机会和规避风险。促进物理实体、数字虚体、意识人体有机融合交互，一方面支持人们工作生活高效展开；另一方面，使成千上万的建筑相互连接、互动与发展，如会议室、办公设备、停车位、社会性服务等。在资源从“拥有”向“使用”的理念下，数字运维为分享建筑中各种资源提供了支撑，企业可以灵活地分时租用建筑内的工位、会议室等空间资源。

3. 建筑物的结构健康监测

将物联网技术应用在建筑健康监测中，对于掌握建筑物工作状态、及时发现结构损伤、评估建筑安全情况有着重要的意义。能够实时地进行在线监测及安全性评估，节约了损伤探测；依靠先进的测试系统，可减少劳动力，降低人工误判。结构健康监测利用现场的、无损的、实时的方式采集环境与结构信息，分析结构反应的各种特征，获取结构因环境因素、损伤或退化而造成的改变，自动化测量，保障了测量的可靠性。工程应用结构健康监测系统，监测结构性能，检测结构损伤，评价和诊断结构健康状况，并做出相应的维护决策，减少停工和增加可靠性，保障建筑物的运营效率，降低运营费用。

结构健康监测是一种实时的在线监测技术，主要由以下 4 个系统组成：

(1)传感器子系统。建筑结构健康监测需要监测的对象主要有应力、应变、声发射、位移、压力、温度、结构损伤等多种参数，常用的传感器有光纤传感器、压电元件和应变元件，光纤传感器有电绝缘、耐腐蚀、能在强电磁干扰等条件下工作等特点。压电元件既可作为传感器，又可用作驱动器，具有灵敏度高、静态性能好、性能稳定等特点。传感器及其加速度计、风速风向仪、位移计、温度计、应变计、信号放大器等，将待测物理量转变为电信号，组成经济、可靠的分布式传感网络，实现大范围连续的健康监测。

(2)信息采集与处理子系统。将信号采集器及相应的数据存储设备等安装于待测建筑，从传感器采集的信号包含很多信息，通常情况下，由于外界噪声的影响及复合材料的复杂特性等，使得损伤特征信号的分析和提取异常困难，因此选择合适的信号处理方法很重要，采用模型分析、系统识别、人工神经网络、遗传算法、优化计算等信号处理方法对数据进行采样分析，并实时上传。

(3)信息通信与传输子系统。包括网络操作系统平台、安全监测局域网、与互联网的连接等，将采集并处理过的数据，用无线和有线网络将采集的数据上传至结构监测管理平台。

(4)信息分析和监控子系统。通过高性能计算机及分析软件，利用具备损伤诊断功能的软硬件分析相应数据，判断损伤的发生、位置和程度，对结构健康状况做出状态评估，若发现异常，则发出报警信息。对数据进行处理、分析和显示，并生成数据库。大型结构监测系统具体的结构如图 7-7 所示。

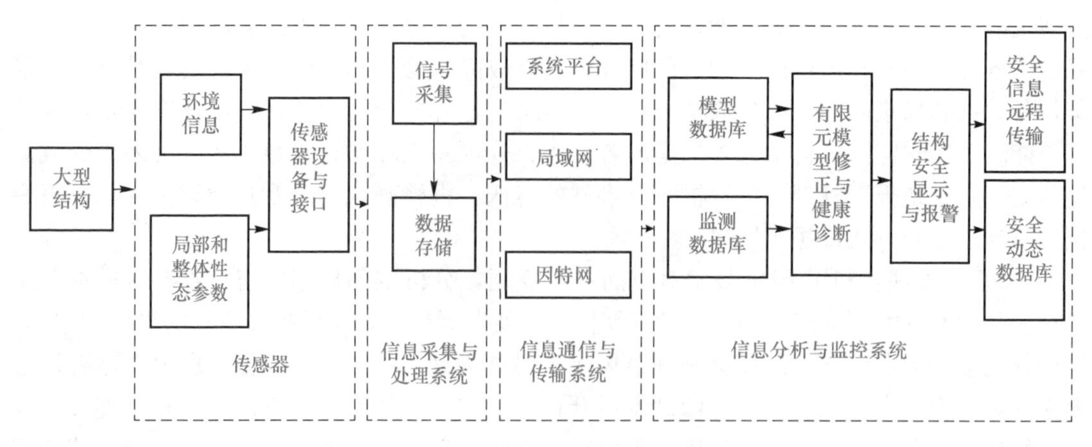

图 7-7 建筑物结构监测系统结构

7.2.5 智能家居

智能家居通过物联网技术将与家居生活有关的设施连接到一起，以实现智能化的生态系统。智能家居系统通常具有智能灯光控制、智能电器控制、安防监控、智能背景音乐控制、智能视频共享、可视对讲和家庭影院等功能。这些功能共同提升了住宅的安全性、便利性、舒适性、艺术性，并提供了环保节能的居住环境。

1. 智能家居系统的组成

智能家居系统通过在家庭环境中实现自动化和智能化，给用户提供舒适、便利和安全的家居环境。一个典型的智能家居系统应包括传感器子系统、安装在家电或其他家庭设施中的嵌入式子系统、通信网络子系统、控制中心子系统和人机交互子系统。

(1)传感器子系统。传感器是实现智能家居系统自动化控制的基础，用来监测家居环境中的各种信息，为控制系统的决策提供数据支持。如温、湿度传感器可测量住宅内各个房间的温、湿度值，控制中心可分析这些数值并根据结果发出指令，打开或关闭空调、加湿器等电器设备；光照传感器可检测室内的光照值，由此可根据用户的设定及时调节灯光亮度和窗帘的打开或关闭；烟雾和可燃气体传感器可通过检测烟雾和气体浓度来实现火灾的防范；玻璃破碎探测器可根据声音和振动来探测家居中的窗户玻璃是否被敲击振碎，配合人体红外探测器和安防监控摄像头，可为用户提供一个安全的家居环境。

(2)嵌入式子系统。嵌入式子系统是根据设备和应用的需要嵌入在设备内部以起到计算、处理、存储和控制的作用。其包括嵌入式处理器、外围电路和外部设备。与通用计算机系统相比，嵌入式子系统具有小型化、成本低、功耗低、可靠性高等特点。嵌入式子系统是实现智能家居自动化控制的核心。智能家居通过嵌入式子系统将家中的各种设备连接到一起，进行家电控制、照明控制、窗帘控制、电话远程控制、室内外遥控、防盗报警等多种功能。

(3)通信网络子系统。在智能家居通信中，无线技术和有线技术各有优势。比较常用的无线技术紫蜂(ZigBee)技术、蓝牙(Bluetooth)技术、WiFi、红外(IrDA)技术及 HomeRF 无线标准。比较常用的有线技术主要是现场总线。现场总线控制网的每个现场控制单元具有数字处理和双向高速通信的能力，采用分散控制的方式，其网络规模大且具有高度的稳定性。

(4)控制中心子系统。控制中心是智能家居系统传感信息汇聚的枢纽、逻辑计算和数据处理的平台、控制指令发布的中心。由于接入智能家居系统的各种家电和设施，会通过不同的网络技术、使用不同的网络协议、传输不同格式的数据，所以控制中心应具有多种无线网络接入功能，具有一定计算能力和存储空间，能够在异构的环境下完成整个系统的检测和控制。控制中心还是智能家居系统与外部网络进行信息交换的接口。用户可以在住宅内部通过控制中心检索互联网中的各种信息，也可以在出门时，通过外部网络接入智能家居信息，进行对家居状态的查询和控制。

(5)人机交互子系统。人机交互的高效性和可用性直接影响智能家居系统的用户体验。早期的智能家居人机交互系统延续了工业控制中基于触摸屏的方式。随着智能手机的出现和普及，手机交互成为目前最常见的智能家居交互方式。通过安装相应的手机 App 实现远程控制和定时开关等功能，提高了操作的便捷性和高效性。语音交互也越来越多地出现在成熟的智能家居产品中，成为未来最被看好的人机交互方式之一。通过采集跟踪人脸、手势、姿态、语音等用户信息，并在对其进行理解和处理之后将其转换为用户操作，语音交互、体感交互及触控交互等多种交互模式并行的多模态交互将提升用户的使用体验。

2. 智能家居的主要特征

(1)安装简单性。智能家居的系统可以简单地进行安装，而不必破坏建筑，不必购买新的电器设备，可与家中现有的电器设备，如灯具、电话和家电等进行连接。各种电器及其他智能子系统既可在家操控，又能进行远程控制。

(2)功能可扩展性。智能家居的系统功能具备可扩展性，可满足不同用户的需求。为了满足不同类型、不同档次、不同风格用户的需求，智能家居系统的控制主机可在线升级，控制功能也可不断完善，除实现智能灯光控制、家电控制、安防报警、门窗控制和远程监控外，还能拓展出其他的功能，如喂养宠物、看护老人和小孩、浇灌花园等。

(3)服务便利性。智能家居最基本的目标是为人们提供一个舒适、安全、方便和高效的生活环境，要以实用性、易用性和人性化为主，要摒弃那些华而不实、只能充当摆设的功能。

(4)系统可靠性。整个建筑的各个智能化子系统应能 24 h 运转，在电源、系统备份等方面采取相应的容错措施，确保系统的安全性、可靠性和容错能力，并具备应付各种复杂环境变化的能力。

(5)操作多样性。智能家居的操作方式多样 ，可以用智能触摸屏进行操作，也可以用情景遥控器进行操作，还可以用手机进行操作，可以在任何时间、任何地点对任何设备实现智能控制。如照明控制，只要按几下按钮就能调节所有房间的照明；情景功能可实现各种情景模式；全开全关功能可实现所有灯具的一键全开和一键全关等。

(6)规格一致性。智能家居系统的智能开关、智能插座与普通电源开关、插座的规格一样，可直接代替原有的墙壁开关和插座。假设新房装修时采用的是双线智能开关，则多布置一根零线到开关即可。智能家居产品规格一致性，使普通电工看简单的说明书，就能组装完成整套智能家居系统。

3. 智能家居相关产品

智能家居包括智能家电控制、智能灯光控制、电动窗帘控制、防盗报警、门禁对讲、煤气泄漏报警、三表抄送、视频点播等功能，不同功能可组合成多种产品。

(1)智能单品。由最简单的 WiFi 插座到网络化的空调、洗衣机等，出现了诸多可以和网络交互的智能产品，它们可以使用 App 与单品进行交互，并具有一定的数据分析能力。这些智能单品让普通用户体验到科技给生活带来的便捷。智能单品主要包括智能家电和前装类及衍生产品。智能电视、音箱的产品互联网化的程度比较高，前装类及衍生产品主要是指照明设施、插座、传感器和家装时采购的卫浴智能化产品。

(2)区域小系统。在卧室、卫生间等领域，由核心设备加周边设备构成智能家居区域小系统，实现区域智能化。如以某品牌智能音箱为核心，搭配蓝牙灯具、魔盒、无线红外转发和电动窗帘构成的儿童房场景，就能实现区域的智能化。区域小系统适用于快速构建智能化空间。

(3)全宅智能系统。全宅智能系统有两种形态，第一种为由传感器、照明设施、电动遮阳设施等组成的传统智能家居系统；第二种为多个区域小系统组合而成的全宅智能化系统。第二种系统是智能家居发展的趋势。

(4)智能家居服务。对于普通消费者而言，智能家居的个性化需求更为明显，如养老、教育、健康等服务。借助智能家居设备，使用智能家居数据，可以让用户更好地体验服务。而智能家居系统因其承载了服务，可以更好地满足用户的个性化需求。

第8章　装配式建筑案例参考

随着国家和各省市政府对装配式建筑政策引导与支持力度不断加大，激发了市场的内生动力，装配式建筑获得很大的发展，装配式建筑占新建建筑面积的比例不断提升。据不完全统计，2013年全国装配式建筑新开工约1 500万m^2，2014年约3 500万m^2，2016年陆续出台各项政策措施后，装配式建筑规模迅速增长，2019年全国装配式建筑新开工面积约4.2亿m^2，占新建建筑面积的比例约为13.4%，2020年，全国新开工装配式建筑共计6.3亿m^2，占新建建筑面积的比例约为20.5%。本章选取深圳长圳公共住房及附属工程作为装配式混凝土建筑的代表，选取湛江东盛路公租房案例作为钢结构住宅建筑的代表，从6个特征的角度进行案例介绍，供大家参考。

8.1　深圳长圳公共住房及其附属工程案例分析

该项目位于深圳市光明区，建设用地面积为15.83万m^2，总建筑面积为114.6万m^2，其中，住宅建筑面积为76万m^2，商业建筑面积为6.5万m^2，公共配套设施为3.2万m^2。总计有24栋高层塔楼，其中19栋建筑高度为150 m住宅、5栋建筑高度为100 m住宅、4层商业及裙房配套、3所幼儿园及2层地下车库。19栋建筑高度为150 m的住宅采用现浇剪力墙结构体系；7号、8号、9号楼为建筑高度100 m的住宅，采用装配式剪力墙结构体系；10号楼为建筑高度100 m的住宅，采用双面叠合剪力墙结构体系，6号楼为建筑高度100 m的住宅，采用装配式大框架钢混组合主次结构体系。

10号楼采用双面叠合剪力墙结构体系，标准层预制，裙房及地下室采用现浇。标准层预制构件的种类主要包括双面叠合剪力墙、预制叠合梁、预制叠合楼板、预制外挂凸窗、预制带凸窗非承重墙、预制楼梯、预制阳台、轻质条板等。

7号、8号及9号楼采用装配式剪力墙结构体系，标准层预制，裙房及地下室采用现浇。标准层预制构件的种类主要包括预制凸窗、预制带肋叠合板、预制楼梯、预制阳台板、预制剪力墙、预制外墙、轻质混凝土条板。

19栋150 m住宅采用现浇剪力墙＋PC预制构件的结构体系，标准层采用预制构件，裙房及地下室采用现浇。标准层预制构件的种类主要包括预制外挂凸窗、预制阳台板、预制楼梯、预制带肋叠合板、轻质条板。

6号楼100 m住宅采用大框架钢混组合主次结构。该结构体系是由大型结构构件(大跨度钢梁、大尺寸结构柱和大跨度楼盖)组成的主结构与标准化和模块化程度高的轻型次结构共同工作的一种装配式结构体系。装配式大框架钢混组合主次结构建筑(以下简称主次结构)是指采用大框架钢混组合主次结构系统，外围护系统、设备与管线系统、内装系统的主要部分采用预制部品部件集成的建筑(图 8-1)。

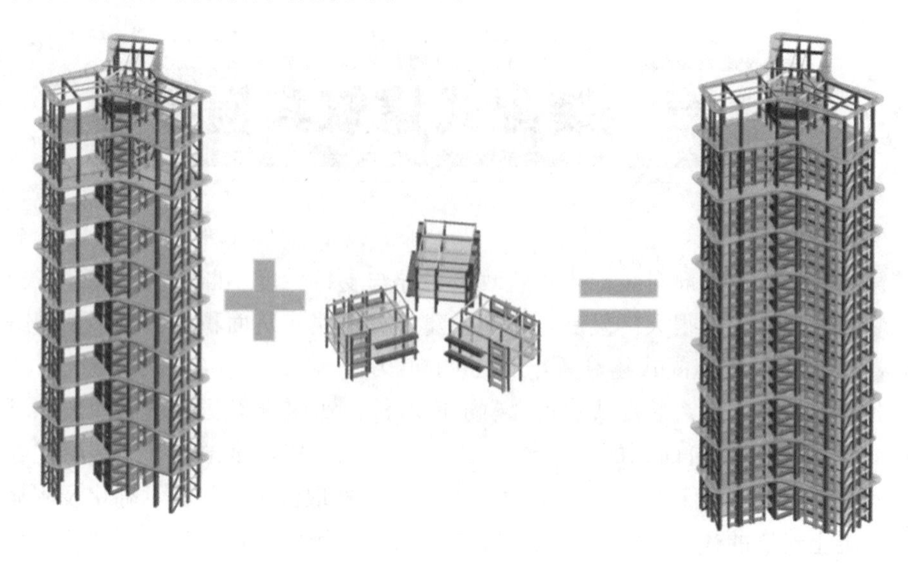

图 8-1　大框架钢混组合主次结构

大框架钢混组合主次结构具有抗侧刚度强、整体性能好、材料利用充分等优点。同时，可以满足多功能、多用途及造型新颖的建筑设计需要，具有以下特点：

(1)主、次结构体系传力明确。主结构抵抗风荷载、地震荷载和自重荷载；次结构不是主要承重结构，仅传递楼层及自重荷载至主结构。次结构有利于实现空间的开放性和长寿命期结构的可变性和适应性，便于标准化设计和生产。

(2)主、次结构体系可先施工其主结构，待主结构完成后分开各个工作面同时施工次结构，主结构柱一次吊装可达 3 层，次结构与主结构应采用螺栓干法连接，大大加快了施工速度。

(3)主、次结构有更大的稳定性和更好的效能，主结构划分出若干标准化的次结构，便于次结构及其模块化单元的规模化、工厂化生产。

(4)通过次结构的灵活变化，可以在同一栋住宅中实现不同功能房间的灵活搭配，适应不同使用需求，大框架钢混组合主次结构适用于住宅、办公和酒店等建筑。

综上所述，项目主要采用的结构体系有双面叠合剪力墙结构体系、装配式剪力墙结构体系、现浇剪力墙结构体系、装配式大框架钢混组合主、次结构体系，下面将从标准化设计、工厂化生产、装配化施工、一体化装修、信息化管理和智能化应用 6 个特征进行阐述。

8.1.1　标准化设计

装配式建筑标准化设计的基本原则是坚持“建筑、结构、机电、内装”一体化和“设计、加工、装配”一体化，即从模数统一、模块协同，少规格、多组合，各专业一体化考虑。其目的是实现平面标准化、立面标准化、构件标准化和部品标准化。

1. 平面标准化

项目采用深圳市公共住房户型设计竞赛特等奖户型，在此基础上，进行优化调整形成标准化户型，标准化户型要符合标准化设计、工厂化生产、装配化施工、一体化装修和信息化管理的装配式建筑基本特征，结合项目需求，设计出 65 m^2、80 m^2、100 m^2、150 m^2 4 种面积的 8 个标准化户型。户型平面规整，采用统一模数协调尺寸，基本单元采用 1M 模数设计，符合现行国家标准《建筑模数协调标准》(GB/T 50002—2013)的要求；结构主要墙体保证规整对齐，使结构布置合理。通过标准化、模数化、模块化设计，以建筑、结构、机电、内装一体化的无柱大空间装配式建筑体系为驱动，实现了套内空间布局的无限生长。

通过客群分析，研究深圳市民的居住习惯和需求，设计户型内部空间布局，并对收纳、厨卫等空间展开精细化设计。通过增加楼栋高度，各种户型灵活组合的方式，尽可能使标准单元楼层数量增加。平面设计采用南北通透的点式平层套型，整个项目共 24 栋塔楼，提供 9 672 套公共住房，采用 8 个标准化户型灵活组合出 11 种标准套型。各个组合平面套型平面左右对称布置，南北通透，为住户提供良好的居住体验。

以套型为标准模块，适应不同规划设计需求。通过建筑结构专业协同配合，应做到模块内部空间无墙无柱。确保套型模块可变性、多样性，能够满足住宅全生命周期空间灵活划分的需求。通过建筑与结构专业间的协同配合，可以在一定设计规则下，标准模块能进行变化，以满足户型标准化模块的不同功能需求。可以用系列化的模块组合成单元式、板式、塔式等不同的标准楼栋平面，如图 8-2 所示。

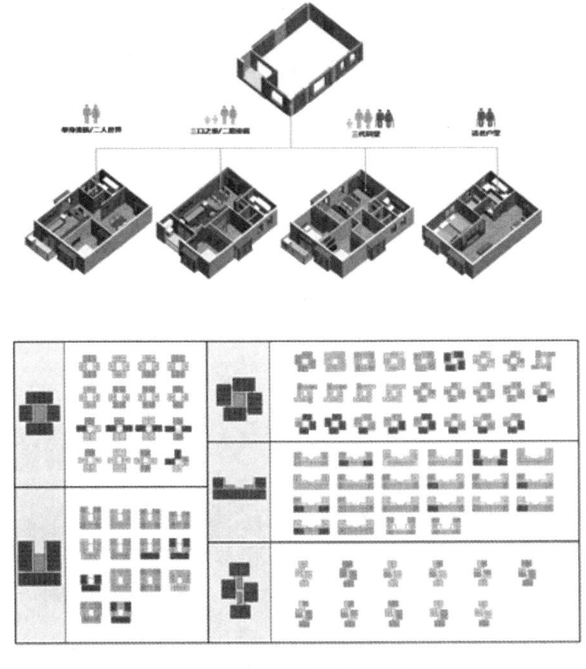

图 8-2　模块空间的可变性

2. 立面标准化

装配式建筑立面标准化的关键在于如何实现标准化与多样化的统一。装配式建筑应结合平面组合的特点，灵活组合外墙部品，结合饰面材料、肌理、色彩的变化，形成丰富的立面效果。标准化的平面往往限定了几何尺寸不变的户型和结构体系，相应也固化了外墙的几何尺寸。但其色彩、光影、质感、纹理搭配、组合是丰富多彩的，能够产生多样化的立面形式，如图 8-3 所示。

图 8-3 立面多样化

3. 构件标准化

装配式建筑是将工厂生产的预制构件和部品部件在工地装配而成的建筑，必然要求构件和部品实现标准化。而高重复率的预制构件是构件标准化的关键。也是装配式建筑必须遵循的原则。在构件设计中，应当不断地建立与充实标准化的构件库，使之不仅满足一个项目的使用，也为日后新的项目应用积累资源，使构件库不断丰富，达到像机械设计引用标准化零件一样，通过标准件通用化达到工业化装配的目标，如图 8-4 所示。

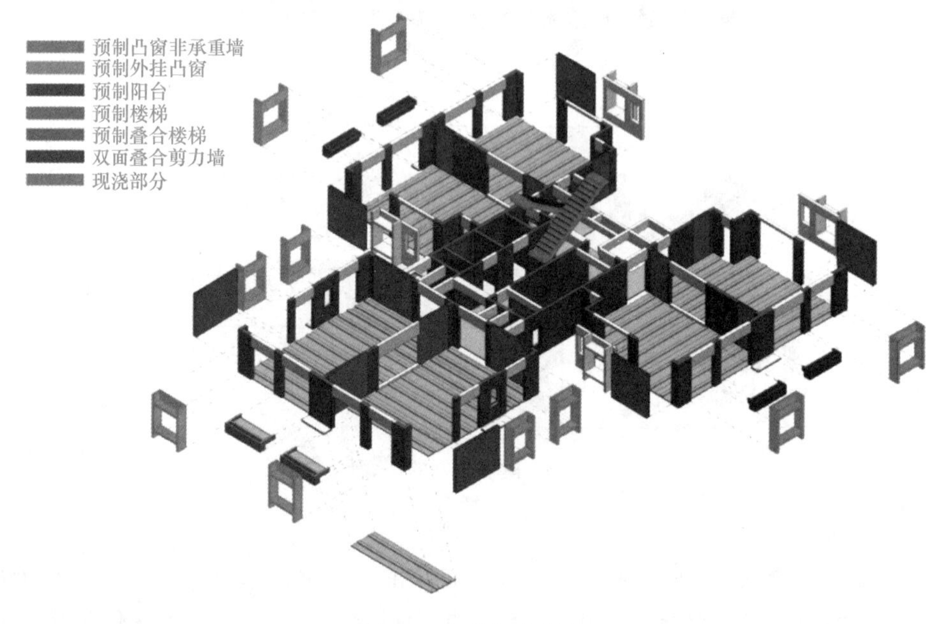

图 8-4 标准构件组合

大框架钢混组合主、次结构体系的主要构件有钢管混凝土柱、I 形钢梁、预制预应力带肋叠合板、ALC 空心条板及陶粒混凝土空心条板等。结合其建筑高度、抗震要求、功能需求等确定统一的构件尺寸，如钢管混凝土柱，直径为 800～2 000 mm，模数为 50 mm，可实现主结构层的整体吊装；I 形钢梁，梁高为 250～1 200 mm，模数为 50 mm；预制预应力带肋叠合板，板宽为 1 000～2 400 mm、模数为 50 mm，板长为 3 000～8 000 mm、模数为 100 mm，从而实现构件的标准化(图 8-5)。

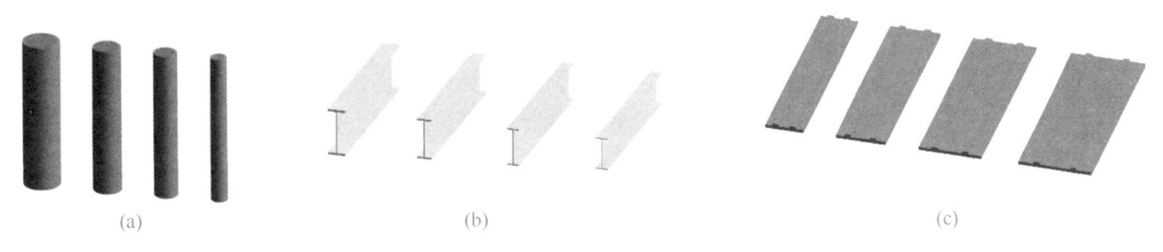

图 8-5　大框架钢混组合主次结构体系标准构件

(a)钢管混凝土柱；(b)I 形钢梁；(c)预制预应力带肋叠合板

4. 部品标准化

基于标准户型模块，在净尺寸控制的室内空间模数网格中，选择适合的功能模块为"小模块"(住宅建筑比较适合选取厨房、卫生间模块)。对其进行模数化、标准化、精细化的设计。以比例控制、模数协调的方法进行标准化模块设计。如厨房模块主要为一字形、L 形和 U 形，集合烹饪、备餐、洗涤、存储等厨房功能，通过模数协调及模块组合，满足多种户型需求，如图 8-6 所示。

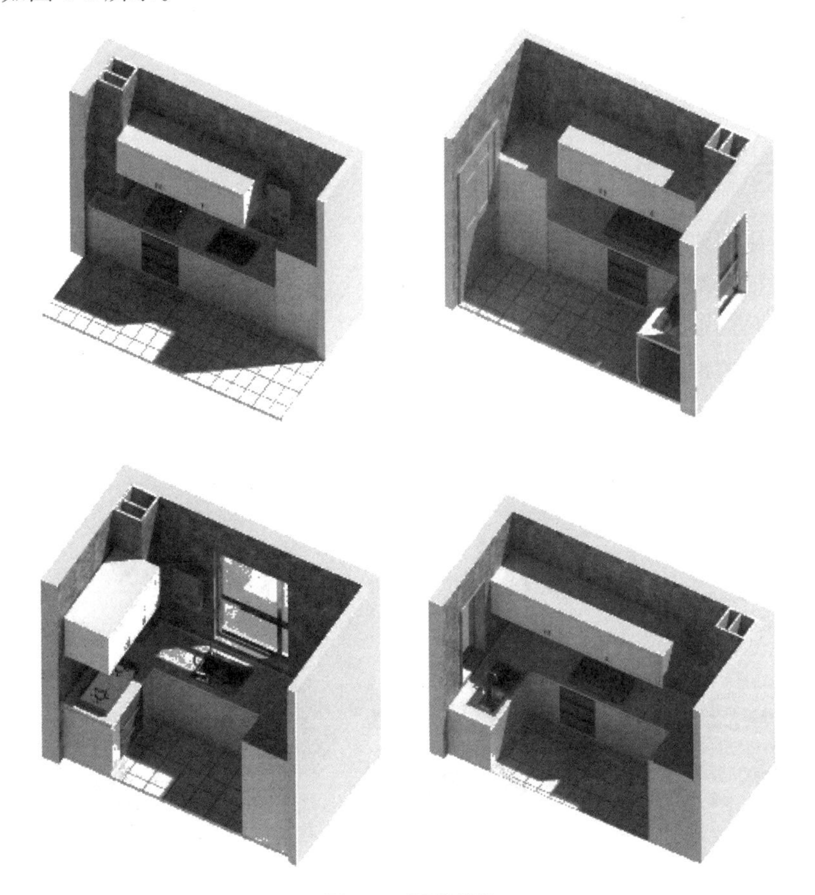

图 8-6　厨房模块

8.1.2 工厂化生产

1. 双面叠合墙生产

双面叠合剪力墙在工厂进行生产的主要工序包括模具组装、钢筋网片制作、钢筋桁架放置、混凝土浇筑与养护、翻转挤压、二次养护、拆模、堆放。以下介绍较为重要的生产制造环节。

(1)模具组装。机械手根据中央控制系统提供的数据，准确地选择磁性边模在模板上的位置，把磁性边模放置在模板托盘的平面，开启边模内磁铁进行固定，如图 8-7 和图 8-8 所示。

图 8-7　拆模、清洗及喷油

图 8-8　边模置放

(2)钢筋网片制作及钢筋桁架放置。双皮墙生产流程中钢筋网片的制作是一个关键性环节，系统通过存储的数据进行钢筋下料，机械手并在操作平台上进行点位的标记，机械手通过点焊的方式将钢筋组合成钢筋网片。钢筋桁架根据墙板的高度(宽度)事先进行切割、焊接等工序加工完成，由机械手或人工摆放到布置好钢筋网片的模台上，如图 8-9 和图 8-10 所示。

图 8-9　钢筋网片的制作

图 8-10　钢筋桁架的加工

(3)混凝土浇筑和养护。在模台上安置模具及钢筋后，传送到混凝土喂料的工位上浇筑混凝土。混凝土直接从搅拌站或者通过传输罐运送到喂料机的料斗。

构件在模台上通过堆垛机送进养护窑，进行第一次养护。构件养护是由中央控制系统来操作，控制系统会第一次和第二次养护模台分区放置。一次养护的模台，在经过 8～10 h 后，由中央控制系统发出指令，堆垛机从养护窑内把养护好的构件取出，送往翻转机的工位，如图 8-11 和图 8-12 所示。

(4)机械翻转。通过固定装置把预制构件固定在模台上后，翻转机做 180°的翻转，对准在翻转工位上的混凝土。翻转机下行，把墙板的钢筋桁架扣压到新浇筑的混凝土上，振动密实，如图 8-13 所示。

图 8-11　布料

图 8-12　蒸养

图 8-13　墙板翻转机

2. 其他预制构件生产

项目预制楼梯、预制阳台、预制凸窗等构件，一般采用固定台模进行生产。工厂化生产的流程如图 8-14 所示。

固定台模生产线主要包括模具清扫与组装、钢筋加工安装及预埋件安装、混凝土浇筑及表面处理、养护、脱模、存储、标识、运输，如图 8-15 所示。

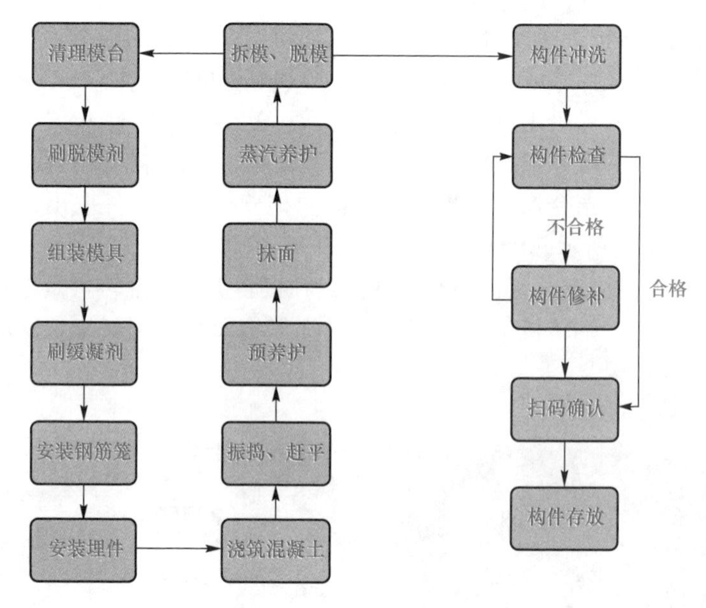

图 8-14　工厂化生产流程

图 8-15　预制构件生产

(a)模具安装；(b)预埋配件；(c)混凝土浇筑；(d)连接毛面冲刷；(e)成品堆放

预制构件的存放应根据预制构件的类型进行相对的存放形式，主要有竖立插放和水平堆放两种形式。

(1)竖立插放。预制外挂凸窗、预制墙体等预制构件适用于竖立插放的方式进行存放。竖立插放是通过专门设计的插放架进行固定，插放架应有足够的刚度，并需支垫稳固，防止倾倒或下沉。通过竖立插放存放的预制构件宜升高离地存放，确保根部面饰、高低口构造、软质缝条和墙体转角等部位不受损伤以保障预制构件的质量(图 8-16)。

图 8-16　竖直立插放示例

(2)水平堆放。预制楼梯、预制叠合板、预制阳台等预制构件适用于采用水平堆放的方式进行存放。水平堆放的堆放场地需平整夯实，应设置排水沟，堆放时底板与地面之间需有一定的空隙，预制构件之间应采用 100 mm×100 mm 垫木隔开，垫木上下对齐，不同类型的预制构件应分别堆放，且堆放高度不宜超过 1.5 m(图 8-17)。

图 8-17　水平堆放示例

预制构件的成品保护是最大限度地消除和避免成品在施工过程中的污染与损坏，以达到减少和降低修补成本，提高成品一次合格率、一次成优率的目的。在运输、临时堆放、吊装、安装过程中要对预制构件进行成品保护，否则一旦造成损坏，将会增加修复工作，造成工料浪费、工期拖延，甚至造成永久性缺陷。因此，项目特别注意在运输过程中、现场临时堆放、吊运及安装过程中预制构件的成品保护。

8.1.3 装配化施工

1. 双面叠合墙施工

双面叠合剪力墙结构体系的施工过程主要包括楼面弹线，预制楼梯的吊装，凸窗吊装，钢筋运吊，双面叠合剪力墙吊装，周转材料吊运，剪力墙铝合金模板安装，剪力墙钢筋绑扎(机电暗管预埋)，铝合金模板安装、加固，预应力叠合板吊装，梁、板钢筋绑扎，水电预埋，阳台板吊装，面筋绑扎，铝膜收尾、验收、混凝土浇筑，混凝土养护。

(1)放线、定位。项目施工现场技术管理人员负责测量放线工作，其操作方式及流程与普通现浇混凝土结构基本相同。以设计图纸为依据，结合实际施工现场情况灵活选择建立合适的参照点，以所选取的参照点来建立控制网线，再由控制网线来确定施工控制线及待建工程的相关轴线、水平标高控制线等。

(2)吊装调整。墙板吊装之前，现场作业人员应该严格依据设计图纸，对墙板所有预埋钢筋的位置、尺寸和规格进行检查，若与设计图纸有差别，应立刻调整直到满足设计图纸和相关规范的要求。需要将墙底部预埋钢筋和基础顶部或下层墙体顶部预埋钢筋疏直扶正，凿毛墙体底部混凝土并清理墙底浮浆以保证预制墙体与现浇混凝土之间有良好的粘结性能。

(3)墙板吊装就位。叠合墙板初次固定后将其水平高度、垂直度、水平度、位置、尺寸均调节满足要求后需要拧紧固定在墙的侧边的斜支撑螺栓，充分固定好叠合墙体。

(4)墙板支撑的安装与固定。每块已吊装就位的叠合墙板都采用两个斜向支撑来支撑固定。每块叠合墙板在生产时就在其 2/3 高度处预埋连接件，用于斜撑与墙板间采用专用螺栓进行连接，而斜撑底部与地面锚固采用的是地脚螺栓；斜撑与水平楼面或地面的夹角为 40°～50°。

(5)绑扎暗柱钢筋及附加钢筋的安装。叠合墙板安装调整结束后，即可根据设计要求来绑扎暗柱钢筋和安装附加钢筋。暗柱竖向钢筋的连接方式宜采用焊接，且接头应根据相关规范的要求错开；同时安装附加钢筋与暗柱的箍筋，并将附加箍筋绑扎固定在暗柱箍筋上。

(6)暗柱支模浇筑。现浇暗柱的相关钢筋安装完毕并通过检查验收后，即可开始安装现浇暗柱的模板。为了确保现浇部位混凝土表面质量和现浇与预制部位连接部位质量，现浇部位模板的安装要精准。

(7)叠合墙板混凝土的浇筑。为保证现浇混凝土的浇筑质量避免其因收缩出现开裂，墙体空腔内应选用微膨胀的细石混凝土进行浇筑，由于叠合式墙体厚度只有 250 mm，内部空腔部分厚度只有 150 mm，振捣不便，因此易选用自密实混凝土进行浇筑。

每层墙体混凝土应浇筑至该层楼板底面以下 300～450 mm 并满足插筋的锚固深度时停止浇筑，根据设计要求将插筋绑扎好之后接着浇筑完剩余部分。

(8)叠合墙板墙间插筋的检查和调整。为了确保上一层叠合墙板能够顺利、准确安装就位，本层混凝土浇筑结束后，应立刻对照设计要求调准插筋。为了避免插筋在校准后发现位移，可在插筋的两端固定牢固两根直径为 14 mm 的钢筋，并用两根直径为 14 mm 的钢筋将两端的两根钢筋分别沿墙宽度方向连接起来，最后将所有的插筋都固定在沿墙宽度方向上的两根直径为 14 mm 的钢筋上。

2. 其他预制构件施工

(1)预制凸窗安装。吊装之前要将预制凸窗下面的现浇楼板面清理干净。起吊预制凸窗采用专用吊运钢梁和专用吊具。吊装前将螺栓拧入下层构件预埋的螺栓套筒，并调整螺栓顶标高为 $H+0.02$ m，同时，将预制凸窗连接件固定在下层 PC 预制凸窗上，然后开始吊装预制凸窗。预制凸窗就位后，将预制凸窗连接件与预制凸窗固定，随后安装斜支撑。预制凸窗的临时支撑应在本层楼板混凝土达到拆模强度方可拆除，如图 8-18 所示。

(2)预制阳台安装。熟悉设计图纸、检查核对构件编号，并标准吊装顺序，根据施工图纸区分阳台的型号，确定安装位置。预制阳台支撑采用钢支撑搭设，同时根据阳台板的标高位置线将支撑体系的顶托调至合适位置处。预制阳台采用预制板上预埋的 4 个吊环进行吊装，确认卸扣连接牢固后缓慢起吊，如图 8-19 所示。

(3)预制楼梯安装。为了保证预制楼梯准确安装就位，需控制楼梯两端吊索长度，要求楼梯两端部同时降落至休息平台上。吊装前由质量负责人核对楼梯型号、尺寸，检查质量无误后，由专人指挥起吊，起吊到距离地面 0.5 m 左右，塔式起重机起吊装置确定安全后，继续起吊。对准预留钢筋，安装至设计位置。预制楼梯底部及侧面干硬性砂浆塞缝 24 h 后，开始进行预制楼梯灌浆施工(图 8-20)。

(4)预制外墙安装。调整预制外墙插筋的位置，保证钢筋位置准确；确保斜支撑埋件的位置准确。吊装前由质量负责人核对预制外墙型号、尺寸，检查质量无误后，由专人指挥起吊，起吊到距离地面 0.5 m 左右，塔式起重机起吊装置确定安全后，缓缓下降墙板，对准控制线将预制外墙定位。依据楼面控制线，调整构件至设计位置，固定斜支撑(图 8-21)。

图 8-18　预制凸窗安装

图 8-19　预制阳台吊装

图 8-20　预制楼梯吊装

图 8-21　预制外墙吊装

(5)预制剪力墙安装。吊装前由质量负责人核对预制剪力墙型号、尺寸，检查质量无误后，由专人指挥起吊，起吊到距离地面 0.5 m 左右，塔式起重机起吊装置确定安全后，继续吊装，吊装全过程需缓慢吊运。对准控制线将预制剪力墙定位。依据楼面控制线，调整构件至设计位置，固定斜支撑(图 8-22)。

(6)预制叠合板安装。按照施工方案放出控制线，搭设预应力叠合板支撑体系，检查支撑标高。吊装前由质量负责人核对预制内墙型号、尺寸，检查质量无误后，由专人指挥起吊。4 个吊点均匀起吊，保证构件平稳吊装，起吊到距离地面 0.5 m 左右，塔式起重机起吊装置确定安全后，继续起吊。缓慢下落至指定位置并调整标高(图 8-23)。

图 8-22 预制剪力墙吊装

图 8-23 预制叠合板吊装

(7)灌浆施工工艺。基层清理、坐浆料封浆；按规定制作灌浆料。依次灌注预制构件注浆孔，待浆料呈柱状从出浆孔流出时用橡胶塞对出浆孔逐一封堵。注浆完成后及时清理构件表面浆料及施工机具(图 8-24)。

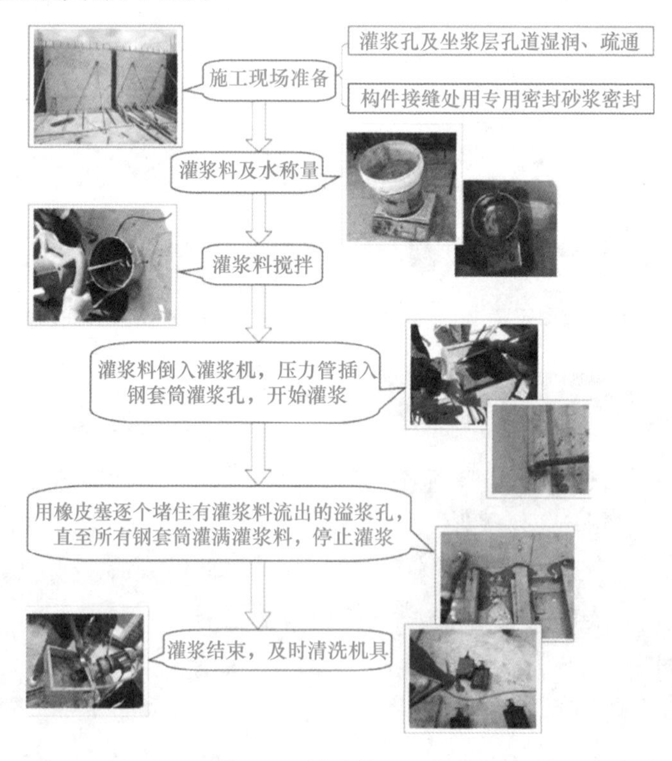

图 8-24 灌浆施工工艺流程

8.1.4 一体化装修

内装系统全部采用装配式装修。装配式内装系统的设计与建筑设计同步协同进行，并与结构系统、外围护系统及设备管线系统进行一体化集成设计。设计全专业协同，精准预留各类洞口、线槽，构件生产时，提前预埋各种管线、灯盒，综合管线碰撞检查，指导一次加工、精准下料和安装，如图 8-25 所示。

图 8-25 一体化装修

装修系统中的墙、顶、地系统均与机电管线一体化集成。墙系统分为墙体和墙饰面。其中，墙体分为龙骨隔墙和条板隔墙；墙饰面分为饰面板、壁纸、涂料，根据不同房间的性能要求，如防火、隔声、防水等。墙体构造做法和饰面板根据不同空间的使用要求进行调整。装配式墙体采用轻钢龙骨墙，内敷设给水分支管线。墙面采用带集成饰面层的一体化板材，不应采用现场抹灰、涂刷等湿作业过多的工法，如图 8-26 所示。

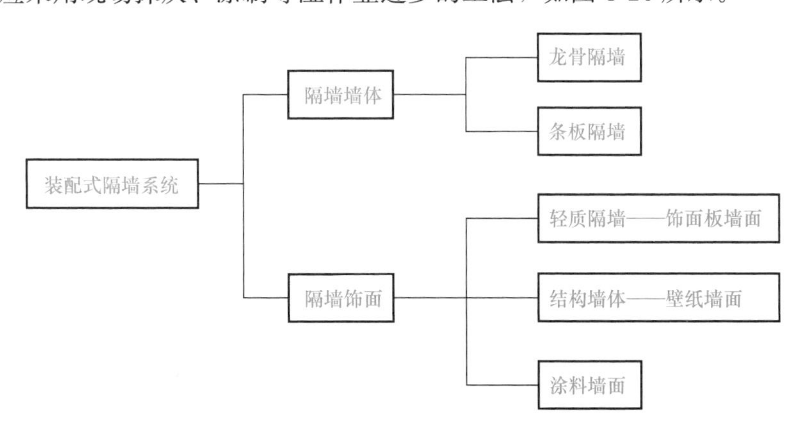

图 8-26 装配式墙体系统构成

装配式吊顶系统分为免吊杆吊顶和有吊杆吊顶。免吊杆采用龙骨吊顶、软膜吊顶、成品石膏线。有吊杆吊顶一般是龙骨吊顶。吊顶饰面板一般有石膏板及矿棉吸声板、金属穿孔饰面板等，如图 8-27 所示。

一般功能空间可全面采用成品石膏线吊顶(沿房间四周，内部敷设水电管线)。根据顶部灯的选型和设计位置选择某些空间全面吊顶、软膜吊顶、局部线脚走线(结构楼板内电线取消)。并且在装配式吊顶内设置可铺设管线的架空层。房间跨度不大于 1 800 mm 时，宜

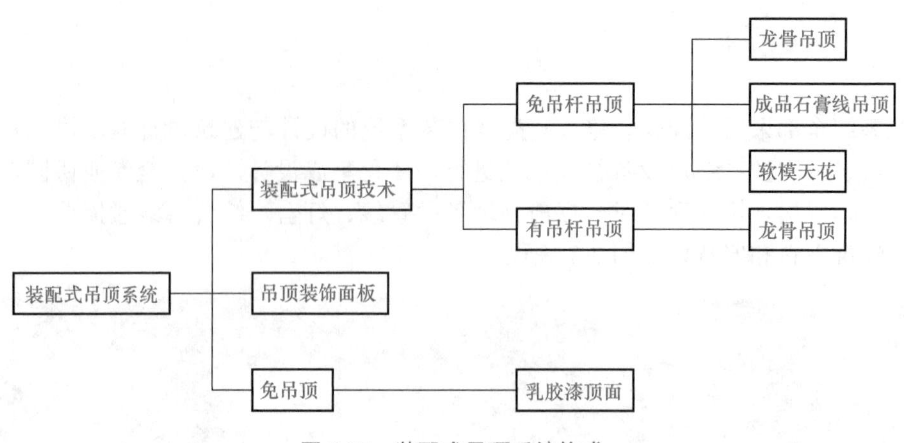

图 8-27　装配式吊顶系统构成

采用免吊杆的装配式吊顶。房间跨度大于 1 800 mm 时，吊杆或其他加固措施，宜在楼板(梁)内预留预埋所需的孔洞或埋件。装配式吊顶宜集成灯具、排风扇等设备设施。

装配式楼地面面层的平整度、耐磨性、抗污染、易清洁、耐腐蚀、防火、防静电等性能应满足使用功能的要求，有水房间的楼地面材料还应满足防水、防滑、防蛀等性能要求。不同使用性质的房间对地面面层的性能要求不同，设计时应注意参考相关技术资料或相关规范进行有针对性的设计，如图 8-28 所示。

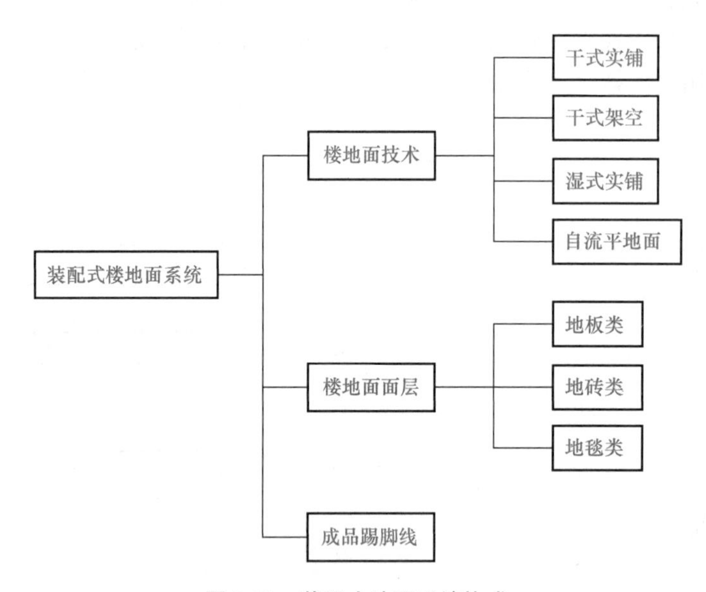

图 8-28　装配式地面系统构成

本体系楼地面技术采用干式架空地面。楼地面面层可根据需要选择地板、地砖、地毯类。楼地面的架空高度应计算确定，满足管线排布的需要，并考虑架空层内管线检修的需要，应在管线集中连接处设置检修口或将楼地面设计为便于拆装的构造方式。

用水房间应有防止水进入架空层的措施。用水房间架空地板系统应设计便于观察架空层情况的措施，防止漏水、凝水或沼气聚集。

8.1.5 信息化管理

该项目建立了“项目管理平台”，包含的参建单位有发包人、承包人、全过程咨询单位联合体、施工单位、分包单位以外的勘察单位、设计单位、材料设备供应商、工厂、建筑技术研发单位等多家专业单位，实现了多方参与协同、实名制、视频监控、BIM 轻量化引擎、项目实施进度模拟、点云扫面等智能建筑、智能监管功能。

(1)文档协同。文档协同功能模块旨在提高协同办公效率，使办公过程变得规范化、流程化，更好地控制时间和落实工作责任人。发起协同时可指定协同人和抄送人，文档协同过程中满足灵活处理功能，根据实际情况，可修改完成时间，增加协同人员，对于协同的文档在线进行批注处理，方便多方人员对同一文件进行商讨，协同结果将以图片形式进行留底，使工作流程变得透明化。

(2)过程管理。以项目管理全过程的思路，文件管理集合项目立项，报批报建，合同、图纸、施工、设备、材料管理，以及后期移交验收宣传展示的全过程管理服务，有效对文件进行整理和使用，支持批量处理和增删改查操作，使文件资料得到有序管理。

(3)协同审批。审批模块根据项目实际使用情况多次优化和调整审批流程，系统综合了各种审批业务流程，解决部门信息孤岛问题，简化办公流程，在时间控制、信息交换、任务反馈等过程中都能灵活操作，清晰记录，使审批过程提高效率减少差错。同时，为确保审批的公信力，每个参与人的审批动作都会被准确地实时记录。

8.1.6 智能化应用

1. 数字设计

项目依托互联网、物联网、大数据分析等信息化技术，建立智慧建造数字设计功能：为各项目在设计阶段提供设计标准，部品构件库分为公司级和项目级部品构件，都将汇总在平台上进行展示，各项目均以 BIM 轻量化模型为载体实现 EPC 各环节信息的互联互通，并形成项目模型库在平台上进行展示(图 8-29)。

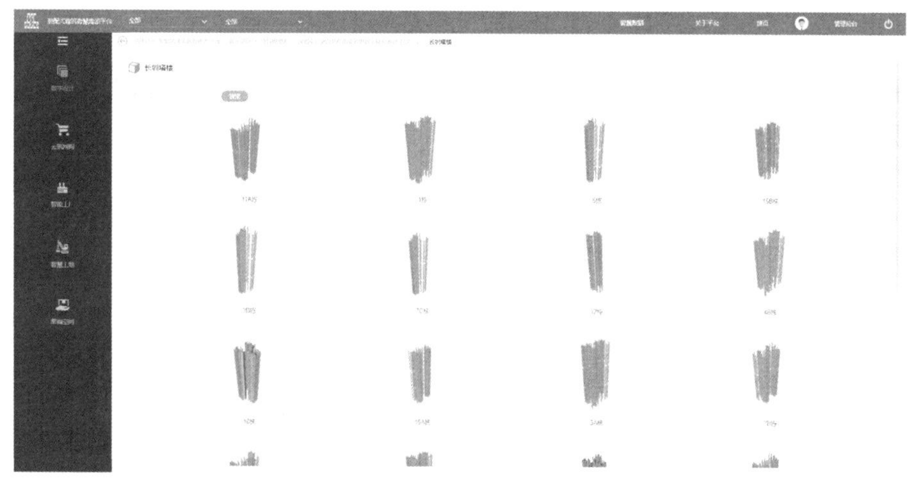

图 8-29　模型库平台

2. BIM 轻量化模型展示

利用 BIM 轻量化模型完成全生命周期信息的汇总，同时以单一构件为最小管理单元完成项目由构件—标准层—塔楼—社区的全链条数据组合形式，最后完成项目数字设计信息无损汇总与传递，接通 BIM 轻量化模型和构建追溯功能，通过自由视角直接查看项目建筑信息，实时查看项目构件安装进度，构件基本信息和安装过程记录(图 8-30)。

图 8-30 模型库

3. 构件二维码全生命周期追溯系统

对建筑工程项目中的预制构件进行全生命周期的扫码式信息管理。依托自主开发平台，从设计、生产、库存、运输、进场、安装、验收及一户一型二维码全生命周期信息，大大提高了信息管理水平。

(1)深化设计环节信息管理。手机 App 端的构件深化设计信息直接由平台数字设计模块传输到全生命周期追溯系统，扫描现场构件二维码可以显示所有的设计信息及图纸等内容，便于现场人员确认构件内容。

(2)构件加工环节信息管理。设计信息直接通过平台传输给构件加工厂，工厂直接读取设计信息并于生产环节完善脱模、隐蔽工程验收、抹光工序及成品验收等关键工序的信息录入。现场使用时也可以查看构件加工环节的信息，如构件名称、加工单位、加工日期、厂内验收人员等，可以形成质量管理的全过程追踪(图 8-31)。

(3)构件进场环节信息管理。现场人员可通过手机 App 进行进场验收。过程中记录接受日期、验收日期、验收记录、验收标准以及验收人员，验收信息可追溯，为项目的安全、质量、进度提供数据支撑(图 8-32)。

(4)构件安装环节信息管理。通过手机 App 实时记录现场构件安装过程(安装工序、安装位置)，安装人员、安装日期，同时安装前的一些准备工作，包括吊装令等过程文件实时上传，对工程质量的责任人信息进行数据备案(图 8-33)。

图 8-31　构件加工管理界面

图 8-32　进场验收管理界面

(5)安装验收环节信息管理。过程记录之间日期、复检日期、质检情况、质检人员为工程竣工验收报告提供了可靠依据和质量保证。一旦发生质量或安全问题，相应责任人信息可追溯(图 8-34)。

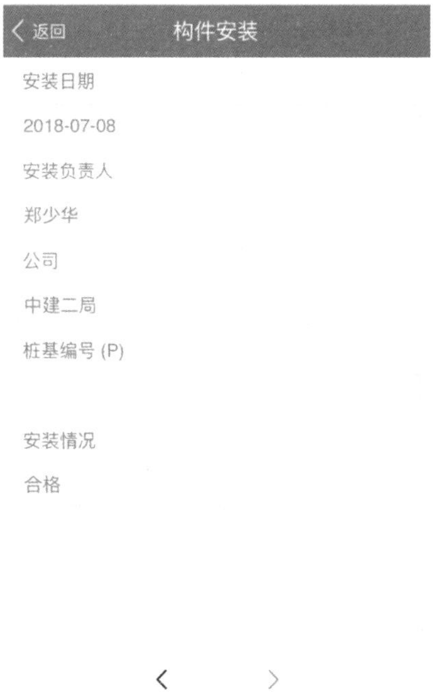

返回
构件安装
安装日期
2018-07-08
安装负责人
郑少华
公司
中建二局
桩基编号 (P)
安装情况
合格

图 8-33　安装管理界面

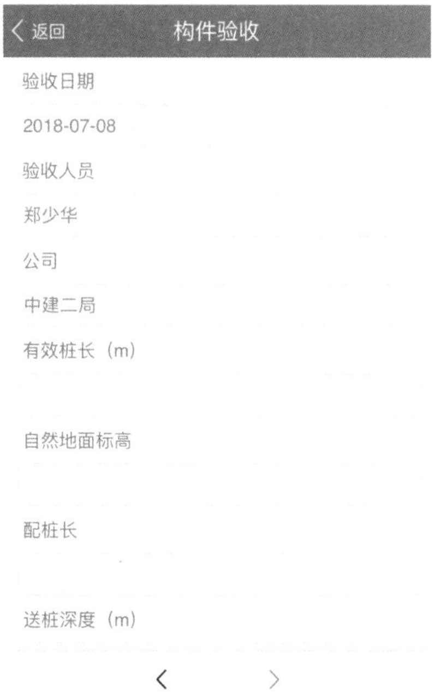

返回
构件验收
验收日期
2018-07-08
验收人员
郑少华
公司
中建二局
有效桩长（m）
自然地面标高
配桩长
送桩深度（m）

图 8-34　安装验收管理界面

8.2 湛江东盛路公租房案例分析

该项目位于湛江市赤坎区，是湛江市政府投资建设的保障性公共租赁住房，为青年教师、青年医生等多层级群体提供 840 套公共租赁住房，以完善湛江市居民住房保障体系，改善居住环境，解决务工人员住房问题。根据国家相关政策和《广东省公共租赁住房实施意见》的相关规定，湛江市住建局提出了“以服务人民为宗旨、满足人民需求为目的，让低收入人群有条件享受更高质量的生活品质”的总体建设要求。项目规划总用地面积为 24 885.55 m²，包含三幢地下 2 层、地上分别是 32 层、28 层和 30 层公共租赁住房，标准层层高为 2.90 m，总建筑面积为 68 606.00 m²，共建设公共租赁住房 840 套(共 3 种户型，面积均小于 60 m²)。

该项目为“住房和城乡建设部钢结构装配式住宅建设试点项目”，采用钢框架+混凝土核心筒结构体系，预制构件种类包括钢柱、钢梁及钢筋桁架楼承板、空调板、部分外墙(非承重墙)、部分内墙、阳台、楼梯等。住宅塔楼、商业裙房外墙、内墙采用蒸压加气混凝土(ALC)条板和局部加气混凝土砌块，外墙和分户内墙厚 150 mm、住宅户内隔墙厚 100 mm。外墙饰面采用干挂饰面板系统。

8.2.1 标准化设计

在方案设计阶段，针对住宅设计特性，构建方案评价模型，从舒适性、经济性、施工便利性、装配式可推广性 4 个维度共 57 项指标制定详细评分办法，客观评估方案综合品质。经过评价分析，共推出 4 种形式 16 套建筑平面，再从住宅品质、标准化程度、经济性等方面比选，最终确定综合指标较优的蝶式平面(图 8-35、图 8-36)。

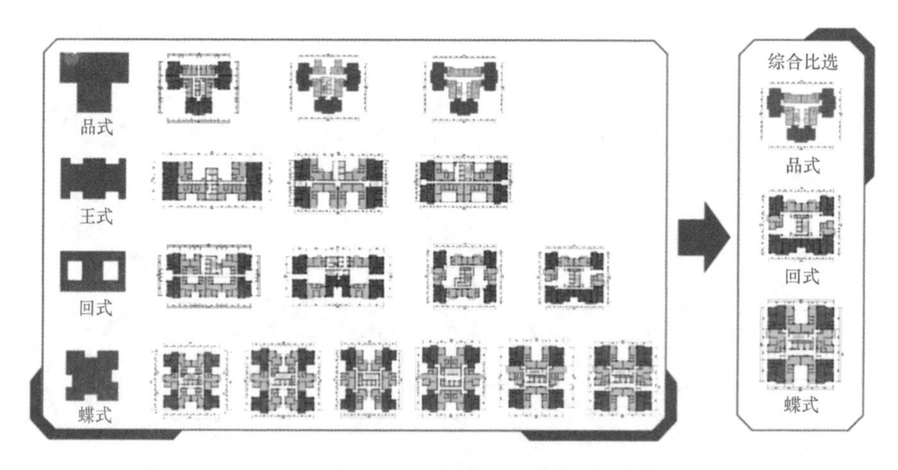

图 8-35 平面方案比选

在品质对比的基础上，对方案的标准化程度进行对比。分析结果表明，回字形各项规格种类较多。综合对比，选择碟形等方案(表 8-1、图 8-37)。

品质对比（1/2）

对比项	蝶式	回式	品式
使用率（单元K值）	0.79	0.77	0.78
本层对视（18m界定）	无	无	6卧室
楼对视（18m界定）	无	无	无
生活阳台	全部有	全部有	2户无
最小客厅开间	2900	2800	2900
最小卧室规格	2400*2400	2500*2700	2300*2600
最小卫生间规格	1200*1900	1300*2000	1400*1600
最小厨房规格	1400*2300	1400*2700	1400*2400

品质对比（2/2）

对比项	蝶式	回式	品式
走道采光、通风	一般	较好	较差
台风对内部影响评估	较低	较高	较低
消防风险评估	较低	较高	较低
功能房间穿梁	厨房或卫生间局部穿梁	D户型卧室衣柜处穿梁	A2、C户型厨房穿梁 A1户型厨卫穿梁
日照（南/北/东/西）	4/4/1/1	4/4/1/1	4/4/1/1
阴/阳角	18/22	10/22	12/16

图 8-36　品质对比

表 8-1　标准化程度对标

对比项	蝶式	回字	品字
户型种类	3 种	4 种	3 种
厨房规格种类	3 种	4 种	3 种
卫生间规格种类	3 种	3 种	3 种
客厅开间宽度种类	2 种	3 种	2 种
主卧房间种类	3 种	4 种	3 种
次卧房间种类	2 种	2 种	1 种

综合评选结果

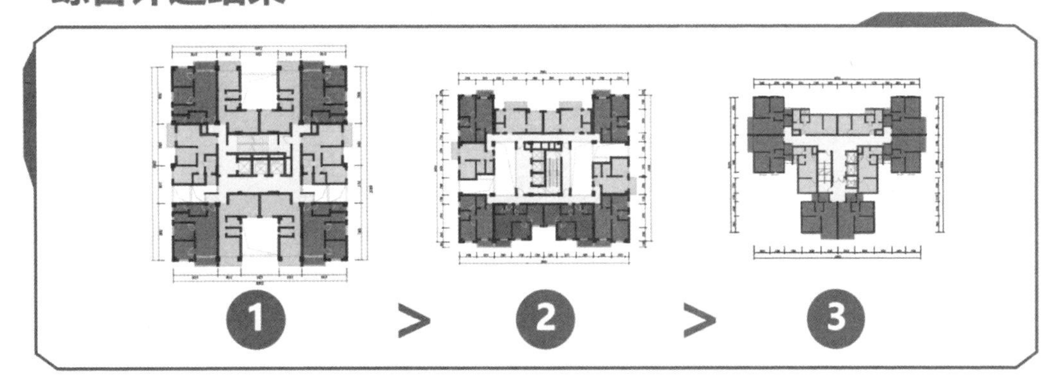

图 8-37　户型综合评选结果

在标准化设计方面，采用模数化的设计方式来实现房间模数标准化和墙板模数化，减少了墙板材料的浪费。

1. 房间模数标准化

建筑设计采用统一模数协调尺寸，符合《建筑模数协调标准》(GB/T 50002—2013)的要求；起居室和卧室的开间采用模数设计，厨房、卫生间设计符合对应模数协调标准(图 8-38)。

(1)墙板模数标准化：结合条板 600 mm 宽模数，设置开窗位置。

(2)门窗尺寸标准化：门窗洞高度一致，同类房间宽度规格保持一致。

(3)窗扇尺寸标准化：窗户分格、开启扇宽度保持一致。

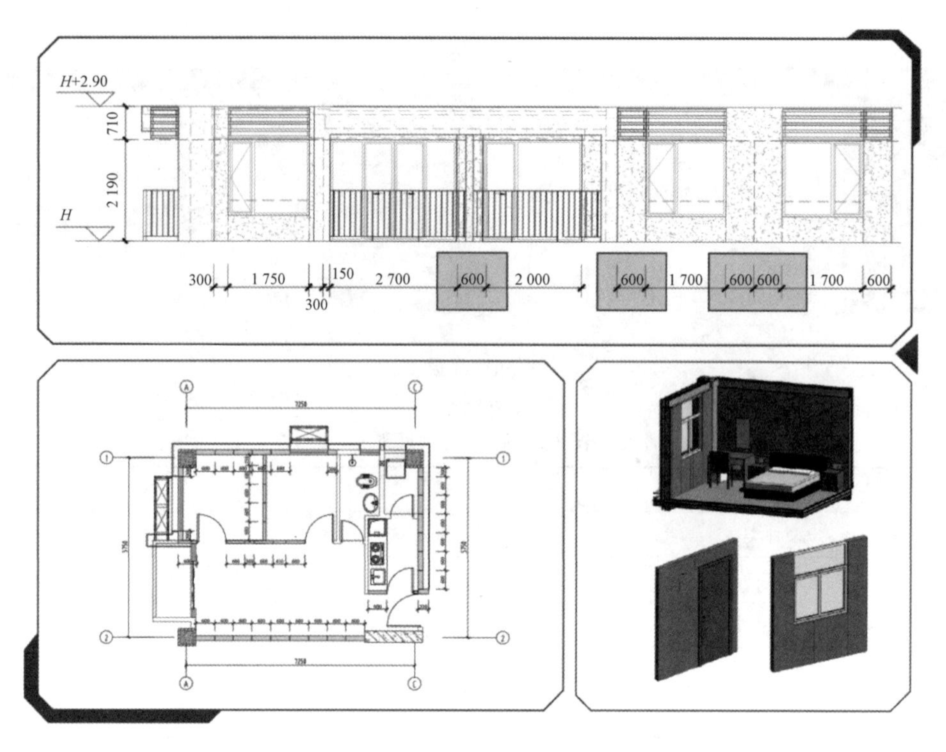

图 8-38　房间模数标准化

2. 部品部件标准化

设计时充分考虑后期制造与施工的影响，各部品部件采用标准化设计，采用少种类多组合原则。重点部位包括外墙干挂幕墙、空调板、外门窗、钢梁钢柱等，如标准层型钢截面种类为 4 种，整体型钢构件应用比例超过 22%(质量比)(图 8-39)。

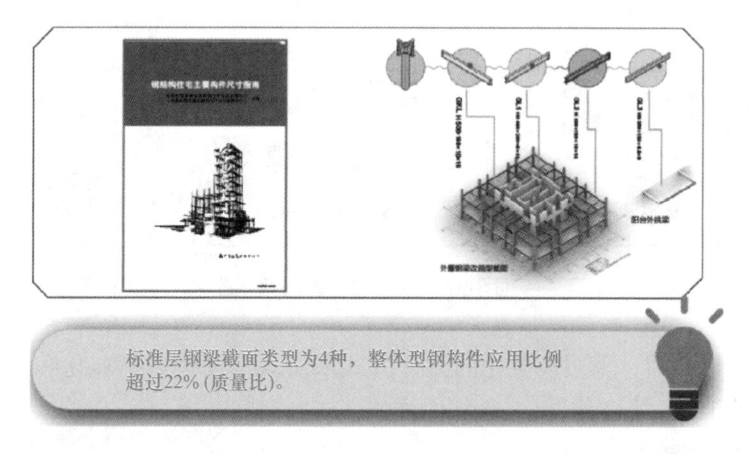

图 8-39　部品部件标准化

3. 平面标准化

本项目平面布局时结合钢结构建筑特点，尽量规整，合理控制楼栋的体型。平面设计的规则性有利于结构的安全，符合《建筑抗震设计规范(2016 年版)》(GB 50011—2011)的要求，并可以减少部件部品的类型，降低生产安装的难度，有利于经济的合理性(图 8-40)。

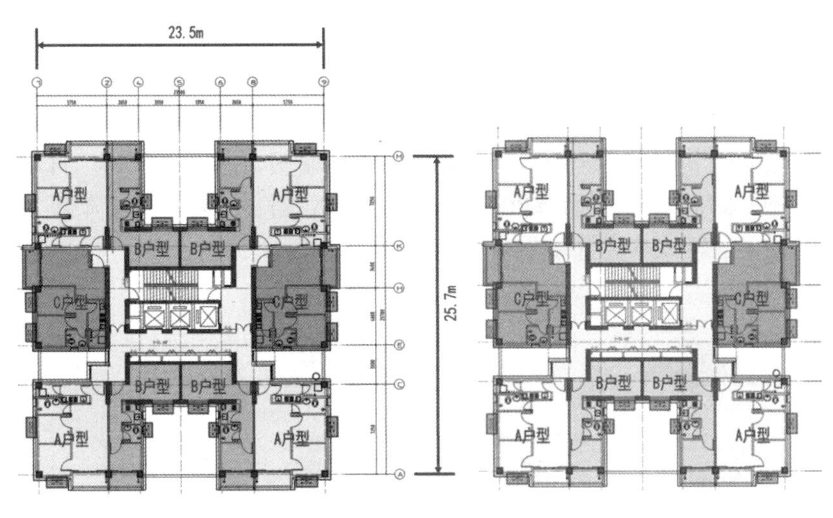

图 8-40　平面标准化

4. 空间模块化

本项目在设计时采用模块及模块组合的设计方法，将户型分为客厅、卧室、厨房、卫生间、阳台，各模块遵循模数化标准设计，组合成为户型模块。不同居住模块和核心筒相互互补，组合成标准层，最后竖向延伸完成住宅塔楼设计(图 8-41)。

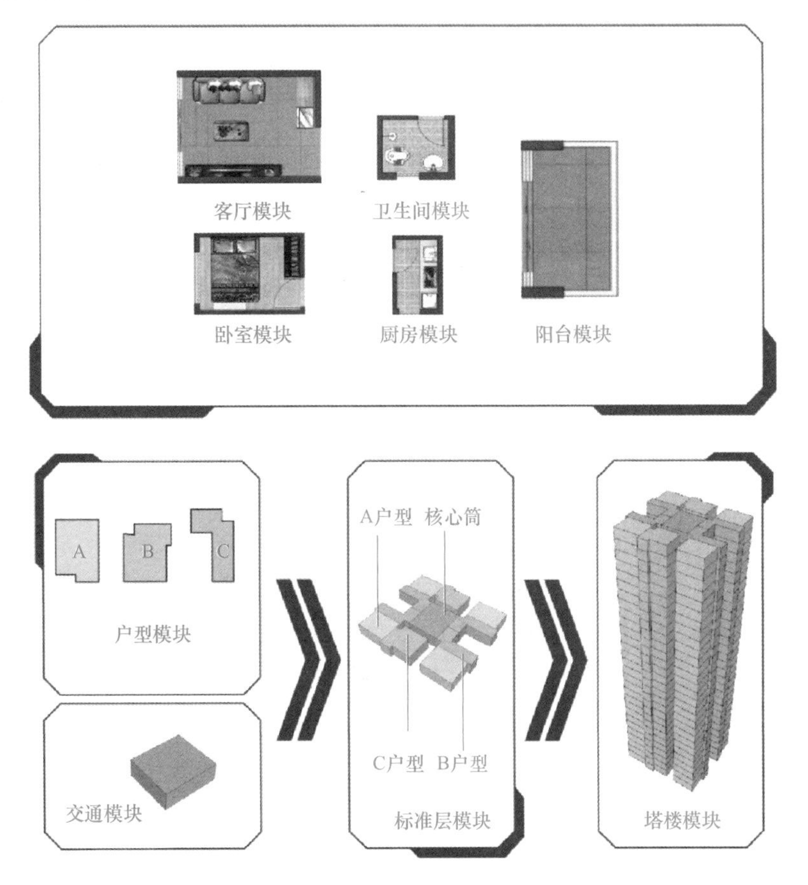

图 8-41　空间模块化

8.2.2 工厂化生产

本项目的预制部件主要有钢构件、楼承板、ALC 墙板，通过标准化、自动化生产线进行批量生产。钢梁采用惠州智能制造生产线，由此工效提高 20%，能耗降低 10%，产品不合格率降低 20%，运营成本降低 20%(图 8-42、图 8-43)。

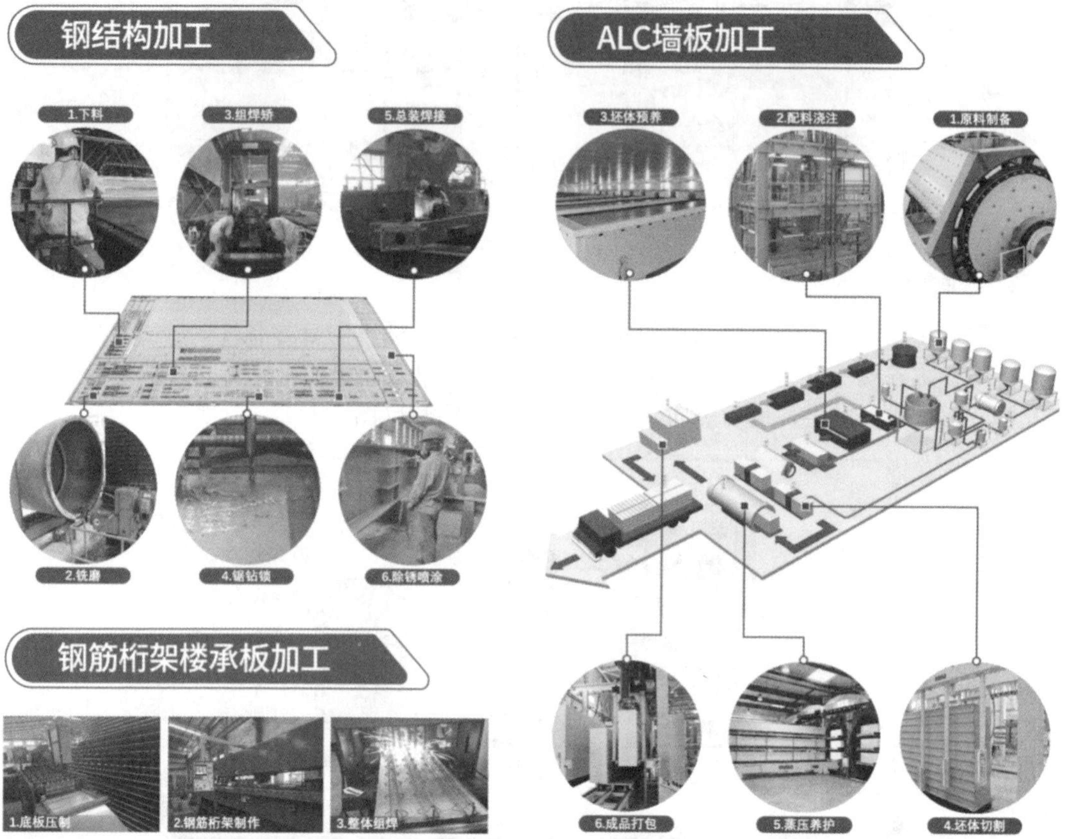

图 8-42　构件工厂化生产

智能下料中心　部件加工中心　自动铣磨中心　自动组焊矫中心　锯钻锁中心　机器人装焊中心　自动喷涂中心

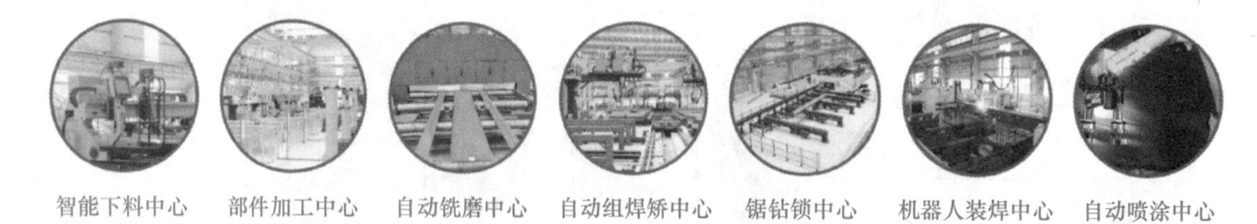

图 8-43　钢构件智能化生产

8.2.3 施工装配化

1. 施工组织

本项目装配式施工具有免外架、免构造柱、免支模、免抹灰 4 大特点。平面上做到平行施工，提高组织效率；立面上核心筒和外框不等高同步施工，形成流水作业(图 8-44)。

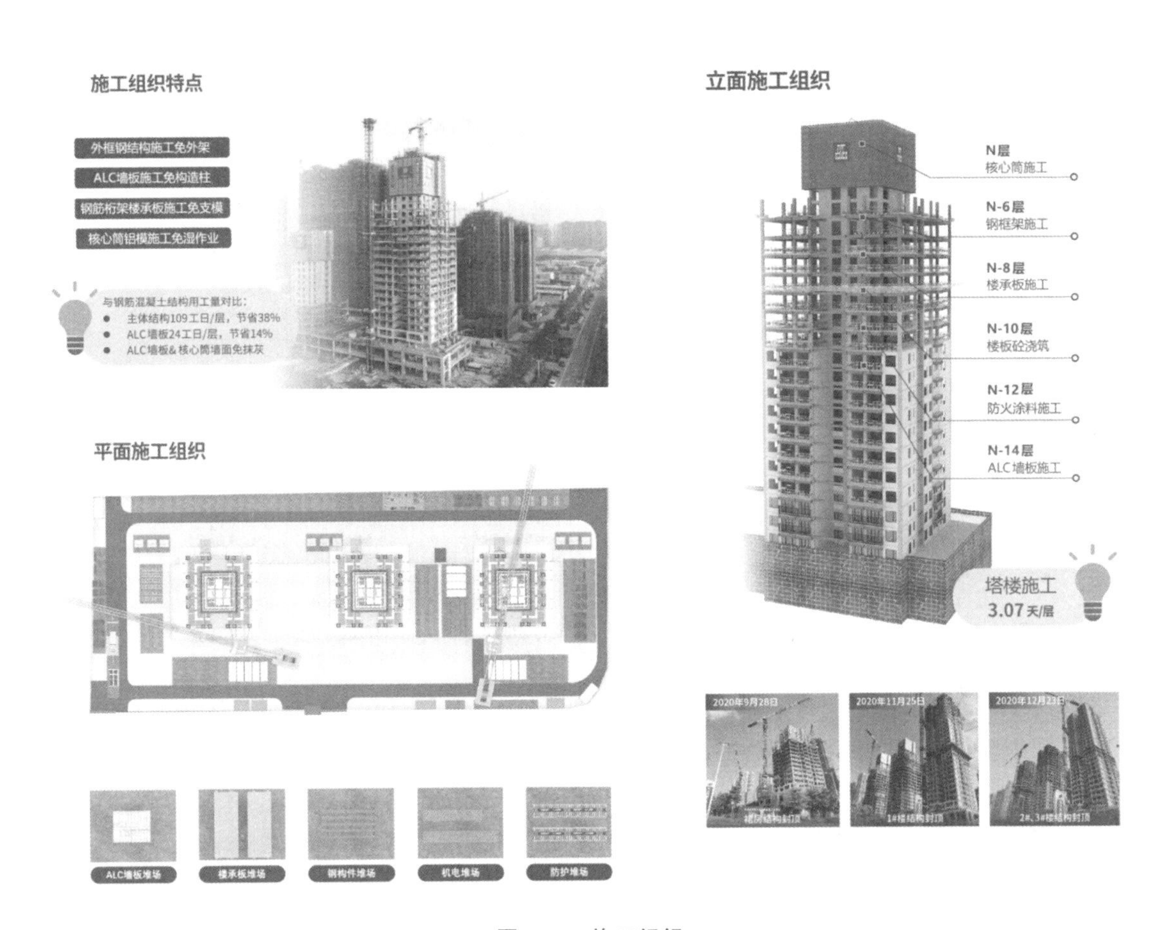

图 8-44 施工组织

2. 各工序施工要点

针对钢结构、核心筒、钢筋桁架楼承板、ALC 墙板及外墙铝板等分项工程关键工序的深化设计，加工制作，现场安装进行识别，严格监管，确保施工质量。各构件施工深化、加工和安装要点如图 8-45 所示。

外框钢结构施工

深化要点	主要从材料规格等级、节点构造、构件分段、与土建、机电等专业协同配合、临时措施验算等方面进行控制。
加工要点	主要从构件尺寸、拼缝位置、牛腿位置、螺栓孔位、焊接质量、油漆厚度、坡口形状等方面进行控制。
安装要点	主要从整体安装顺序、轴线定位、标高及垂直度校正、螺栓紧固、焊缝质量、涂料厚度等方面进行控制。

核心筒铝模施工

深化要点	主要从整体承载力、门窗位置、管线洞口预留、截面大小、与附着体系的协同关系等方面进行控制。
加工要点	主要从构模板尺寸、孔位间距、材质厚度、模板刚度、模板平整度、模板表面钝化处理等方面进行控制。
安装要点	主要从构件尺寸定位、横向加固措施、竖向支撑措施、斜向加固措施、拆除顺序、拆除时间等方面进行控制。

钢筋桁架楼承板施工

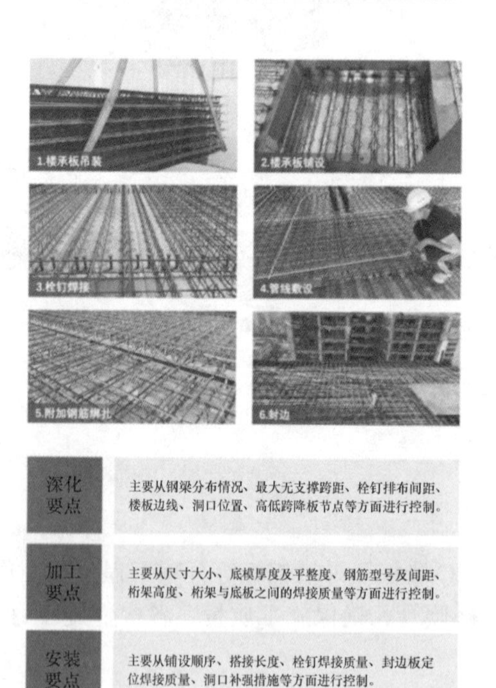

深化要点	主要从钢梁分布情况、最大无支撑跨距、栓钉排布间距、楼板边线、洞口位置、高低跨降板节点等方面进行控制。
加工要点	主要从尺寸大小、底模厚度及平整度、钢筋型号及间距、桁架高度、桁架与底板之间的焊接质量等方面进行控制。
安装要点	主要从铺设顺序、搭接长度、栓钉焊接质量、封边板定位焊接质量、洞口补强措施等方面进行控制。

ALC墙板施工

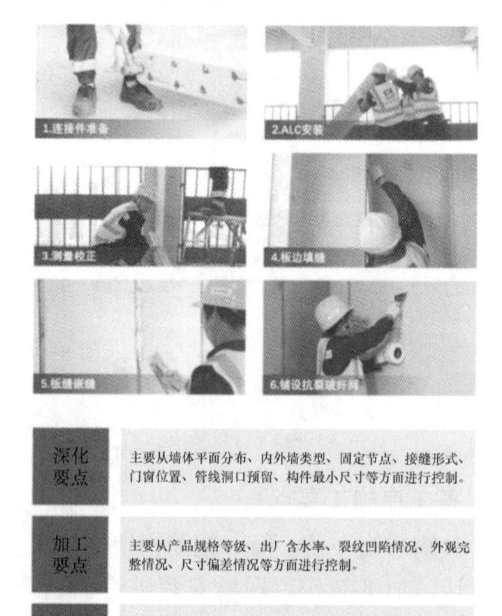

深化要点	主要从墙体平面分布、内外墙类型、固定节点、接缝形式、门窗位置、管线洞口预留、构件最小尺寸等方面进行控制。
加工要点	主要从产品规格等级、出厂含水率、裂纹凹陷情况、外观完整情况、尺寸偏差情况等方面进行控制。
安装要点	主要从安装含水率、安装顺序、放线定位、切板质量、钻孔质量、防渗抗裂措施、隔音补强措施等方面进行控制。

图 8-45　施工深化、加工和安装要点

外墙铝板施工

图 8-45　施工深化、加工和安装要点(续)

8.2.4　一体化装修

1. 装配化装修样板间

该项目 1 号楼 10 层设有装配化装修样板间，该户型采用了一室一厅的布局。室内墙面吊顶均采用装配式装修，现场干式工法占比 70%以上，所有饰面材料均在工厂根据需求定制后来到现场装配，最大限度地减少现场污染并降低碳排放。

基于装配式钢结构体系，原基墙平整度极高且免抹灰，与装配式装修高度适配。吊顶墙面等通过龙骨干挂于墙面，饰面层与基层中的间隙空间用于布置水电管线，一方面充分增加了现场作业效率；另一方面也方便后期对饰面层及管线的更换。整个样板间从材料进场到完工验收共计 14 天(图 8-46)。

图 8-46　装配式装修

2. 可变空间样板间

在项目 1 号楼 10 层设有一个可变空间样板间，充分发挥钢结构装配式建筑空间灵活多变的优点，室内无隔墙，仅采用家具进行户内分割，并通过移动衣柜及隔断完成空间的隔断、整合与优化，以满足不同使用场景的需求(图 8-47)。

图 8-47　可变空间样板间

8.2.5　信息化管理

本项目采用BIM+EPC，信息化管理深度融合到设计、生产、施工等全过程中，实现了各参与方相互协同，从段到段转变为从端到端。鉴于本项目采用从方案设计开始的全过程工程总承包模式，项目在启动阶段即构建了全生命周期EPC主要工作管理流程，深度融合设计、招采与施工管理，制定详细工作清单(表8-2)。

表 8-2　详细工作清单

EPC各阶段工作分解					
序号	工作事项		EPC工作接口		
	分类	分项	设计E	采购P	施工C
1. 设计启动阶段					
1.1	前期资料收集及分发		▲	—	—
1.2	可研报告、估算及其批复分析、估算商务核算		▲	▲	▲
1.3	招标投标文件、主合同、标前协议分析		△	▲	△
1.4	总体造价目标设定、各专业限额指标设定		△	▲	△
2. 方案设计阶段					
2.1	设计输入条件	造价拆分、分项限额指标、主要材料消耗量指标确定	△	▲	△
2.2		设计任务书、设计标准落实	▲	△	△
2.3		获取商务采购要求	△	▲	—
2.4		获取施工组织方案、技术方案、生产工艺要求	△	—	▲
2.5		获取其他监督管理部门的相关要求	▲	▲	▲

续表

EPC各阶段工作分解					
序号	工作事项		EPC工作接口		
	分类	分项	设计E	采购P	施工C
2.6	技术论证及定案	总图规划方案论证及定案	▲	△	△
2.7		平面功能、疏散楼梯、交通方案论证及定案	▲	△	△
2.8		组织层高、净高论证及定案	▲	△	△
2.9		立面设计效果及标准论证及定案	▲	△	△
2.10		装配式技术方案论证及定案	▲	△	△
2.11		上部结构体系及设计指标论证及定案	▲	△	△
2.12		基础方案论证及定案	▲	△	△
3. 初步(扩初)设计阶段					
3.1	设计输入条件	调整分项限额指标及主要材料消耗量指标	△	▲	△
3.2	技术论证及定案	防水方案论证及定案	▲	△	△
3.3		内外墙材料及大样节点论证及定案	▲	△	△
3.4		楼、屋面板体系论证及定案	▲	△	△
3.5		钢结构连接节点及防腐、防火体系定案	▲	△	△
3.6		各专业系统方案论证及定案	▲	△	△
3.7	概算编制		△	▲	△
4. 施工图设计阶段					
4.1	设计输入条件	内外部需求变更的论证及确认	▲	△	△
4.2	技术论证及定案	材料样板定案	▲	△	△
4.3		协调BIM模型条件落实	▲	△	△
4.4		各专业接口交接面、设计细节、收边收口等论证及定案	▲	△	△
5. 现场施工阶段					
5.1	全专业施工图纸设计交底及会审		▲	△	△
5.2	设计变更论证及确认		▲	△	△
5.3	二次深化设计		△	△	▲
5.4	现场施工组织		—	△	▲
5.5	成本控制及合约管理		—	▲	△

1. 设计管理

本项目的设计管理贯穿项目建造全周期，推动项目建立合理交叉、相互协调、资源优化的进度管理体系，使设计、采购、施工有效穿插最大化，缩短项目工期。项目发挥了EPC模式优势，设计阶段深度融合施工需求，施工周期较施工总包模式缩短了22.1%（图8-48）。

2. 施工管理

本项目的施工管理由现场向工厂延伸，结合装配式钢结构建筑体系的应用，建立“工厂+现场”的劳动力资源计划，工人结构也发生变化，具体情况如图8-49和图8-50所示。

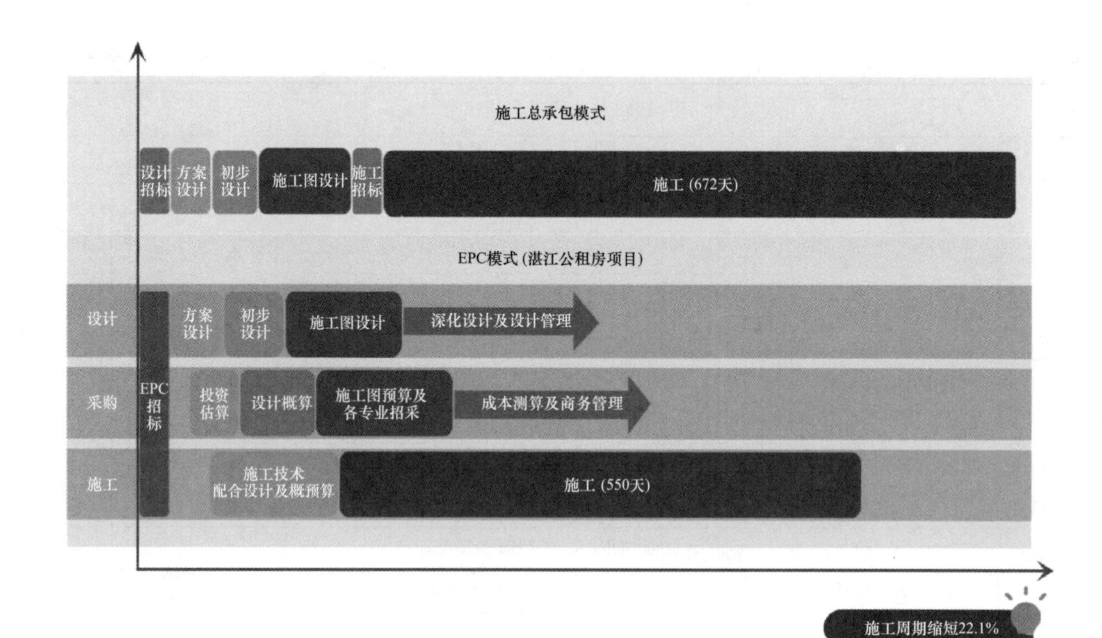

图 8-48　缩短工期对比

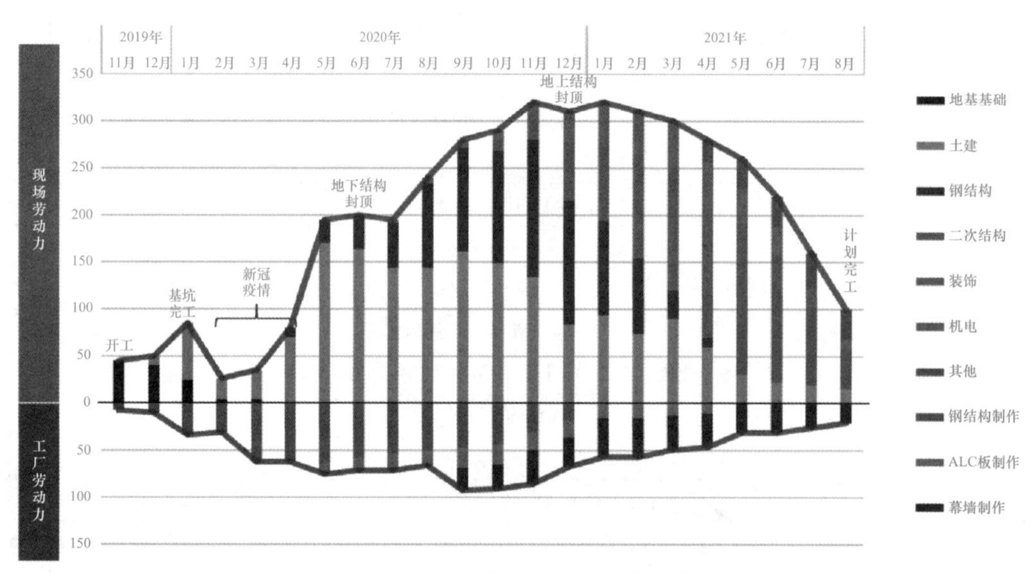

图 8-49　现场劳动力与工厂劳动力

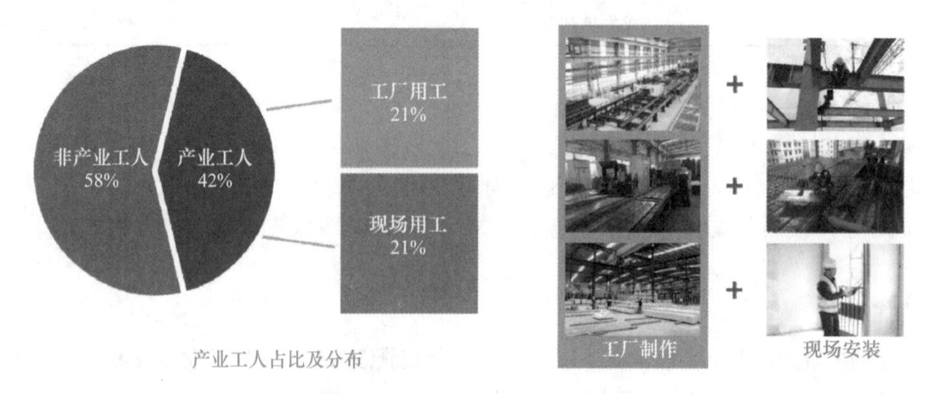

图 8-50　工厂与现场用工情况

8.2.6 智能化应用

1. BIM 技术应用

本项目采用 BIM 技术，贯穿设计施工全过程，为设计与施工提供指导与校核，为项目增值增效，并通过 BIM 技术搭建 VR 漫游体验系统，借助科技便利让更多人体验到钢结构装配式公租房的居住品质(图 8-51)。

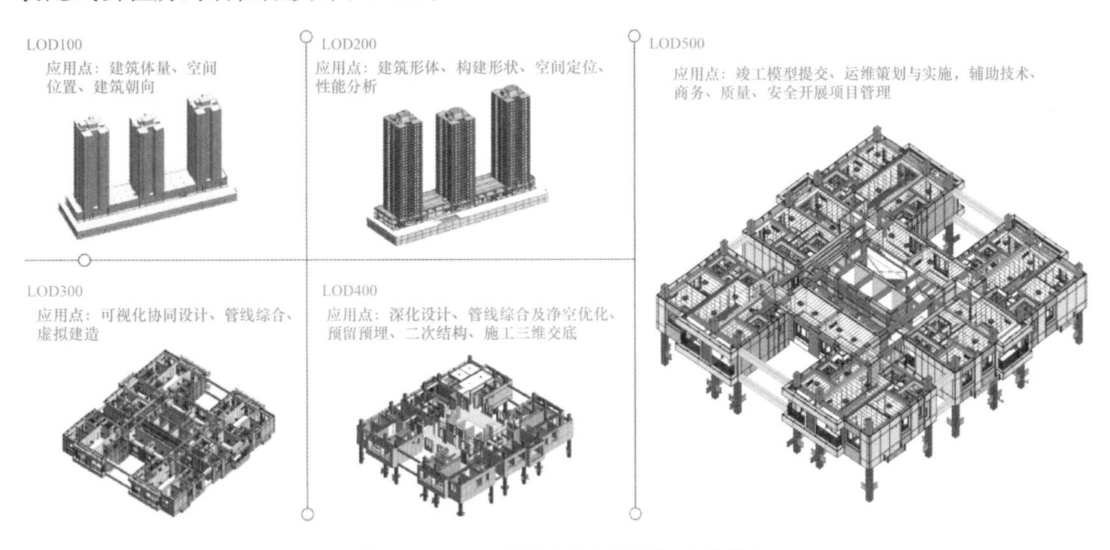

图 8-51　BIM 设计(图中改为构件形状)

2. 墙板安装机器人

本项目针对墙板安装过程存在劳动效率低、安装风险大等问题，应用了墙板安装机器人进行自动化的墙板安装施工。所开发的墙板安装机器人具备视觉识别及质量、距离等感知能力，实现了墙板从抓取到安装就位的全过程自动化，并可以自主防撞、防坠，能够有效减少人工，同时提高墙板安装效率(图 8-52)。

3. 墙板数控无尘切割系统

本项目针对墙板现场切割产生大量粉尘污染环境，影响施工人员健康的问题，开发了墙板数控无尘切割系统，可实现板材现场切割过程的数控机械化和无尘化，切割精度控制在±1 mm，在提升板材切割质量的同时，大大减少现场墙板切割产生的粉尘和噪声，保障施工人员的健康(图 8-53)。

4. 分拣机器人

在钢构件工厂阶段，基于 3D 视觉的智能分拣搬运技术，采用工业 3D 视觉识别技术，为机器人装上了“眼睛”，使机器人具备对工件无序混乱堆码的工况进行处理的能力，实现在真实三维空间下的自动抓取、自动避障、自动堆码。实现柔性化生产，并可反馈工作的信息、实现生产过程的信息化管理，实现了建筑钢结构非标零件板无序状态下的自动分拣、码垛及搬运(图 8-54)。

A'DESIGN AWARD
& COMPETITION

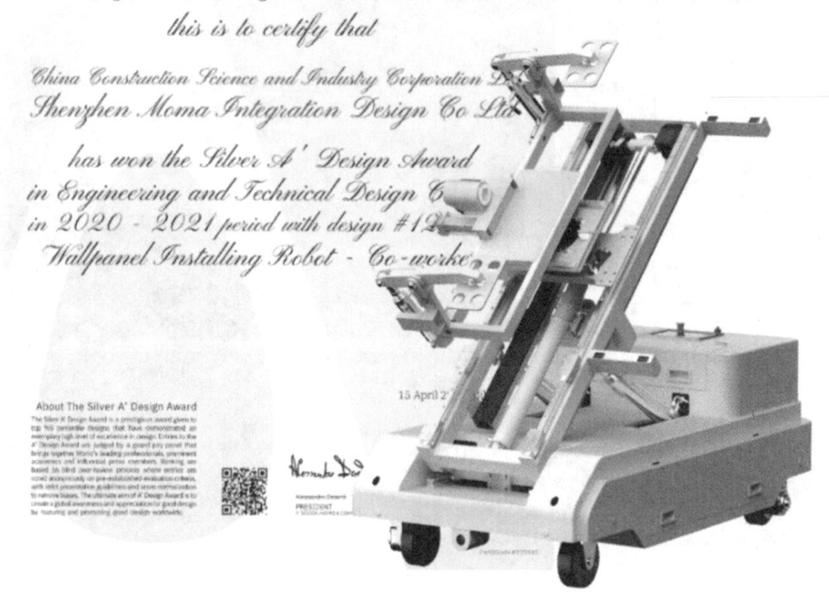

意大利A'Design Award银奖

图 8-52　墙板安装机器人

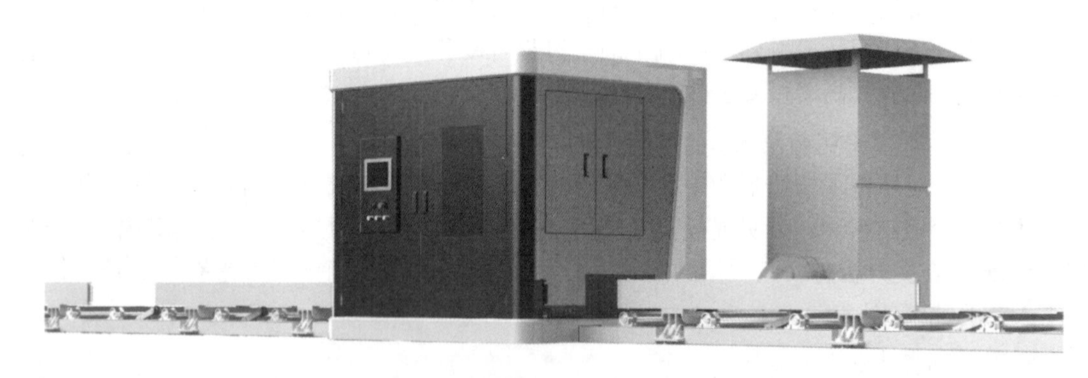

图 8-53　墙板数控无尘切割系统

5. 焊接机器人

在建筑钢结构机器人厚板焊接领域，产品非标离散特点及装配误差现状，加深了自动化焊接难度，也一直成为焊接机器人行业技术瓶颈。针对此，中建科工自主研发了智能焊接算法，通过线激光扫描焊缝信息，系统自动完成焊接轨迹规划和工艺参数匹配，实现厚

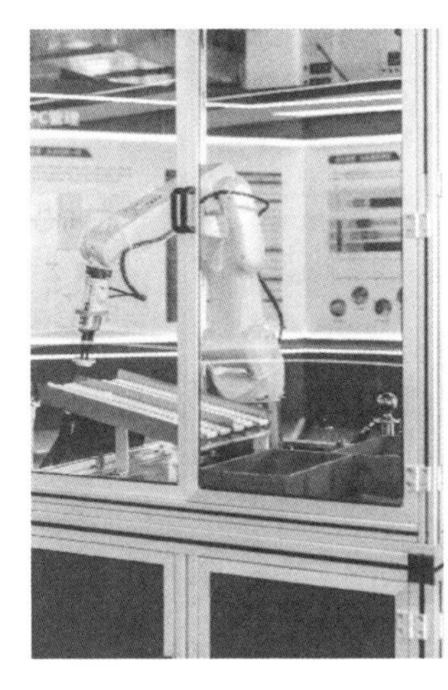

图 8-54　分拣机器人

板焊接智能化，大幅提高机器人焊接的适用性，使机器人真正成为超越人工的焊接大师。本项目采用了焊接机器人技术，实现了建筑钢结构焊接机器人的多场景、多工序应用，包括牛腿部件焊接、钢梁组立点焊、钢梁总成焊接、箱形打底焊接、柱总成焊接等(图 8-55)。

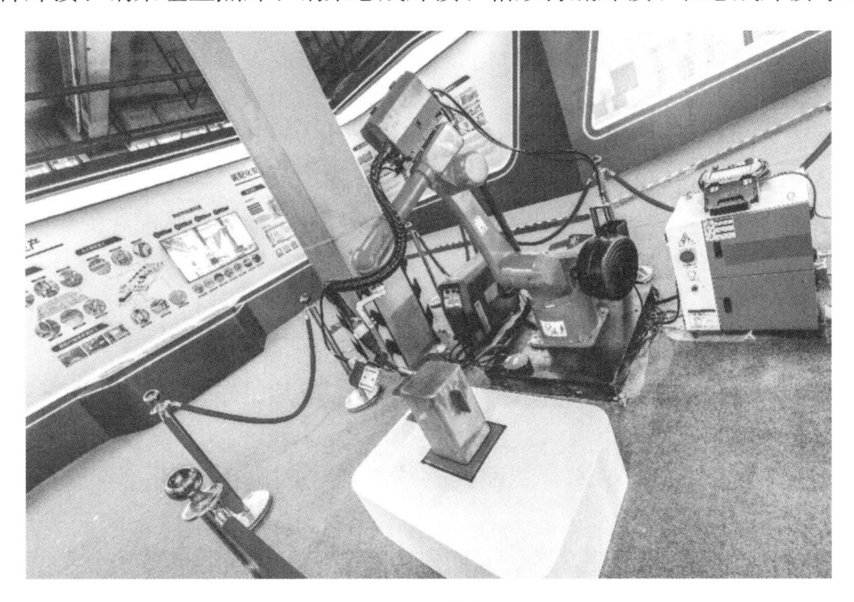

图 8-55　焊接机器人

参考文献

[1] 董嘉林，袁泉，刘美霞，等．装配式建筑部品部件编码规则研究[J]. 建设科技，2017(22)：53-55.

[2] 张淼，王荣，任霏霏，等．芬兰 BIM 标准与应用概述[J]. 土木建筑工程信息技术，2019，11(01)：97-104.

[3] 袁泉，杨逸，吕东鑫，聂屿，等．轻钢聚苯颗粒泡沫混凝土组合墙体受剪性能试验研究[J]. 建筑结构学报，2018，39(11)：104-111.

[4] 袁泉，聂屿，杨逸，吕东鑫，等．装配式轻钢复合楼盖试验研究[J]. 建筑结构，2018，48(S1)：636-640.

[5] 袁泉，赵媛媛，宗明奇，李常乐，等．装配式型钢斜交密肋复合墙抗震性能试验研究[J]. 建筑结构学报，2019，40(11)：122-130.

[6] 刘美霞，张素敏，袁泉．装配化装修标准化部品发展研究[J]. 住宅产业，2019(12)：34-38.

[7] 刘美霞，张素敏，袁泉．装配化装修部品部件库与装配化装修信息化发展新趋势[J]. 中国建设信息化，2020(01)：28-31.

[8] 刘美霞，卞光华，董嘉林，等．基于部品库标准化构件的装配式混凝土建筑设计优化研究[J]. 中国勘察设计，2020(03)：94-97.

[9] 曹志亮，苏磊．空腹钢桁架改进方案比选研究[J]. 建筑技术开发，2019，46(15)：19-20.

[10] 苏磊．装配式钢结构住宅关键性技术浅析[J]. 墙材革新与建筑节能，2019(11)：44-48.

[11] 苏磊，曹志亮，浦双辉．装配式钢结构住宅产业化实践[J]. 建设科技，2021(02)：49-51.

[12] 张爱林，苏磊，曹志亮，等．双面连接的 Z 型全螺栓梁柱连接节点的抗震性能试验研究及有限元分析[J]. 工业建筑，2021，51(02)：59-65+89.

[13] 张爱林，苏磊，曹志亮，等．钢框架+防屈曲钢板剪力墙结构体系在装配式钢结构住宅中的应用[J]. 建筑结构，2021，51(17)：85-90.